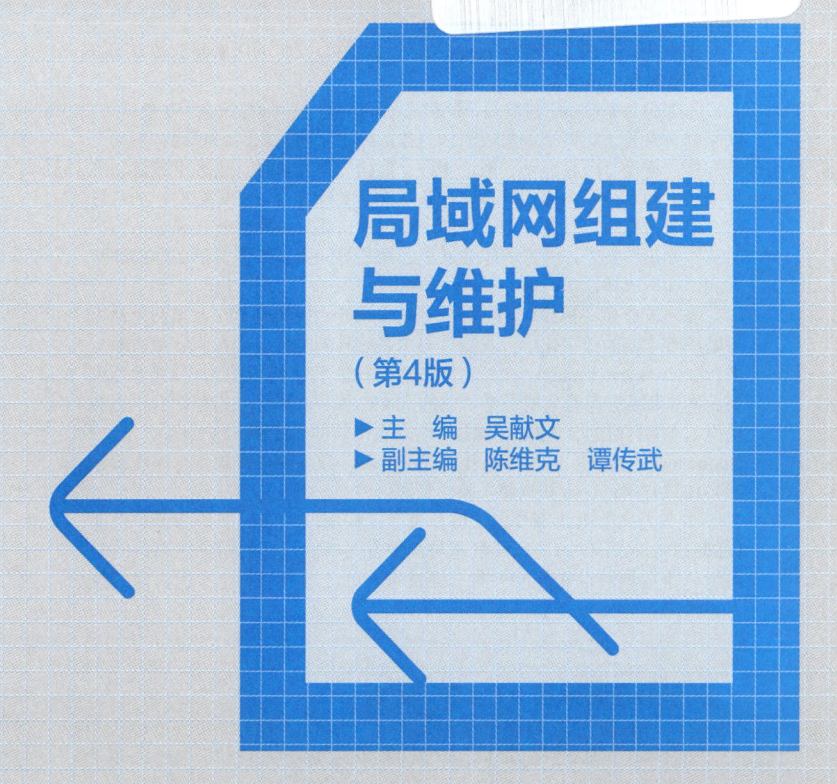

"十四五"职业教育国家规划教材

国家职业教育网络技术专业
教学资源库配套教材

局域网组建与维护

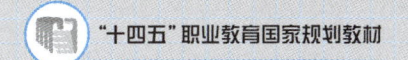

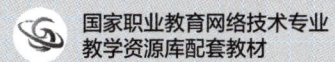

(第4版)

▶ 主　编　吴献文
▶ 副主编　陈维克　谭传武

中国教育出版传媒集团
高等教育出版社·北京

内容提要

本书为"十四五"职业教育国家规划教材，同时为国家职业教育网络技术专业教学资源库配套教材。

本书分为基础篇、进阶篇、管理篇、维护篇，共 4 篇，包括 10 个项目，以家庭、办公、实训室等局域网为载体，融"用网、组网、管网、护网"于一体，遵循"项目驱动、理论实践一体化"模式，设计了教学导航、项目描述、项目分解、知识准备、任务实施、实施评价、任务拓展、项目总结、思考与练习等教学环节，全面、详细地讲述局域网组建、配置与维护的基本知识与技能，并融入职业素养、规范等元素，采用灵活多样的评价方式，实现"教、学、做、评"一体化。

本书配有微课视频、课程标准、教学设计、授课用 PPT、案例素材、习题库等丰富的数字化学习资源。与本书配套的数字课程在"智慧职教"平台（www.icve.com.cn）上线，学习者可登录平台在线学习，授课教师可调用本课程构建符合自身教学特色的 SPOC 课程，详见"智慧职教"服务指南。本书同时配有 MOOC 课程，学习者可访问"智慧职教 MOOC 学院"（mooc.icve.com.cn）进行在线开放课程学习。教师也可发邮件至编辑邮箱 1548103297@qq.com 获取相关教学资源。

本书为高等职业院校电子信息类专业局域网组建、配置与维护类课程的教材，也可作为局域网组建与维护方面毕业设计的指导用书，同时对于从事局域网组建与维护的工程技术人员，本书也是一本很实用的技术参考书。

图书在版编目（CIP）数据

局域网组建与维护 / 吴献文主编. --4 版. --北京：高等教育出版社，2023.8（2024.7 重印）

ISBN 978-7-04-059371-6

Ⅰ．①局… Ⅱ．①吴… Ⅲ．①局域网-高等职业教育-教材 Ⅳ．①TP393.1

中国版本图书馆 CIP 数据核字（2022）第 160290 号

Juyuwang Zujian yu Weihu

策划编辑	吴鸣飞	责任编辑	吴鸣飞	封面设计	易斯翔	版式设计	于 婕
责任绘图	邓 超	责任校对	马鑫蕊	责任印制	高 峰		

出版发行	高等教育出版社	网 址	http://www.hep.edu.cn
社 址	北京市西城区德外大街 4 号		http://www.hep.com.cn
邮政编码	100120	网上订购	http://www.hepmall.com.cn
印 刷	北京汇林印务有限公司		http://www.hepmall.com
开 本	787 mm×1092 mm 1/16		http://www.hepmall.cn
印 张	19.75	版 次	2009 年 4 月第 1 版
字 数	420 千字		2023 年 8 月第 4 版
购书热线	010-58581118	印 次	2024 年 7 月第 3 次印刷
咨询电话	400-810-0598	定 价	55.00 元

本书如有缺页、倒页、脱页等质量问题，请到所购图书销售部门联系调换
版权所有 侵权必究
物 料 号 59371-00

"智慧职教"服务指南

"智慧职教"（www.icve.com.cn）是由高等教育出版社建设和运营的职业教育数字教学资源共建共享平台和在线课程教学服务平台，与教材配套课程相关的部分包括资源库平台、职教云平台和 App 等。用户通过平台注册，登录即可使用该平台。

- 资源库平台：为学习者提供本教材配套课程及资源的浏览服务。

登录"智慧职教"平台，在首页搜索框中搜索"局域网组建与维护"，找到对应作者主持的课程，加入课程参加学习，即可浏览课程资源。

- 职教云平台：帮助任课教师对本教材配套课程进行引用、修改，再发布为个性化课程（SPOC）。

1. 登录职教云平台，在首页单击"新增课程"按钮，根据提示设置要构建的个性化课程的基本信息。

2. 进入课程编辑页面设置教学班级后，在"教学管理"的"教学设计"中"导入"教材配套课程，可根据教学需要进行修改，再发布为个性化课程。

- App：帮助任课教师和学生基于新构建的个性化课程开展线上线下混合式、智能化教与学。

1. 在应用市场搜索"智慧职教 icve" App，下载安装。

2. 登录 App，任课教师指导学生加入个性化课程，并利用 App 提供的各类功能，开展课前、课中、课后的教学互动，构建智慧课堂。

"智慧职教"使用帮助及常见问题解答请访问 help.icve.com.cn。

总　　序

国家职业教育专业教学资源库是教育部、财政部为深化高职院校教育教学改革，加强专业与课程建设，推动优质教学资源共建共享，提高人才培养质量而启动的国家级建设项目。2011年，网络技术专业被教育部确定为国家职业教育专业教学资源库立项建设专业，由深圳信息职业技术学院主持建设网络技术专业教学资源库。

2012年初，网络技术专业教学资源库建设项目正式启动建设。按照教育部提出的建设要求，建设项目组聘请了哈尔滨工业大学张乃通院士担任资源库建设总顾问，确定了深圳信息职业技术学院、江苏经贸职业技术学院、湖南铁道职业技术学院、黄冈职业技术学院、湖南工业职业技术学院、深圳职业技术学院、重庆电子工程职业学院、广东轻工职业技术学院、广东科学技术职业学院、长春职业技术学院、山东商业职业技术学院、北京工业职业技术学院和芜湖职业技术学院等30余所院校以及思科系统（中国）网络技术有限公司、英特尔（中国）有限公司、杭州H3C通信技术有限公司等28家企事业单位作为联合建设单位，形成了一支学校、企业、行业紧密结合的建设团队。建设团队以"合作共建、协同发展"理念为指导，整合全国院校和相关国内外顶尖企业的优秀教学资源、工程项目资源和人力资源，以用户需求为中心，构建资源库架构，融学校教学、企业发展和个人成长需求为一体，倾心打造面向用户的应用学习型网络技术专业教学资源库，圆满完成了资源库建设任务。

自项目启动以来，本套教材的项目建设团队深入调研企业的人才需求，研究专业课程体系，梳理知识技能点，充分结合资源库数字化教学内容，以建设代表国家职业教育特色的开放、共享型专业教学资源库配套教材为目标，紧跟我国职业教育改革的步伐，构建了以职业能力为依据，专业建设为主线，课程资源为核心，多元素材为支撑的体系架构。在"互联网+"的时代背景下，以线上线下混合教学模式推动信息技术与教育教学深度融合，助力专业人才培养目标的实现，对推动专业教学改革，提高专业人才的培养质量，促进职业教育教学方法与手段的改革起到了一定的积极作用。

本套教材是国家职业教育网络技术专业教学资源库的重要成果之一，也是资源库课程开发成果和资源整合应用实践的重要载体。教材体例新颖，具有以下鲜明特色。

第一，以网络工程生命周期为主线，构建网络技术专业教学资源库的课程体系与教材体系。项目组按行业和应用两个类别对企业职业岗位进行调研并分析归纳出网络技术专业职业岗位的典型工作任务，开发了"网络工程规划与设计""网络设备安装与调试"等课程的教学资源及配套教材。

第二，在突出网络技术专业核心技能——网络设备配置与管理重要性的基础上，强化网络工程项目的设计与管理能力的培养。在教材编写体例上增加了项目设计和工程文档编写等方面的内容，使得对学生专业核心能力的培养更加全面和有效。

第三，传统的教材固化了教学内容，不断更新的网络技术专业教学资源库提供了丰富鲜活的教学内容。本套教材创造性地使相对固定的职业核心技能的培养与鲜活的教学内容"琴瑟和鸣",实现了教学内容"固定"与"变化"的有机统一,极大地丰富了课堂教学内容和教学模式,使得课堂的教学活动更加生动有趣,极大地提高了教学效果和教学质量。同时也对广大高职网络技术专业教师的教学技能水平提出了更高的要求。

第四,有效地整合了教材内容与海量的网络技术专业教学资源,着力打造立体化、自主学习式的新形态一体化教材。教材创新采用辅学资源标注,通过图标形象地提示读者本教学内容所配备的资源类型、内容和用途,从而将教材内容和教学资源有机整合,浑然一体。通过对"知识点"提供与之对应的微课视频二维码,让读者以纸质教材为核心,通过互联网尤其是移动互联网,将多媒体的教学资源与纸质教材有机融合,实现"线上线下互动,新旧媒体融合",称为"互联网+"时代教材功能升级和形式创新的成果。

第五,受传统教材篇幅以及课堂教学学时限制,学生在校期间职业核心能力的培养一直是短板,本套教材借助资源库的优势在这方面也有所突破。在教师有针对性的引导下,学生可以通过自主学习企业真实的工作场景、往届学生的顶岗实习案例以及企业一线工作人员的工作视频等资源,潜移默化地培养自主学习能力和对工作环境的自适应能力等诸多的职业核心能力。

第六,本套教材装帧精美,采用双色印刷,并以新颖的版式设计突出直观的视觉效果,搭建知识、技能、素质三者之间的架构,给人耳目一新的感觉。

本套教材经过多年来在各高等职业院校中的使用,获得了广大师生的认可并收集到了宝贵的意见和建议,根据这些意见和建议并结合目前最新的课程改革经验,紧跟行业技术发展,在上一版教材的基础上,不断整合、更新和优化教材内容,注重将新标准、新技术、新规范、新工艺等融入改版教材中,与企业行业密切联系,保证教材内容紧跟行业技术发展动态,满足人才培养需求。本套教材几经修改,既具积累之深厚,又具改革之创新,是全国30余所院校和28家企事业单位的300余名教师、工程师的心血与智慧的结晶,也是网络技术专业教学资源库多年建设成果的集中体现。我们相信,随着网络技术专业教学资源库的应用与推广,本套教材将会成为网络技术专业学生、教师和相关企业员工立体化学习平台中的重要支撑。

国家职业教育网络技术专业教学资源库项目组

前　言

目前，计算机网络已成为政府部门、行业企业完成通信和资源共享的重要工具之一，也为人们的工作和生活提供了极大的便利。例如，物联网、车联网、电子商务、电子政务、信息搜索、学习培训、游戏娱乐等，都架构在基础网络之上。随着信息化程度的不断提高，局域网已成为人们生活、学习、工作的一部分。例如，家庭、宿舍、实训室、办公室、图书馆、咖啡厅、宾馆、机场、城市轨道交通站等场所均已被网络所覆盖。因此，掌握基本的局域网知识，学会组建、接入、安全使用局域网已成为信息化时代的必备技能。

读者都希望能够快捷、安全地使用局域网；能熟练组建美观、实用的局域网；能简单、方便地管理局域网；能精准定位故障、解决故障。本书以"项目导向，任务驱动"的方式介绍了组建和维护局域网所需的基础知识、操作步骤、操作技巧与规范等，以图形方式形象地阐明操作效果，以"注意""说明"等方式提醒读者注意易错和易混内容，便于读者掌握"能建、会管、擅护"等技能。

一、本书结构

本书为"十四五"职业教育国家规划教材，同时为国家职业教育网络技术专业教学资源库配套教材，基于 Windows Server 2019 操作系统平台介绍局域网组建、管理与维护的操作技能，按职业形成过程及便于与中职课程对接，以不同类型局域网的使用、组建、管理、维护为载体重构课程内容，以"组建"为核心，将"用网、组网、管网、护网"融为一体，分为基础篇、进阶篇、管理篇、维护篇。整体结构见表1。

表1　整 体 结 构

序号	篇名	项目数量	任务数量	子任务数量	建议课时	建议考核权重/%
1	基础篇	3	10	29	28	20
2	进阶篇	3	7	19	20	35
3	管理篇	3	6	17	26	25
4	维护篇	1	1	5	4	20

本书的绪以计算机网络工程技术人员职业岗位技能、态度需求为目标进行课程定位，具体描述本课程的定位和岗位需求、课程项目及任务等内容，回答了"学什么、怎么学、为什么要学"等疑惑，帮助读者树立学习目标。

书中各篇章遵循读者的认知规律，按规模从小到大、功能由弱到强、认识从具体到抽象、组建由简单到复杂的顺序组织不同类型的局域网使用、组建、管理与维护方面的内容。每个项目都围绕教学实施设置"教学导航""项目描述"等环节,方便理论实践一体化教学的实施,既重视理论学习,又强调动手实践、提升技能、强化规范。

二、本书特色

本书编者团队总结多年的"局域网组建与维护"课程的教学经验及操作技巧,提炼岗位技能、素养要求,以"网络管理员"岗位技能为导向,依据"网络管理员"职业标准和技能训练为目标选取项目和任务,形成"用网、组网、管网、护网"的知识链路,采用引入、课堂实践、课后拓展的方式,由浅入深、层次递进地围绕实际项目逐步展开。

1. 以"任务卡"为引领、实践为主体,以"时效性、先进性"为准则,依据理论实践一体化模式选择和编排本书内容;任务卡、任务、图表一一对应,内容表述清晰、直观。

围绕企业工作的实际需要,以"网络管理员"职业所需的知识、技能为目标,以"适用和够用"为度,采用"任务卡"模拟真实的工作环境和工作进程,帮助读者在学习项目前宏观了解"操作任务和工作情境"等基本信息;"任务卡"与"任务"一一对应,让读者在学习项目前明确"要学什么、怎么学",有利于提升学习效率、激发学习兴趣,并树立学习目标;采用图表形式使教学内容表述更加清晰、直观。

选择教学内容时充分考虑其"时效性"和"先进性",完全摒弃过时的内容,对过时的技术和设备仅仅提及,使其作为新技术和设备的引子,不做详细阐述,保证教学内容适应相关岗位要求,避免出现时效性陈旧的尴尬场景。

本书同时注意时间安排,使课前与课后相呼应、课内与课外相结合,设置适当的练习内容和评价方式,有助于读者预习和巩固,培养个体的学习能力和自我管理能力。

2. 突出操作过程,注重素质养成、知识积累,以形成性考核为主体,评价方式多样化。

全书以操作为主体,完全按照任务的完成过程来组织内容和评价方式。每个项目都包含"实施评价"和"拓展评价"环节,评价主体包括读者自身、教师、小组长或小组成员等,以正确、及时衡量读者的学习过程和学习效果。

每个项目均设置"知识技能考核要点"和"考核成绩 A 等标准",以便于教师考核和读者针对性地学习。

3. 教材"立体化",资源"数字化、多样化"。

本书以操作为主体,但并不是摒弃原理、概念,而是采用"知识准备"的方式作为补充,比较灵活。而且,本书除了介绍相应的知识和技能外,还融入了大量的职业态度的培养,在学习知识的过程中积累就业所需的经验和能力。

本书为国家职业教育网络技术专业教学资源库建设的配套教材,开发了丰富的数字化教学资源,具体见表2,并建设了对应的数字课程网站,详见"智慧职教"服务指南。教师可发邮件至 1548103297@qq.com 获取相关教学资源。

表 2　数字化教学资源

序号	资源名称	表现形式与主要内容
1	课程简介	Word 电子文档，包含与本课程相关职业岗位的需求调研与分析材料、课程目标、课程项目与任务设计、任务实施评价说明等
2	课程标准	Word 电子文档，包含与本课程相关职业岗位的需求分析、课程目标、课程定位、单元设计、考核方案设计、操作任务设计、教学流程设计等，可供教师备课时使用，也可供读者在课程学习前对课程进行整体性认知
3	教学设计	Word 电子文档，包含考核方案、教学方法、教学组织设计等，可供教师教学参考
4	任务卡	Word 电子文档，任务卡与任务一一对应，可供读者在学习项目前了解任务整体情况，有的放矢地做好前期知识、技能及任务完成所需设备和条件的准备
5	任务实施流程	Word 电子文档，说明任务完成所需准备的工具、材料、资料等，阐述任务的实施流程，读者可根据该流程逐步完成任务
6	电子教案	Word 电子文档，包含教学课时、重点、难点、教学目标、教学方法选择、参考资源选择等，可供教师教学参考
7	PPT	PPT 文档，供教师根据个性化要求修改后使用，也可供读者自己学习参考
8	思考与练习	Word 电子文档，可供读者自我检测知识技能的掌握情况，也可供教师用于考核学习者的学习效果
9	考核成绩 A 等标准	Word 电子文档，可供读者对学习内容有针对性地学习，提高读者学习的兴趣，同时寻找与 A 等标准之间的差距，激发学习欲望
10	操作视频	对 Windows Server 2019 操作系统的安装、应用等都录制了相应的操作视频，便于读者操作实践
11	微课	按照知识点、技能点制作微课，方便读者随时随地查看
12	职业标准	网络管理员职业标准（参见"中国计算机技术职业资格网"）
13	资格考试	全国计算机技术与软件专业技术资格（水平）考试"网络管理员"考试说明
14	试卷	期中、期末、过程考核试卷

4. 教学内容"模块化"，任务实施"流程化"，"教、学、做、评"一体化。

本书采用"模块化"思想编写，对知识、技能进行模块化整理，集中训练，分为体验、组建、管理、维护等模块；任务实施按照工作流程来完成，既保证与实际岗位接轨，又有助于训练读者的工作态度和工作作风；边讲边练、讲练结合，讲完某一项技能或某个知识点后，读者可马上实践，练完即评；出现问题再查阅有关原理和知识点，然后再练，重新评价，形成"讲—练—发现问题—再讲—再练—解决问题"的循环，有利于读者对自主学习、发现并解决问题能力的培养。

三、教学建议

① 本书按模块化组织教学内容，教师、读者可根据教学目标或实际需求对相关项目、任务进行适当增减和组合，进行个性化设计，以满足针对不同环境、不同对象、不同需求的不同要求。

② 项目实践视具体情况安排在课内或课外完成，课程结束后，可以增加一个课程设计或实训（28～40 课时）。

③ 课堂教学建议在"理论实践一体化"教学场地完成，以实现"讲练"结合，边学边做。如条件不允许，可将理论与实践分开实现：讲一次，再实践一次。每次授课至少保证 30%～50% 的课堂同步实践时间。

如果受教学条件限制或避免初学者对真实设备的损坏，建议采用虚拟机构建满足任务要求的虚拟环境，待养成了基本的操作规范后再使用真实环境继续提升技能。

④ 建议以每 2～3 人或 4～6 个人为一组，每组选一个组长，负责材料领取和任务分解、设计成果上交等工作，以培养团队协作精神。

本书提供的所有教学资源，均可通过邮件向编者获取。

四、本书修订内容

本书第 3 版于 2018 年 3 月出版后，基于广大院校师生的教学应用反馈并结合目前最新的课程教学改革成果，不断优化、更新教材内容，同时为推进党的二十大精神进教材、进课堂、进头脑，本次改版将"加快建设网络强国、数字中国"作为指导思想，首先在每个项目开始处设置素养提升和素养目标环节，具体包括："'技能强、中国强'的实践者""国产鸿蒙操作系统""安于责任恒于创新""网络管理员职业守则""网络安全维护人人有责"等内容，引导学生树立正确的网络安全观，强化没有网络安全就没有国家安全的理念，坚定学好局域网组建与维护技术的信心和决心，培养学生吃苦耐劳的劳动精神和追求卓越的工匠精神，将"实施科教兴国战略，强化现代化建设人才支撑"的指引落实到课程中；其次结合"三教"改革精神，主要在内容和形式上进行了如下更新和提升，将新技术、新工艺、新规范、典型生产案例及时纳入教学内容，进一步推动现代信息技术与教育教学深度融合，将教材建设和教书育人结合起来，着力于培养新一代网络基础设施建设所需的复合型高技能人才，为建设社会主义现代化强国助力，具体体现如下：

① 结合新技术发展，更新了操作系统版本，升级为 Windows Server 2019，删除原有 Windows Server 2008 操作内容，优化了教学项目与任务。

② 职业岗位能力、素养、知识等与全国计算机技术与软件专业技术资格（水平）考试"网络管理员"考试说明对接。

③ 增加并优化了丰富的数字化教学资源，在纸质教材中不能直观展示的部分以电子活页形式演示，并更新和优化了教材的配套数字课程，能让读者充分利用好碎片时间。

④ 配套 Windows Server 2019 虚拟机平台，从安装、配置到管理与安全维护都拥有可反复练习的操作环境，给读者营造良好的练习环境，为实现"会、熟、快、精"的技能训练提供了保障。

五、致谢

本书由湖南铁道职业技术学院吴献文担任主编，湖南工业大学陈维克、湖南铁道职业技术学院谭传武担任副主编。湖南铁道职业技术学院粟慧龙、唐丽玲、言海燕、肖素华、林东升、侯伟、颜珍平、颜谦和、陈承欢、蔡小成、裴来芝，中南林业科技大学张立，娄底职业技术学院肖忠良，娄底潇湘职业学院田卫红等，参与了本书部分项目的编写、校对、整理及素材资料的收集、选取、重构、优化等工作。

在本书的编写过程中，得到了廖佳成、廖小华、湖南世纪众望信息技术有限公司彭国锐、中国移动长沙分公司张国忠、湖南铁道职业技术学院网络教研室全体成员的大力支持和帮助，在此一并表示感谢。

由于计算机网络技术的飞速发展、信息化建设的日新月异及编者的水平有限，书中难免有疏漏之处，恳请广大读者批评指正，编者 E-mail：wxw_422lxh@126.com。

编 者
2023 年 6 月

目　录

绪 1

第 1 篇　基　础　篇

项目 1　体验网络 8
任务 1-1　体验家庭或宿舍网络 14
　　任务 1-1-1　观察网络结构 14
　　任务 1-1-2　了解网络基本组成 14
　　任务 1-1-3　体验网络功能 16
任务 1-2　体验实训室网络 16
　　任务 1-2-1　观察网络结构 16
　　任务 1-2-2　了解网络基本组成 17
　　任务 1-2-3　体验网络功能 17
任务 1-3　体验校园网络 17
　　任务 1-3-1　观察网络结构 17
　　任务 1-3-2　了解网络基本组成 17
　　任务 1-3-3　体验网络功能 21
　　任务 1-3-4　绘制拓扑结构图 22
项目总结 29
思考与练习 30

项目 2　单台计算机接入网络 33
任务 2-1　准备及安装硬件 45
　　任务 2-1-1　安装网络适配器 45
　　任务 2-1-2　制作网线 46
　　任务 2-1-3　制作信息模块 48
任务 2-2　计算机基本设置 52
　　任务 2-2-1　硬盘分区 52
　　任务 2-2-2　安装操作系统 55
　　任务 2-2-3　安装驱动程序 62
　　任务 2-2-4　安装和配置 TCP/IP 65
任务 2-3　接入 Internet 66
项目总结 70
思考与练习 72

项目 3　组建对等网络··········74

任务 3-1　检查和配置单台计算机··········80
- 任务 3-1-1　查看计算机的配置情况··········80
- 任务 3-1-2　查看网络服务安装情况··········80

任务 3-2　组建最简单的对等网络··········82
- 任务 3-2-1　连接两台计算机··········82
- 任务 3-2-2　配置网络··········82
- 任务 3-2-3　共享文件或文件夹··········88

任务 3-3　组建较复杂的对等网络··········89
- 任务 3-3-1　共享资料··········90
- 任务 3-3-2　连接设备··········90
- 任务 3-3-3　共享打印机··········90

任务 3-4　组建无线对等网络··········95
- 任务 3-4-1　选择无线网卡··········95
- 任务 3-4-2　安装无线网卡驱动程序··········95
- 任务 3-4-3　配置无线网络属性··········97
- 任务 3-4-4　测试对等网络··········99

项目总结··········102
思考与练习··········104

第 2 篇　进　阶　篇

项目 4　组建家庭网络··········106

任务 4-1　组建家庭网络需求分析与结构设计··········110
- 任务 4-1-1　用户调查分析··········110
- 任务 4-1-2　需求分析··········111
- 任务 4-1-3　家庭网络结构设计··········112

任务 4-2　管理家庭网络共享资源··········113

任务 4-3　认识和配置 Internet 连接共享··········118
- 任务 4-3-1　认识 Internet 连接共享··········118
- 任务 4-3-2　配置 Internet 连接共享··········118

项目总结··········123
思考与练习··········124

项目 5　组建办公网络··········126

任务 5-1　组建办公网络需求分析与结构设计··········129
- 任务 5-1-1　用户调查分析··········129
- 任务 5-1-2　需求分析··········130
- 任务 5-1-3　办公网络结构设计··········132

任务 5-2　连接与配置办公网络··········133

         任务 5-2-1　规划办公网络 IP 地址 ································ 133
         任务 5-2-2　选购办公网络设备 ···································· 134
         任务 5-2-3　组建与配置办公网络 ·································· 135
         任务 5-2-4　安装与配置办公网络实时交流软件 ···················· 138
         任务 5-2-5　测试办公网络 ·· 144
      项目总结 ·· 147
      思考与练习 ··· 148

项目 6　组建实训室网络 ·· 151
      任务 6-1　组建实训室局域网需求分析与结构设计 ······················ 154
         任务 6-1-1　用户调查分析 ·· 154
         任务 6-1-2　需求分析 ··· 155
         任务 6-1-3　实训室网络结构设计 ·································· 156
      任务 6-2　连接与配置实训室网络 ······································ 157
         任务 6-2-1　选购并安装网络硬件设备及相应软件 ·················· 157
         任务 6-2-2　设置 Internet 连接共享 ······························ 158
         任务 6-2-3　配置 DHCP 服务器 ··································· 164
      项目总结 ·· 180
      思考与练习 ··· 181

第 3 篇　管　理　篇

项目 7　管理网络服务器 ·· 184
      任务 7-1　配置 Web 服务器 ··· 190
         任务 7-1-1　架设 Web 服务器 ····································· 190
         任务 7-1-2　配置和管理 Web 服务器 ······························ 192
      任务 7-2　配置 FTP 服务器 ··· 204
         任务 7-2-1　准备安装 FTP 服务器 ································· 204
         任务 7-2-2　架设 FTP 服务器 ····································· 204
         任务 7-2-3　配置和管理 FTP 服务器 ······························ 206
         任务 7-2-4　使用 Serv-U 创建和配置 FTP 服务器 ·················· 210
      任务 7-3　配置 DNS 服务器 ··· 217
         任务 7-3-1　准备安装 DNS 服务器 ································· 217
         任务 7-3-2　安装 DNS 服务器 ····································· 219
         任务 7-3-3　配置和管理 DNS 服务器 ······························ 221
      项目总结 ·· 232
      思考与练习 ··· 233

项目 8　管理办公网络 ··· 236
      任务 8　办公网络安全隔离与通信 ······································ 238
         任务 8-1　划分 VLAN ··· 238

　　　　任务 8-2　配置 VLAN 间的路由 243
　项目总结 247
　思考与练习 248

项目 9　管理邮件 250
　任务 9-1　使用 PGP 加解密电子邮件 253
　　　　任务 9-1-1　安装 PGP 加密软件 253
　　　　任务 9-1-2　PGP 软件基本配置 258
　　　　任务 9-1-3　使用 PGP 加解密电子邮件 260
　任务 9-2　电子邮件安全设置 265
　　　　任务 9-2-1　阻止垃圾邮件 265
　　　　任务 9-2-2　邮件加密 266
　　　　任务 9-2-3　备份邮件 268
　项目总结 273
　思考与练习 274

第 4 篇　维　护　篇

项目 10　防护网络安全 276
　任务 10　基本网络安全防护 278
　　　　任务 10-1　备份与还原系统 278
　　　　任务 10-2　备份与恢复数据 282
　　　　任务 10-3　设置共享文件夹访问权限 283
　　　　任务 10-4　配置和应用杀毒软件 285
　　　　任务 10-5　配置和应用防火墙 289
　项目总结 297
　思考与练习 298

参考文献 299

绪

为了培养适应社会发展所需要的技术技能型人才，就需要充分了解企业对人才的需求，每门课程的开设都应与企业人才培养需求一致，但往往一门课程不足以支撑一个职业岗位，因此应通过市场调研对职业岗位需求进行详细、深入分析，将计算机网络行业岗位需求的知识、能力、态度进行分解，了解市场所需人才对该课程的知识、技能有哪些具体要求，课程定位是否准确，适应面是否广泛，课程内容是否过时等。

每当开设一门新课程或训练一种新技能的时候，首先应了解该课程在计算机网络专业课程体系中的地位与作用，对学习后续课程有哪些帮助，与行业的哪些岗位存在对应关系，以进一步明确学习目标，从而有助于提高学生的学习兴趣。

本节主要进行职业岗位需求分析、课程设置和课程定位分析，对技能训练体系进行说明，其任务和作用及思维导图分别如图1和图2所示。

"局域网组建与维护"课程介绍 PPT

微课 "局域网组建与维护"课程介绍

笔记

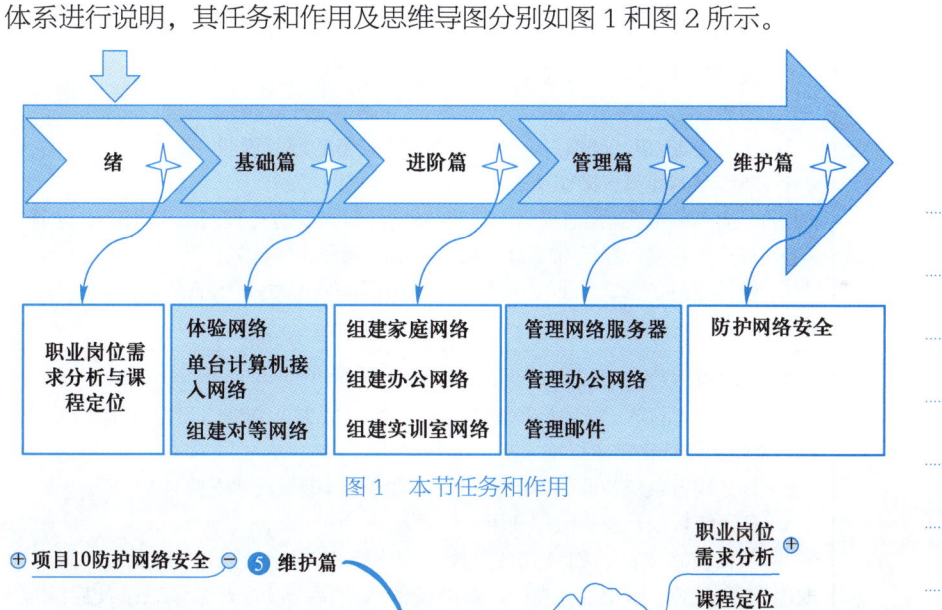

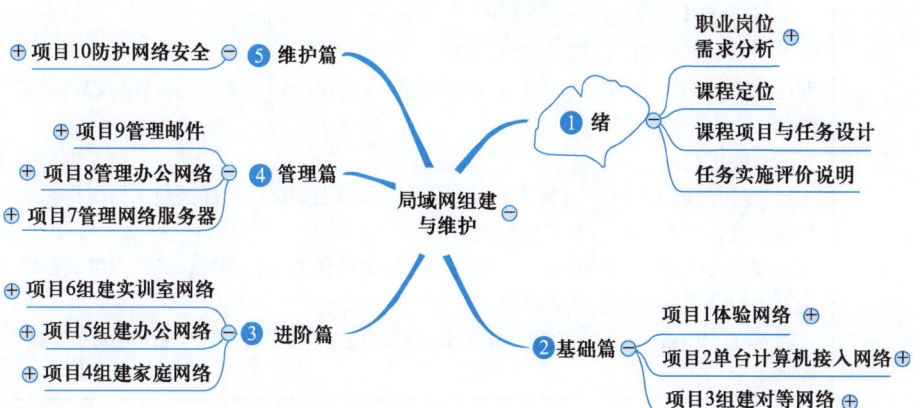

图1 本节任务和作用

绪：职业岗位需求分析与课程定位
基础篇：体验网络、单台计算机接入网络、组建对等网络
进阶篇：组建家庭网络、组建办公网络、组建实训室网络
管理篇：管理网络服务器、管理办公网络、管理邮件
维护篇：防护网络安全

图2 本节思维导图

局域网组建与维护：
① 绪：职业岗位需求分析、课程定位、课程项目与任务设计、任务实施评价说明
② 基础篇：项目1体验网络、项目2单台计算机接入网络、项目3组建对等网络
③ 进阶篇：项目4组建家庭网络、项目5组建办公网络、项目6组建实训室网络
④ 管理篇：项目7管理网络服务器、项目8管理办公网络、项目9管理邮件
⑤ 维护篇：项目10防护网络安全

文档
岗课赛证书融通

1. 职业岗位需求分析

（1）岗位分析

通过对国内知名人才招聘网站的招聘信息查询并加以分析，以及与广州、江苏、浙江、湖南、北京等地与计算机网络相关的大中型国有、民营、外资企业等用人单位进行研讨后，对一些有代表性的信息进行了分析和整理，见表1。

表1 职位信息

岗位名称	用人单位	职位要求与描述信息
网络工程师	深圳天珑无线科技有限公司	工作职责： 1. 负责总部网络安装调试，协助规划、设计、完善公司的网络环境 2. 负责协助各分公司网络架构部署 3. 负责公司的计算机和网络维护、数据备份 4. 负责计算机系统病毒防护和网络安全管理，保障网络信息系统正常运转 5. 负责公司机房硬件设备（如服务器、交换机、路由器、防火墙、上网行为等）的维护与管理 任职要求： 1. 大专及以上学历，计算机软件等相关专业 2. 精通计算机软硬件及网络设备调试、维护并能迅速解决问题 3. 熟悉TCP/IP、交换机、防火墙等网络设备的配置管理 4. 熟练掌握计算机操作系统、网络、硬件知识 5. 能够熟练排查运维过程中出现的各种故障，能独立处理网络和桌面终端问题 6. 有一定的服务器运维能力，熟悉Linux操作系统优先 7. 具备良好的服务意识、责任心、较强的学习能力、优秀的团队沟通与协作能力
IT网络运营工程师	成都智邦科技有限公司	工作职责： 1. 负责公司网站、域名及各服务器的安全审计、内容维护、日常管理维护。确保各项服务连续正常运行 2. 为公司各系统及业务平台的安全、稳定运行提供技术支持 3. 各系统权限管理、流程变更 4. 项目技术支持，独立完成监控、网络等相关拓扑设计、整理材料需求、弱电项目施工（网络、监控），网络设备选型现场设备安装调试以及后续维护等 任职要求： 1. 专科及以上学历，计算机相关专业，3年以上同岗位工作经验，具有扎实的专业基础，对互联网行业有浓厚兴趣 2. 熟悉计算机、网络硬件，了解各品牌型号硬件的特性差异，可独立完成硬件选型、设备组装配置及故障排查 3. 精通Windows系统维护、排错命令和性能优化，熟练应用Bat、Powershell等脚本语言；

续表

岗位名称	用人单位	职位要求与描述信息
IT网络运营工程师	成都智邦科技有限公司	4. 熟悉华为、Cisco、H3C等主流网络设备的配置及维护，能独立完成中小型局域网架构设计 5. 具有良好的文档组织能力，能结合实际工作情况撰写技术文档及解决方案 6. 具有弱电项目施工经验 7. 做事情严谨，有强烈的责任感和高效执行力，团队协作能力强，能承受较强的工作压力
网络工程师	贵州同创信息技术有限公司	工作职责： 1. 现场驻场运维负责处理网络故障 2. 负责日常机房设备巡检、网络故障处理，做好运维记录 3. 负责网络设备和安全设备的配置管理 4. 负责项目网络规划、调试网络设备及安全设备等 5. 服从公司安排，配合其他项目实施 任职要求： 1. 持有相关中级网络认证证书 2. 具有政府单位驻场运维相关工作经验优先 3. 熟悉安全设备、网络设备的硬件，能独立完成日常网络组网，熟练掌握网络设备配置命令，能独立完成网络设备配置 4. 了解虚拟化平台，能处理日常虚拟化平台故障 5. 能独立处理日常工作，具有较强的应变能力，能妥善处理各种突发事件；具备良好的沟通能力，敬业、责任感强
网络运维工程师	NEC信息系统（中国）有限公司	1. 熟悉 H3C、Cisco 等各类路由、交换、安全设备；熟悉相关设备配置、调试和排障 2. 熟悉网络路由交换、网络安全相关知识，熟悉网络原理以及相应协议 3. 熟练使用 Cisco 等常用交换机、路由器和防火墙两年以上，有 CCNP/CCIE 证书优先 4. 具有一年以上的 Checkpoint 或 Juniper 防火墙使用经验 5. 勤奋敬业，善于学习，关注网络新技术及发展趋势，并能应用于实际工作

（2）岗位需求态度、技能、知识分析

通过对 6000 余家公司有关网络相关职业岗位调研，主要的岗位包括网络管理员、网络工程师、网络运维工程师、WLAN 网络维护工程师、IT 工程师、网络管理员等，并以网络工程师、网络管理员为主，结合各岗位的职业描述和岗位需求，分析归纳需要的态度、技能、知识见表2。

表 2　岗位的态度、技能、知识需求分析

态度需求	技能需求	知识需求
1. 为人正直，热爱网管工作，愿意长期从事此业务 2. 善于学习，追求上进，踏实肯干 3. 具备良好的合作精神 4. 具有吃苦耐劳精神以及良好的服务意识，积极乐观 5. 诚实守信、品行端正 6. 工作认真细致 7. 具有很强的责任意识 8. 服从工作安排，能够承担一定的工作压力	1. 具有较强的分析解决问题的能力，对新兴的网络应用和网络发展趋势具有较高的敏锐性 2. 具有对新技术、新设备的自学能力和较强的动手操作能力，并能够积极、主动学习 3. 善于客户服务及沟通；具有较强的分析问题、解决问题的能力 4. 能适应快节奏的工作，能够独立解决日常办公软件问题 5. 语言表达清晰、明确，思维反应迅速，逻辑能力强 6. 能根据用户需求独立选择、购买和配置网络设备；能根据用户需求组建局域网，保障局域网正常运行；能有效利用硬件和软件工具快速定位局域网中存在的故障并排除 7. 学会设计拓扑结构并使用 Visio 软件绘制拓扑结构图 8. 熟悉主流的网络设备并能进行日常操作维护	1. 熟悉网络通信原理、TCP/IP 协议簇、网络操作系统 2. 熟练使用各种报文捕获工具进行报文捕获与分析 3. 对 Windows、UNIX、SYBASE、Oracle 等操作系统和数据库技术有一定了解，熟悉通信网络基础知识、网络通信协议 4. 具有一定的计算机网络基础技术，熟悉各种计算机操作系统，熟悉各种常用网络设备，能帮助解决公司内部上网时遇到的问题 5. 对计算机网络、TCP/IP 基础理论、主流操作系统的网络设置具有较好的了解和认识 6. 熟悉计算机操作维修、局域网防病毒维护、上网设置

文档
网络管理员国家职业标准

（3）职业与行业标准分析

根据对全国计算机技术与软件专业技术资格（水平）考试网络管理员和网络工程师标准、网络管理员国家职业标准、计算机网络技术人员职业标准等进行综合分析，本课程主要适用于计算机基本操作、操作系统安装与应用、网络设计与安装、网络维护、网络故障检测与维修等技能训练及相关职业素养养成。理论知识与技能要求主要包含内容见表 3。

表 3　理论知识与技能要求

基本要求	通信线路	网络设备		服务器与终端设备		服务器系统			网络系统	
职业道德	基本知识	对外互连	局域网	网络运行状况	设备维护	设备配置与维护	熟悉设备	终端设备安装与配置	终端设备日常维护	服务器监视	基本服务监视	应用服务器的安装与配置	服务器系统的安装与配置	数据库系统的配置与优化	设备优化配置与维护	系统性能分析优化与故障排除

2. 课程定位

随着局域网技术的飞速发展，局域网已普遍应用于人们的生活、学习和工作中，并正朝着高速信息传输的方向发展，成为人们生活工作中不可或缺的一部分。因此，掌握基本的局域网知识，学会如何组建、使用局域网，是适应现代信息生活的必备条件之一。

"局域网组建与维护"课程已成为高等职业院校计算机专业教学中的重要课程之一，是计算机网络技术专业的一门必修专业核心课程。本课程主要训练家庭、宿舍、实训室等常见局域网组建与维护所必备的技能和知识。本课程训练的主要目标见表4。

表4 本课程训练的主要目标

培养目标	目标描述
总体目标	培养学生利用局域网基础知识完成常用小型局域网的组建，能完成局域网组建的规划、设计、需求分析、组建流程。通过教师的教学工作，不断激发并强化学生的学习兴趣，引导学生逐渐将兴趣转化为稳定的学习动机，以使其树立自信心，锻炼克服困难的意志，乐于与他人合作，养成和谐、健康向上的品格。同时培养学生严谨、细致的工作作风和认真的工作态度
方法能力目标	（1）培养学生谦虚、好学的能力 （2）培养学生勤于思考、认真做事的良好作风 （3）培养学生良好的学习态度 （4）培养学生举一反三的能力 （5）培养学生理论联系实际的能力和严谨的工作作风，养成发现问题、解决问题，并做好问题及问题处理办法记录的习惯
社会能力目标	（1）培养学生的沟通能力及团队协作精神；培养耐心、细致、严谨的工作态度，培养不放弃细微问题、不骄不躁的工作作风 （2）培养学生分析问题、解决问题的能力 （3）培养学生敬业乐业的工作作风 （4）培养学生的表达能力 （5）培养学生吃苦耐劳的精神
专业能力目标	（1）了解局域网组建所必须具备的理论知识 （2）通过参观校园网络、实训室网络、办公网络，并根据实际情况对这些网络进行分析与设计，知道如何进行网络规划与设计，熟练掌握常用局域网的组建、配置与管理 （3）熟悉无线局域网的标准、拓扑结构、常用设备、组建方式及基本安全配置等 （4）掌握局域网的安全与管理
素养目标	（1）具有正确的价值观、人生观 （2）政治立场坚定，爱国爱家 （3）按规范、标准做事，遵守法律法规 （4）培养成本意识、节约意识、质量意识、时间意识

本课程的前续课程是"计算机网络基础""电工电子""计算机组装与维护"。通过前续课程的学习，基本掌握了计算机网络的基础知识和必备的技能，如什么是网络、IP地址的组成和作用、模拟电路、数字电路、计算机部件及相关安全操作规程与规范。其后续课程是"网络设备安装与配置""网络规划与实现""网络安全"等设备使用、网络规划设计、网络安全措施等方面的管理与规划课程。本课程起到承前启后的作用，形成了一条知识链，在学习完本课程后能完成局域网络使用、组建、配置、维护和设计等任务。

3. 课程项目与任务设计

本课程以培养学生的实际应用能力为目标，并以此为主线设计知识、能力、

文档
课程标准

文档
授课计划

素质结构。本书内容遵循从简单到复杂、从低级到高级、从单一到综合、循序渐进的认识规律，整体设计其内容，相对独立地形成一个有梯度、有层次、有阶段性的技能训练体系。

整个技能训练体系分为基础、进阶、管理与维护 4 个篇章，有效连接中职与高职课程。其中基础篇、进阶篇、管理篇中设置了 3 个项目，维护篇设置了 1 个项目，所有技能训练与知识理论学习都围绕这些项目展开，在每个项目下设计了具体的任务和子任务，所有项目链接起来形成了局域网使用、组建、管理与维护的完整的应用体系；其中每个项目又是一个独立的实体，可以培养某一方面的能力，读者可根据自己的实际情况及需要进行不同项目的组合，以达到不同的训练目标。项目采用大家耳熟能详的、真实的生活案例，具体、形象、客观，让读者不仅能够熟悉局域网相关理论与操作，还能够真正了解知识应用的环境和所需掌握的技能，彻底解决"学什么、怎么学、学到什么程度、学了有什么用、用了有什么效果"的疑惑，激活读者的学习、创造能力，提高学习兴趣。

4. 任务实施评价说明

自我评价、小组评价与教师评价的等级分为 A、B、C、D、E 共 5 个等级，其中，知识与技能掌握 90% 及以上、学习积极上进、自觉性强、遵守操作规范、有时间观念、产品美观并完全合乎要求为 A 等；知识与技能掌握 80%～90%，学习积极上进、自觉性强、遵守操作规范、有时间观念，但产品外观有瑕疵为 B 等；知识与技能掌握 70%～80%，学习积极上进、在教师督促下能自觉完成、遵守操作规范、有时间观念，但产品外观有瑕疵，没有质量问题为 C 等；知识与技能基本掌握 60%～70%，学习主动性不高、需要教师反复督促才能完成、操作过程与规范有不符的地方，但没有造成严重后果的为 D 等；掌握内容不足60%，学习不认真，不遵守纪律和操作规范，作品存在关键性的问题或缺陷为 E 等。

该评价说明适用于每个项目的"实施评价"环节。

第 1 篇 基础篇

【篇首语】

通过对"网络管理员""网络工程师"职业所需知识、态度、技能的调研，对国家软件水平考试(网络管理员与网络工程师)考试大纲、考试真题的分析，以及对国家网络管理员职业标准的阅读与理解，编者认为，基本功要非常扎实才有利于新技术的接受、新技能的培养。因此，本书在基础篇介绍了微型计算机硬件安装、分区、操作系统、网线制作等基础工作，并要求达到熟练操作的程度。

基础篇主要的目标是通过参观、体验等方式使读者明确局域网的基本框架，并建立实实在在的物理感官认识，为后续内容的学习做铺垫；明确要完成的工作任务、达到的目标及考核内容与方式，端正学习态度，严格遵守操作规程；在任务实施中通过限制时间、限制材料等方式训练准确性、责任心、成本意识、安全意识。

基础篇的主要任务及在本书组织中的位置如下图所示。

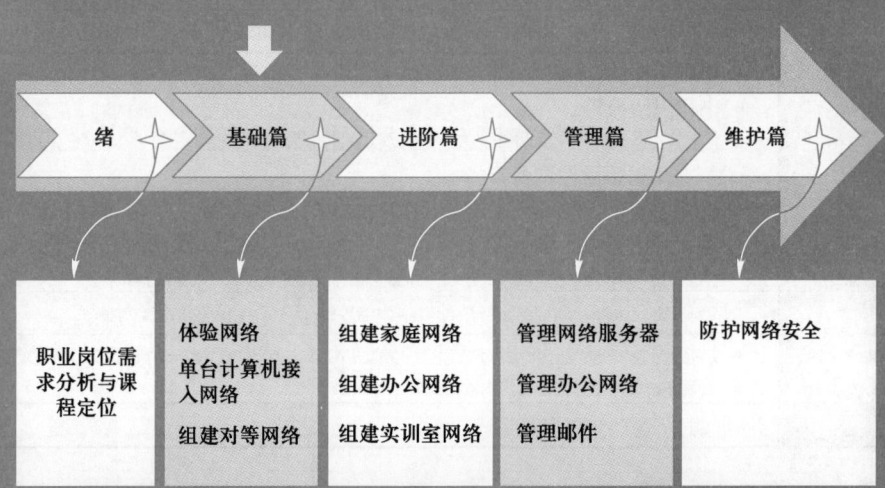

绪 → 基础篇 → 进阶篇 → 管理篇 → 维护篇

绪	基础篇	进阶篇	管理篇	维护篇
职业岗位需求分析与课程定位	体验网络 单台计算机接入网络 组建对等网络	组建家庭网络 组建办公网络 组建实训室网络	管理网络服务器 管理办公网络 管理邮件	防护网络安全

项目 1　体验网络

体验网络

PPT

素养提升 1
"技能强、中国强"
的实践者

　　网络是现代社会中传递信息、人际交流非常重要的载体，已经成为人们生活、工作的一部分。很多单位、家庭都组建了或大或小的网络，大多数都由专业人士来组建。有些人只了解自己使用的计算机，从来没有认真研究过网络的结构，也没有去深入探究网络，因此，即使出现很小的问题都只能等待维修人员上门服务。要了解、学习和掌握网络，首先需要对网络有良好的感性认识，从而熟悉网络结构和设备，能处理简单的网络问题。

教学导航

知识目标	• 了解局域网的特点和基本组成，了解拓扑结构的概念、种类及其各自的优缺点 • 认识局域网能完成的主要功能 • 识记服务器提供的服务 • 掌握主要设备的规格、特点，熟悉主要网络设备结构
技能目标	• 熟练掌握利用 Visio 软件绘制合理、准确的拓扑结构图，正确认识 Visio 软件与其他绘图工具间的区别和联系 • 训练"具体—抽象"的转换能力 • 熟练使用网络，充分利用网络资源，促进信息化建设 • 熟练应用网络完成交流与沟通
素养目标	• 在条件允许的情况下，使用绘图软件，如 Visio 2019，掌握新技术 • 尊重知识产权，有版权意识，合理借鉴使用他人成果 • 识别安全、有效的网站，使用合适的搜索引擎，采用有效的搜索工具快速获取有用信息，合法下载满足需求的工具软件 • 做事有规划、安排，按安排事务逐步完成，在出现问题的情况下冷静处理
教学方法	项目教学法、分组讨论法、角色扮演法、理论实践一体化
考核成绩 A等标准	• 绘制拓扑结构图 • 书写总结报告 • 使用网络 1~3 项功能，如开启网页浏览器访问网络资源、共享已设置好的信息资源、共享打印机等硬件资源 • 绘制的拓扑结构图与网络架构时的原始拓扑结构图完全相同，标识清晰明确；参观完成后，将参观的所见所想形成总结报告，每人一份：报告步骤清晰、书写工整、情节完整，有个人的心得体会；参观和使用网络过程中态度认真，勤奋好学。
操作流程	观察网络结构→绘制拓扑结构图→书写实验报告→体验网络功能
准备工作	• 学校或公司通畅的网络，文件设置好共享，至少安装一台打印机并允许共享打印 • 绘图软件，如 Visio、CAD
课时建议	6 课时（含课堂任务拓展）

项目描述

　　网络的应用规模不同，应用环境不同，其实现的功能也就不一样，读者所接触到的网络主要是家庭网络、宿舍网络、实训室网络和校园网络等，各网络的功能存在很大区别。

要学会网络的组建，就要首先了解网络、熟悉网络结构及其功能，因此应去参观各种网络，通过观察了解网络所使用的设备和基本组成；然后体验网络，熟悉网络能完成的任务及其容易出现的问题。

项目分解

任务 1-1 的任务卡见表 1-1。

表 1-1 任务 1-1 任务卡

任务编号	001-1	任务名称	体验家庭或宿舍网络	计划工时	90 min
工作情境描述					
李先生一家三口，现有一台购买了几年的台式机，通过光纤宽带的线缆与 Internet 连接。他家的网络设备主要有一台 Modem，有一个无线路由器，网卡与主板集成；另有一台便携式计算机					
操作任务描述					
（1）观察、使用家庭网络 （2）了解家庭网络的整体情况，包括物理布局等，知道网络的基本组成、网络能完成的任务、网络具备的特点和功能 （3）认识并逐渐熟悉网络设备及其作用					
操作任务分析					
本次任务主要是"看网""用网"，并思考以下问题： （1）仔细观察整个网络，并从宏观上去思考，了解整个网络结构，将分布在各个房间的物理上分散的设备在头脑中形成一个整体认识 （2）通过对整个网络的观察和思考，分析家庭网络的基本组成 （3）认识网络中使用的主要设备 （4）使用百度或其他搜索工具了解网络中主要设备的基本性能，并思考为什么使用该设备，可不可以使用其他设备进行替换					

任务 1-2 的任务卡见表 1-2。

表 1-2 任务 1-2 任务卡

任务编号	001-2	任务名称	体验实训室网络	计划工时	45 min
工作情境描述					
小李所在班级的大多数课程都是采用"理论实践一体化"的教学模式，基本都在实训室上课，经常需要接收布置的作业，完成后通过共享或其他工具提交作业等					
操作任务描述					
（1）观察、使用实训室网络 （2）了解网络的整体情况，知道实训室网络的基本组成、能完成哪些任务、与家庭网络的区别与联系 （3）认识并逐渐熟悉网络设备及其作用					
操作任务分析					
本次任务主要是"看网""用网"，并思考以下问题： （1）仔细观察整个网络，并从宏观上去思考，了解整个网络结构，比较实训室网络与家庭网络的区别 （2）通过对整个网络的观察和思考，分析实训室网络的基本组成 （3）认识网络中使用的主要设备 （4）使用静态和动态两种方式分别设置实训室网络地址，完成文件的上传和下载等操作，了解网络中主要设备的基本性能，并思考为什么使用该设备，可不可以使用其他设备进行替换					

任务 1-3 的任务卡见表 1-3。

表 1-3　任务 1-3 任务卡

任务编号	001-3	任务名称	参观校园网络	计划工时	90 min
工作情境描述					
某校园网的网络中心设在教学楼 5 楼，整个学校分为两个校区，该网络覆盖两个校区的办公楼、实验楼、多媒体中心、图书馆、后勤公司等主要大楼。分为用户层、接入层、核心层，核心层采用主流交换设备冗余连接，中心交换机与防火墙连接，然后连接 Internet。 　　该学校内部完全实现电子化办公（实训室填表、工资查询、填写课程成绩、任务布置），能共享打印，文件存储到服务器或从服务器上下载；可实现发送电子邮件、访问网页、点播视频等；通过考评系统测评教学情况					
操作任务描述					
（1）观察、使用校园网络 （2）了解网络的整体情况，知道网络的基本组成、网络能完成的任务、与家庭网络和实训室网络的区别与联系 （3）认识并逐渐熟悉网络设备及其作用 （4）校园网络能提供哪些网络服务 （5）绘制拓扑结构图（网络覆盖面大，看到的都只是某个局部的网络情况，没有整体印象，怎样才能看到网络的整体布局呢）					
操作任务分析					
本次任务主要是"看网""用网""画网"，并思考以下问题： （1）仔细观察整个网络，并从宏观上去思考和了解整个网络结构 （2）通过对整个网络的观察和思考，分析校园网络的基本组成 （3）认识网络中使用的主要设备 （4）认识并分析拓扑结构是什么，起什么作用，怎么表现，使用什么工具绘制 （5）认识、下载、安装和使用 Microsoft Visio 2019 软件绘制拓扑结构图 （6）卸载 Microsoft Visio 2019 软件					

知识准备

【知识 1】 局域网的基本组成

从总体上来说，局域网可视为由硬件和软件两部分组成。硬件部分主要包括计算机、外围设备、网络互联设备等；软件部分主要包括网络操作系统、通信协议和应用软件。局域网的基本组成如图 1-1 所示。

【知识 2】 拓扑结构

1. 局域网常用拓扑结构的类型

（1）总线型拓扑结构

总线型拓扑结构如图 1-2 所示，一般采用同轴电缆或光纤作为传输介质，所有的站点都通过相应的硬件接口直接连接到总线上，任何一个站点发送的信号都可以沿着传输介质传播，而且能被总线上其他的所有站点接收。

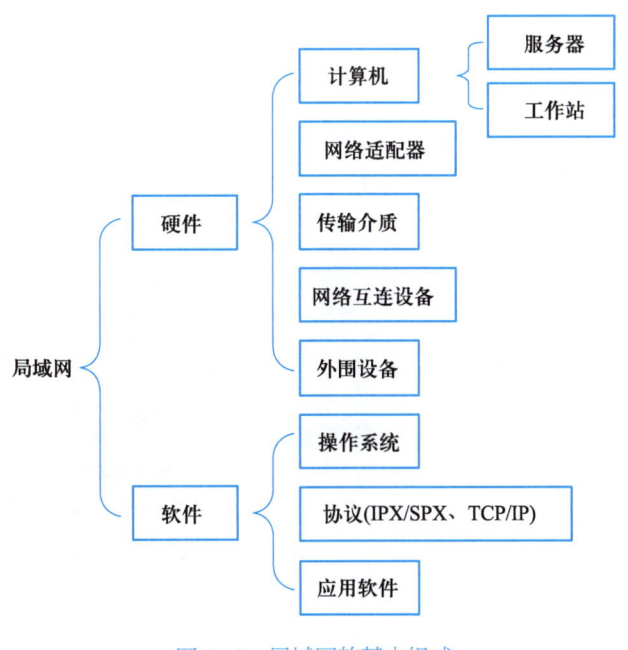

```
                    ┌─ 计算机 ─┬─ 服务器
                    │         └─ 工作站
                    │  网络适配器
           ┌─ 硬件 ─┼─ 传输介质
           │        ├─ 网络互连设备
           │        └─ 外围设备
  局域网 ──┤
           │        ┌─ 操作系统
           └─ 软件 ─┼─ 协议（IPX/SPX、TCP/IP）
                    └─ 应用软件
```

图 1-1　局域网的基本组成

```
        ┌──────────────────────── 终接器
  ═╤════╤════╤════╤════╤═
   │    │    │    │    │
  计算机 计算机 计算机 服务器 打印机
```

图 1-2　总线型拓扑结构

> **注意：** 终接器的作用是避免线路上信号反射而产生干扰。

总线型拓扑结构的通信方式一般采用广播的形式，通过 CSMA/CD（载波监听多路访问/冲突检测）介质访问控制方法来减少和避免冲突的发生。

CSMA/CD 方式遵循"先听后发、边听边发、冲突停发、随机重发"的原理控制数据包的发送，其工作流程如图 1-3 所示。

（2）环形拓扑结构

环形拓扑结构如图 1-4 所示，是由连接成封闭回路的网络节点组成，每个节点与它左右相邻的节点连接。

> **注意：**
> - 在环形网络中，信息流只能是单方向的，每个接收到信息包的站点都向它的下游站点转发该信息包。
> - 只有获取了令牌的站点才可以发送信息。
> - 目标站是从环上复制信息包。

（3）星形拓扑结构

星形拓扑结构如图 1-5 所示，是由通过点到点链路连接到中心结点的各站点组成的，传输介质通常采用双绞线。

CSMA/CD 工作原理动画

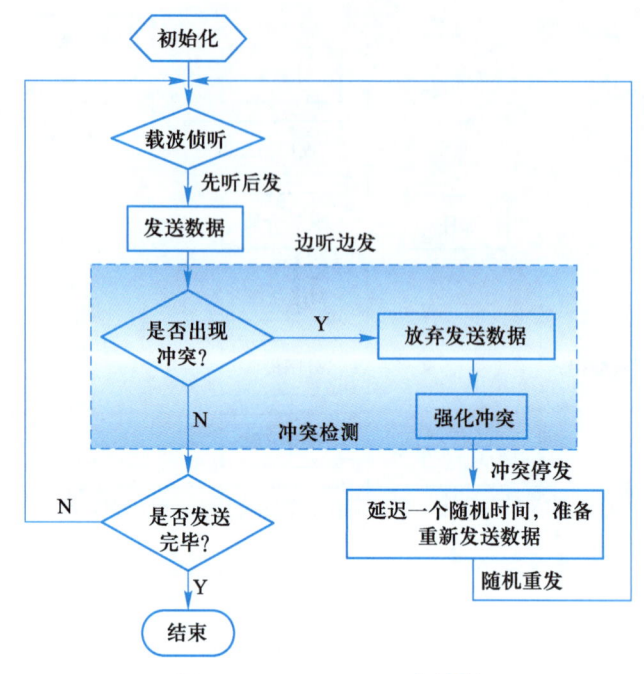

图 1-3　CSMA/CD 工作流程

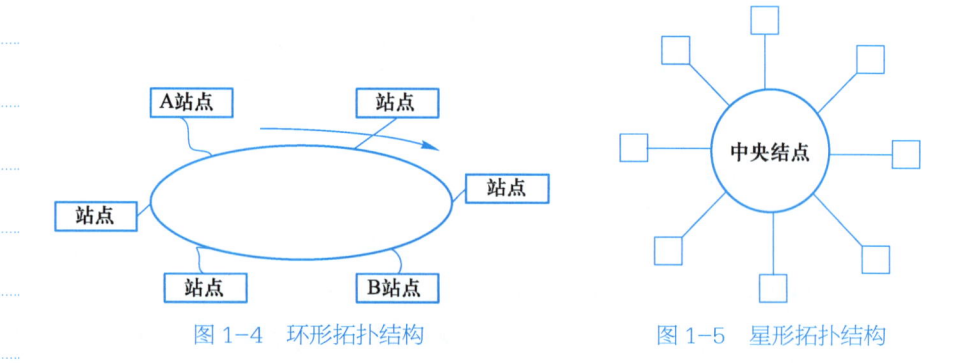

图 1-4　环形拓扑结构

图 1-5　星形拓扑结构

（4）混合型拓扑结构

混合型拓扑结构是由星形拓扑结构和总线型拓扑结构结合在一起形成的网络结构，如图 1-6 所示。这种结构解决了星形网络在传输距离上的局限，也解决了总线型网络在连接用户数量上的限制，更能满足较大网络的拓展。

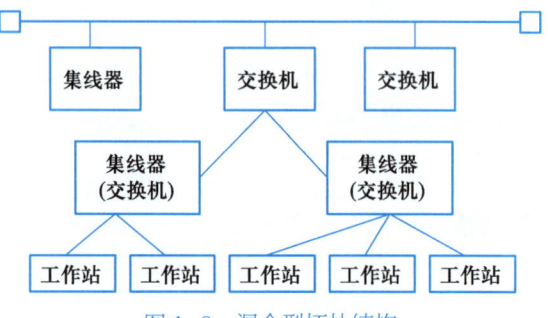

图 1-6　混合型拓扑结构

2. 常用拓扑结构的比较

表 1-4 列出了局域网常用拓扑结构的比较。

表 1-4　常用拓扑结构的优缺点

拓扑结构	优　　点	缺　　点
总线型拓扑结构	电缆长度短，易于布线和维护；一个节点出现故障不会影响其他结点的连接，可任意拆除故障结点；结构简单，结点扩展、移动方便；从硬件的角度看，传输介质是无源元件，十分可靠	该结构不是集中控制，故障检测需要在各个站点上进行，不易进行故障控制；总线的传输距离有限，通信范围受到限制
环形拓扑结构	电缆长度短；只有获取令牌的站点才能发送数据，不会出现信道争用问题	节点的故障会引起全网故障；负载较轻时，利用率低；故障检测困难
星形拓扑结构	利用中心结点可集中控制整个网络；结构简单，容易检测和隔离故障，便于维护；任何一个连接只涉及中央结点和一个站点，控制介质访问的方法和协议十分简单，传输时延短，误码率低	每个站点直接与中心结点相连，需要大量电缆和接口；属于集中控制网络，一旦中心结点崩溃，整个网络都会瘫痪；各站点的分布处理能力较低
混合型拓扑结构	结合多种拓扑结构的优点，适合于大型网络的构建	过于复杂、成本高

任务实施

任务实施流程见表 1-5。

表 1-5　任务实施流程

工具准备		
工具/材料名称	数量与单位	说　　明
网络	1 个/组	连接并配置好网络，能使用
Visio 软件	1 个/人	绘制拓扑结构图
材料准备		
材料名称（型号与规格）	数量与单位	
能直接使用的网线	1~2 m/人	
计算机	1 台/人	
互联设备	1 个/网/组	
参考资料		
1. 充分利用互联网上的海量资源 2. 设备说明书 3. 网络结构连接图 4. 各服务的使用说明书 5. 网络物理布局图		
实施流程		
1. 阅读【知识准备】如果不够，可通过查找资料学习相关知识 2. 规划需完成的任务 3. 准备实验工具与材料 4. 根据【任务实施】中的任务先后顺序与步骤完成具体安装或配置任务，在完成每个小任务后测试任务完成情况，保证任务 100%完成 5. 待所有任务完成后，测试整体任务，最终提交拓扑结构图或者设备性能比较表格		

任务 1-1　体验家庭或宿舍网络

家庭或宿舍网络是家庭成员或室友娱乐、生活和工作的信息平台，是最熟悉和使用最多的，因此，首先体验家庭或宿舍网络。

任务 1-1-1　观察网络结构

首先查看计算机的网线连接情况，观察指示灯是闪烁还是其他状态；然后查看该网线与什么设备相连，以及设备的外观与指示灯情况。

任务 1-1-2　了解网络基本组成

1. 网络连接情况

通过观察发现，家庭或宿舍网络的计算机通过网线首先连接到无线路由器，无线路由器有 4 个有线网口和 1 个 WAN 口，通过 WAN 口连接到 Modem，Modem 上的 Ethernet 口与墙壁上的电信口连接。

2. 认识网络中的主要设备

（1）Modem

Modem 的中文全称为调制解调器，即 Modulator（调制器）与 Demodulator（解调器）的简称，是一种在计算机通信过程中进行信号转换的硬件设备，能完成计算机识别的数字信号和可沿普通电话线传送的模拟信号之间的变换，也就是人们平常所说的"猫"。

① Modem 的分类。一般来说，根据 Modem 的形态和安装方式，大致可以分为 4 种类型，见表 1-6。

表 1-6　Modem 分类情况表

名　称	安装位置	优　点	缺　点
外置式 Modem	机箱外，通过串行通信口与主机连接	方便灵巧、易于安装，可直观地从闪烁的指示灯监视设备的工作情况	需要额外的电源与电缆
内置式 Modem	机箱内，并对终端与 COM 口进行设置	不需要额外的电源与电缆，价格便宜	安装烦琐，需要占用主板上的扩展槽
PCMCIA 插卡式	主要用于便携式计算机	体积纤巧，与移动电话配合可方便实现移动办公	不适用于台式计算机
机架式 Modem	把一组 Modem 集中于一个箱体或外壳中	功能强大，主要用于 Internet/Intranet、电信局、校园网、金融机构等网络的中心机房	由统一电源进行供电

② 常见产品。目前常见的有 TP-LINK、D-LINK、B-Link、腾达等，见表 1-7。

表 1-7 常见 Modem 品牌列表

设备名称	设备类型	接口类型	传输速率/(kbit/s)	适应范围	协 议	功能
B-Link BL-UM03B	外置型	USB/RJ-11	56	Windows/ Windows 7/ Linux	V.17、V.29、Group 3、Class 1	支持电话线拨号上网功能，方便在无宽带环境下拨号上网；实现台式计算机、便携式计算机
VBEL VB-C6101M	外置型（光纤 Modem）	ST/RS232 /485/422	0～115.2	可广泛用于各种工业控制、过程控制和交通控制等场合	为串口光纤 MODEM	解决了电磁干扰、地环干扰和雷电破坏的难题，大大提高了数据通信的可靠性、安全性

（2）无线路由器

无线路由器（图 1-7）也是路由器，只是其信号采用无线覆盖方式，可以将家中墙上接出的网络信号通过天线转发给一定范围内的无线网络设备。

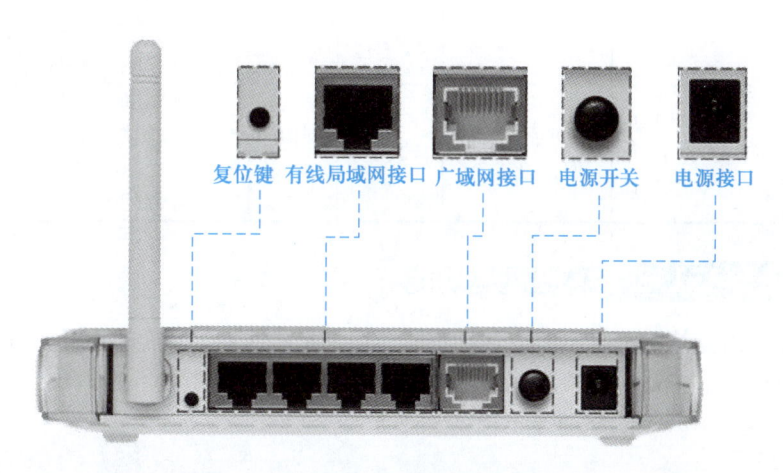

图 1-7 无线路由器接口机按钮示意图

市场上流行的无线路由器一般都支持专线 XDSL/cable、动态 XDSL、接入方式，它还具有其他一些网络管理的功能，如 DHCP 服务、NAT 防火墙、MAC 地址过滤等功能。

目前比较热门的无线路由器有 TP-LINK、D-LINK、NETGEAR、腾达等品牌；该类产品通常分为 5G、SOHO、便携式、企业级等类别，最高传输速率从 150～1300 Mbit/s 不等，所遵循的标准包括 IEEE 802.11ac、IEEE 802.11n、IEEE 802.11g、IEEE 802.11b 等。表 1-8 对一些常用的无线路由器进行比较分析。

表 1-8 无线路由器示例表

产品型号	产品类型	网络标准		最高传输速率/(Mbit/s)	天线	功　　能
		无线标准	有线标准			
TP-LINK TL-WR2041N		IEEE 802.11n、IEEE 802.11g、IEEE 802.11b	IEEE 802.3 IEEE 802.3u	450	3根外置全向天线	支持 VPN、无线 MAC 地址过滤、64/128/152 位 WEP 加密；内置防火墙；能进行本地和远程 Web 管理
D-LINK DIR-605	SOHO 无线路由器			300	2根外置天线	支持 VPN、64/128 位 WEP 加密；内置防火墙
TP-LINK TL-WVR450G	企业级无线路由器	IEEE 802.11b、IEEE 802.11g、IEEE 802.11n		450	外置全向天线	支持 VPN、无线安全 WEP、WPA、WPA2、WPA-PSK、WPA2-PSK；内置防火墙；全中文 Web 网管，远程管理
NETGEAR MBR1200	3G 无线路由器	IEEE 802.11n		21	内置天线	支持 3G 功能、VPN、Qos、WPS 一键加密、支持 WDS 无线桥接、远程 Web 管理；内置防火墙；无线安全 WEP 64/128 位、WPA、WPA-PSK WPA2、WPA2-PSK
腾达 G6	便携式无线路由器	IEEE 802.11n IEEE 802.11g、IEEE 802.11b	IEEE 802.3 IEEE 802.3u	150	内置天线	支持 VPN、纠错无线 MAC 地址过滤、64/128 位 WEP 加密、WPA-PSK/WPA2-PSK、WPA-PSK

任务 1-1-3　体验网络功能

在家庭网络或宿舍网络中，起主导作用的是集线器、交换机、Modem 等，根据家庭或宿舍情况连接网络，使用搜索引擎搜索所使用设备的类型、基本功能及参数等，感受网络速度、设备的工作等情况。

任务 1-2　体验实训室网络

体验实训室网络

学校的实训室机房与办公室、宾馆、餐厅等场所存在很大的区别，其中一方面是需要面对的人员数众多，有计算机专业的学生，也有非计算机专业的学生；有的课程需要 Windows 操作系统，有的课程需要 Linux 系统或者其他系统；计算机专业有网络专业，也有软件专业，还有多媒体专业等。因此，应用需求与环境要求千差万别，不可能配置成一样的网络环境，既要保证机房的通用性，又要满足不同的专业需求。

任务 1-2-1　观察网络结构

实训室是学生学习操作和训练技能的场所，需要用到多种操作系统、多款应用软件;还有可能是多个班级共用一个实训室。为了发挥学生的主观能动性,体现教学的灵活性,配置相应的多媒体电子教室系统,实现机房网络教学。同时,教师可在任意时间段内监控及实时指导学生,实现文件信息资料的传送(教师文档或练习下发、学生作业或测试上传、同学之间资料共享)等,满足教学需求。

任务 1-2-2　了解网络基本组成

实训室局域网一般由一台教师机、一台服务器、若干交换机及计算机组成。服务器用于存储所有可用资源,交换机连接所有学生用计算机,教师机上安装相应教学软件(如极域电子教室)控制所有学生机(包括电子点名、学生演示、屏幕广播、作业分发、文件上传、学生分组讨论、讲练同步等)。

任务 1-2-3　体验网络功能

首先在教师机上共享服务器上的资源,将服务器上教师的练习放到教师机上;然后打开极域电子教室,通过该工具将练习题分发给所有学生,并利用窗口方式让学生能看到老师在教师机上的操作,并能根据操作完成一系列动作;最终将完成的作业整理上传给教师,并实现作业或资料备份,以备检查。

任务 1-3　体验校园网络

任务 1-3-1　观察网络结构

某学院校园网以设置在教学楼的校园网网络中心为核心,覆盖东校区办公楼、东校区教学楼、东校区实验楼、主校区办公楼、主校区实验楼、主校区教学楼、多媒体中心、图书馆、后勤公司等主要大楼。校内的办公都通过校园网实现。

校园网不是一种新型的网络类型,按网络覆盖范围来划分,校园网仍然属于局域网。

任务 1-3-2　了解网络基本组成

1. 了解网络整体结构

校园网采用 CISCO 3550 交换机作为中心交换机,在其他楼层配置二级交换机,楼与楼之间采用 Start 产品作为三级交换机,办公室采用 TP-LINK 连接各工作站。

中心交换机与防火墙相连,各服务器都连到防火墙上,防火墙同时与路由器相连,通过路由器连接 Internet。在校园网内看到了中心交换机、二级交换机、三级交换机、工作站,了解局域网到底由哪些部分组成。

2. 认识网络中的主要设备

在校园网中大量应用的互联设备是交换机,除了该设备外,还有网络适配器、集线器、路由器等。由于价格和性能等因素的影响，集线器在现实应用中使用越来越少，而路由器一般在广域网中使用，交换机是局域网中应用最广泛的设备，因此，本书中将详细介绍交换机设备，而对于集线器、路由器只做简单介绍。

步骤1：认识交换机。

受价格和性能等因素的影响，交换机的应用越来越广泛。本书中的交换机，如果未做特别说明，则认为是工作在OSI模型第二层（数据链路层）的设备，其主要作用是转发封装的数据包，减少冲突域，隔离广播风暴。

（1）交换机的工作原理

> 交换机工作原理动画

交换机检测从以太端口传递来的数据包的源和目的地MAC（介质访问层）地址，然后与内部的"端口 MAC地址映射表"进行比较，若数据包的MAC地址不在表中，则将该地址加入该表，并将数据包发送给相应的目的端口。

（2）交换机的分类

交换机的分类见表1-9。

表1-9 交换机的分类

分类依据	类别	含义	示例		应用场合	图示
交换机结构	固定端口交换机	所带端口固定不变	标准端口 主要有8口、16口、24口等	非标准端口 主要有4口、5口、10口、12口、20口、22口和32口等	价格比较便宜，在工作组中应用较多，一般适用于小型网络、桌面交换环境	
	模块化交换机	用户可任意选择不同数量、速率和接口类型的模块	固定式 骨干交换机和工作组交换机则由于任务较为单一，故可采用简单明了的固定式交换机	机箱式 容错能力强，支持交换模块的冗余备份，为了保证交换机的电力供应，有可热插拔的双电源	在价格上比固定端口交换机要贵很多，但拥有更大的灵活性和可扩充性，适应千变万化的网络需求。企业级交换机考虑到其扩充性、兼容性和排错性，因此，应当选用机箱式交换机	模块化快速以太网交换机，有4个可插拔模块
交换机工作的协议层	二层交换机	工作于OSI/RM模型第二层（数据链路层）	依赖于链路层中的信息(如MAC地址)，完成不同端口数据间的线速交换。主要功能包括物理编址、错误校验、帧序列以及数据流控制		应用于小型企业或中型以上企业网络的桌面层次	
	三层交换机	工作于OSI/RM开放体系模型第三层（网络层）	具有路由功能，将IP地址信息提供给网络做路径选择，并实现不同网段间数据的线速交换		当网络规模较大时，可以根据特殊应用需求划分为小而独立的VLAN网段，以减小广播所造成的影响。应用于大中型网络	

续表

分类依据	类别	含义	示例	应用场合	图示
交换机工作的协议层	四层交换机	工作于OSI/RM模型的第四层（传输层）	为每个供搜寻使用的服务器组设立虚IP地址（VIP），每组服务器支持某种应用	直接面对具体应用	
是否支持网管功能	网管型	使所有的网络资源处于良好的状态	提供了基于终端控制口（Console）、基于Web页面以及支持Telnet远程登录网络等多种网络管理方式，网络管理人员可以对该交换机的工作状态、网络运行状况进行本地或远程的实时监控，纵观全局地管理所有交换端口的工作状态和工作模式。网管型交换机支持SNMP	只有企业级及少数部门级的交换机支持网管功能	
	非网管型	不具备网络管理功能		部门级以下的交换机多数都是非网管型的	目前大多数应用的都采用此种交换机

（3）交换机的性能指标

表1-10列出了交换机的性能指标。

表1-10 交换机的性能指标

性能指标	说明
转发技术	存储转发技术：要求交换机接收到全部数据包后再决定如何转发。采用该技术的千兆交换机可以在转发之前检查数据包的完整性和正确性，减少不必要的数据转发
	直通转发技术：在交换机收到整个帧之前就开始转发数据，可有效地降低交换延迟。但交换机在没有完全接收并检查数据包的正确性之前就已开始了数据转发，在通信质量不高的环境下，交换机会转发所有的完整数据包和错误数据包，实际上会给整个交换网络带来许多垃圾通信包。因此该技术适用于链路质量好、错误数据包少的网络
吞吐量	以太网吞吐量的最大理论值被称为线速，是指交换机有足够的能力以全速处理各种尺寸的数据封包转发，千兆交换机产品都应达到线速
管理功能	通常交换机厂商都提供管理软件或第三方管理软件远程管理交换机。一般的交换机满足SNMP MIB I/MIB II 统计管理功能，复杂一些的千兆交换机会通过增加内置 RMON 组（mini-RMON）来支持 RMON 主动监视功能
延时	采用直通转发技术的交换机具有固定的延时。直通式交换机不管数据包的整体大小，而只根据目的地址来决定转发方向
	采用存储转发技术的交换机必须接收完整的数据包才开始转发，所以数据包大时延时大；数据包小时延时小
链路聚合	链路聚合可以使交换机之间和交换机与服务器之间的链路带宽有非常好的伸缩性。例如，可以把2个、3个、4个千兆的链路绑定在一起，使链路的带宽成倍增长。链路聚合技术可以实现不同端口的负载均衡，同时也能够互为备份，保证链路的冗余性；在千兆以太网交换机中，最多可以支持4组链路聚合，每组中最大4个端口。链路聚合一般不允许跨芯片设置

（4）交换机的选购

交换机的选购主要考虑交换机的端口数、端口类型及其性能，具体见表 1-11。

表 1-11　交换机选购考虑因素

选购所考虑因素	含　义
外形尺寸	根据实际应用情况决定是采用机架式交换机还是桌面型交换机。如果网络较大，并需要对网络设备进行集中管理，则应选择机架式交换机；如果网络较小，则可采用桌面型交换机
端口数和端口类型	需根据接口情况进行选择，如果布线中需要接光纤，则需要考虑交换机是否带有光纤接口；也可通过增加光纤模块或光纤转发器的方式来解决，但低端的交换机扩展性差，不一定能增加光纤模块
是否支持虚拟局域网（VLAN）	VLAN 技术的应用已经非常广泛，是网络管理安全的一项有效手段，在局域网中使用较多，因此，选择交换机时要考虑是否支持 VLAN 技术

步骤 2：认识路由器。

路由器是一种连接多个网络或网段的网络设备，将不同网络或网段之间的数据信息进行"翻译"，以使它们能够相互"读懂"对方的数据，从而构成一个更大的网络。路由器属于网际设备，具有丰富路由协议的软硬件结构设备。

（1）路由器功能

路由器的功能见表 1-12。

表 1-12　路由器的功能

功　能	说　明
路由功能	在网际间接收节点发来的数据包，然后根据数据包中的源地址和目的地址，对照自己缓存中的路由表，寻找一条最佳的路径把数据包直接转发到目的节点
拆分和封装数据包	在数据包转发过程中，由于网络带宽等因素，为了避免数据包过大而引起网络堵塞，路由器就要把大的数据包根据对方网络带宽的状况拆分成小的数据包，到达目的网络的路由器后，目的网络的路由器再把拆分的数据封装成原来大小的数据包，再根据源网络路由器的转发信息获取目的结点的 MAC 地址，发送给本地网络的结点
协议转换功能	如常用的 Windows Server 操作平台主要使用 TCP/IP，而 NetWare 系统主要采用 IPX/SPX 协议。这两个网络要实现通信，就需要支持协议转换功能的路由器进行连接
安全功能	目前许多路由器都具有防火墙功能（可配置独立 IP 地址的网管型路由器），能够屏蔽内部网络的 IP 地址，自由设定 IP 地址，通信端口过滤，使网络更加安全

（2）路由器和交换机的区别

路由器产生于交换机之后，两种设备有一定联系，但不是完全独立的两种设备。路由器主要克服了交换机不能路由转发数据包的不足。总体来说，路由器与交换机的主要区别见表 1-13。

表 1–13　交换机与路由器的主要区别

区　别	交　换　机	路　由　器
工作层次不同	数据链路层	网络层
数据转发所依据的对象不同	利用物理地址来确定转发数据的目的地址；MAC 地址是硬件自带的，已固化到了网卡中，一般来说不可更改	利用不同网络的 ID 号来确定数据转发地址。IP 地址描述设备所在网络，由网络管理员或系统自动分配
功能不同 — 域分割	传统的交换机只能分割冲突域，不能分割广播域，由交换机连接的网段仍属于同一个广播域。广播数据包会在交换机连接的所有网段上传播，在某些情况下会导致通信拥挤和安全漏洞。 第三层以上交换机具有 VLAN 功能,能分割广播域，但各子广播域间不能通信，仍需要路由	路由器可以分割广播域，连接到路由器上的网段会被分配成不同的广播域，广播数据不会穿过路由器
功能不同 — 防火墙服务	不提供	提供

> 注意：广播域与冲突域是根据设备的工作原理来进行划分的。集线器的广播域与冲突域是相同的，所有连接在集线器上的设备既是一个冲突域又是一个广播域，容易引起数据冲突，从而发生广播风暴。交换机的每一个端口为一个冲突域，减小了冲突的概率，但连接在交换机上的所有设备仍属于同一个广播域（VLAN 划分除外）。路由器能分割广播域，隔离广播风暴。

任务 1-3-3　体验网络功能

1. 服务器

在校园网中，核心交换机上连接了多台服务器，如 Web 服务器、DNS 服务器、MAIL 服务器、FTP 服务器、数据库服务器、视频点播服务器等。

（1）Web 服务器

Web 服务器主要实现 WWW 服务，目前常用的有 PWS（Personal Web Server）服务器、IIS（Internet Information Server）服务器、Apache 服务器、Tomcat 服务器、Samba 服务器，见表 1–14。

表 1–14　常用 Web 服务器列表

服务器	功　能	应用环境
PWS 服务器	解决个人信息共享，加速和简化 Web 站点设置	适合于创建小型个人站点
IIS 服务器	Windows 系统提供的一种 Web 服务组件，集成了 WWW、FTP、NNTP、SMTP 服务	应用于网页浏览、文件传输、新闻服务、邮件发送
Apache 服务器	免费、源代码开放	适用于访问量大的（如每天数百万人）Web 服务器
Tomcat 服务器	源代码开放、运行 Servlet 和 JSPWeb 应用软件服务器	
Samba 服务器	内置网页搜索、FTP 服务器、HTML 方式的管理及环境设定，支持 CGI、WINCGI 等	适用于建立局域网的 Web 站点

（2）FTP 服务器

FTP 是一个客户机/服务器（Client/Server，C/S）系统，用户通过一个客户机程序连接至远程计算机上运行的服务器程序，主要实现文件传输功能。目前使用广泛的服务器端程序有 Serv-U、IIS、Encrypted FTP，客户端软件有 CuteFTP、FlashFTP 等。

（3）MAIL 服务器

无论是 Windows 平台还是 UNIX 平台，可使用的服务器软件很多，如 MDaemon、Sendmail、FoxMail 等，客户端软件主要是 Microsoft Outlook、FoxMail 等。

（4）视频点播服务器

视频点播（Video on Demand，VOD），与视频播放最大的区别在于它是一种交互服务。用户不再是被动地接受视频信息，而是主动地根据自己的需要来选择要播放的节目。VOD 主要由服务器端、网络系统、客户端构成。客户端通过网络向服务器端提出请求，服务器端根据请求向客户端发送数据流。

常用的 VOD 服务器软件有 Windows Media、美萍 VOD、QuickTime、Winamp 等；客户端软件有 Realplay、Windows Media 等。

2. 使用网络功能

校园网的正常使用对办公带来了巨大的便利，适合于节约型校园的建设和规划，其主要工作如下：

（1）共享光驱，以安装软件。

（2）共享打印机，实行网络打印。

（3）从服务器中复制文件。

（4）从其他计算机中复制文件。

（5）通过 OA 系统收发文件。

（6）通过实训室填报系统填报实训。

（7）通过教务网上报考试成绩。

（8）通过精品课程网站下载教学资源。

（9）通过图书管理系统查询图书馆的图书。

（10）通过在线考试系统考试。

（11）通过考评系统测评教学情况。

任务 1-3-4　绘制拓扑结构图

1. Microsoft Office Visio Pro 2019 软件简介

Visio 软件是微软公司开发的高级绘图软件，从属于 Microsoft Office 系列，可以绘制流程图、网络拓扑图、组织结构图、机械工程图、工程设计以及其他使用现代形状和模板的内容等，从而更好地开展团队合作，把想法变为现实。

Microsoft Visio 2019 是微软公司开发的目前行业领域中专业的一款图表绘制软件，该软件新的变化主要体现在如下几个方面。

（1）具有新的入门图表

图表使用更加便捷、迅速，新设计的数据库模型图表模板可以准确地将数据库建模为 Visio 图表，无须加载项。

（2）新增加了 UML 工具

可以帮助用户轻松创建 UML 组件图，用于显示组件、端口、界面以及它们之间的关系。

（3）改进了对 AutoCAD 的版本支持

可以导入或打开来自 AutoCAD 2017 或更低版本的文件。

（4）反馈

用户可以在软件中对 Microsoft Visio Pro 2019 提供产品反馈，从而帮助官方改进相应功能。

2. 使用 Microsoft Office Visio Pro 2019 绘制拓扑结构图

成功安装 Microsoft Office Visio Pro 2019 后，鼠标左键双击其快捷启动图标，打开如图 1-8 所示的"Visio 界面"，具体操作步骤如下。

微课
绘制拓扑结构图

图 1-8　Visio 界面

步骤 1：选择绘图类型"网络"。

在右上角的搜索框下方"建议的搜索"中选择"网络"选项，如图 1-9 所示。

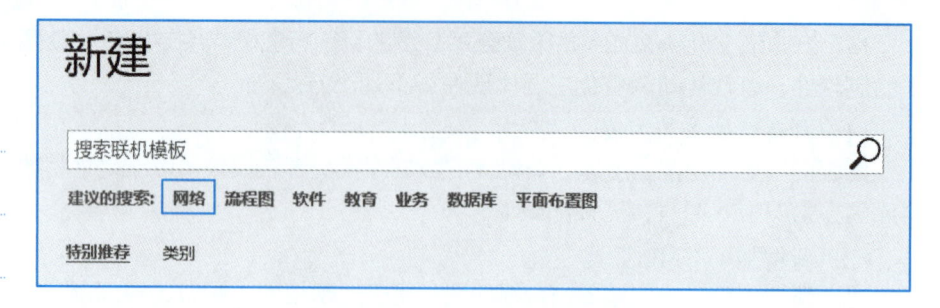

图 1-9　选择绘图类型"网络"

步骤 2：选择"详细网络图"模板，启动绘图界面。

在"网络"绘图类型的模板中选择"详细网络图"模板，单击如图 1-10 所示右侧窗格中的"创建"按钮。

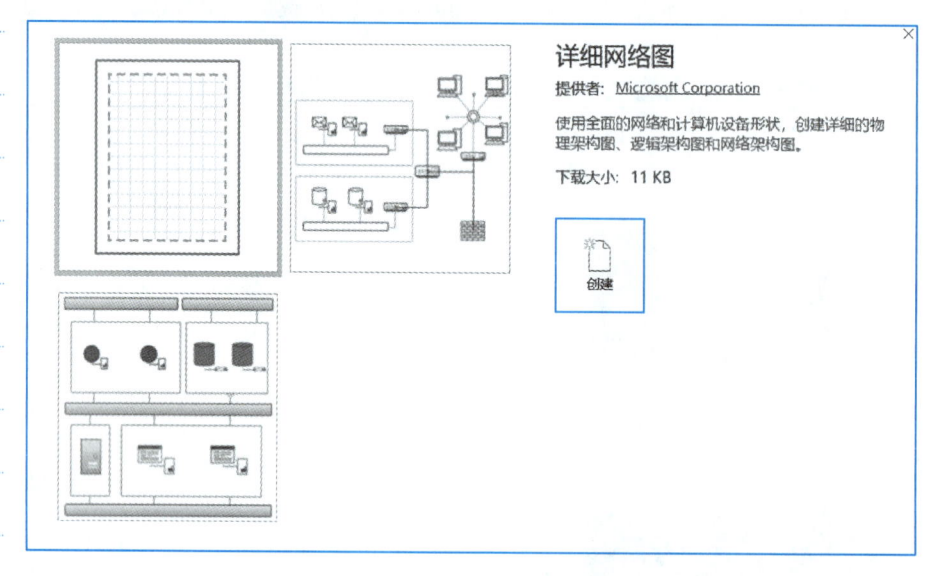

图 1-10　"详细网络图"模板

步骤 3：添加设备到绘图区。

单击"形状"任务窗格中的某形状卡，如"计算机和显示器"形状卡，则显示该形状的所有形状，然后选中其中的"PC"选项，按住鼠标左键拖动形状到绘图区然后再松开，即可将该设备添加到绘图区，如图 1-11 所示。

步骤 4：调整形状。

调整形状符号。

① 大小调整：选中添加的设备，拖动周围的 8 个圆形控点调整形状大小。

② 角度变换：选中添加的设备，按住上方旋转符号调整设备角度。

③ 文本标注位置：移动下方的黄色控点调整文本标注的位置。

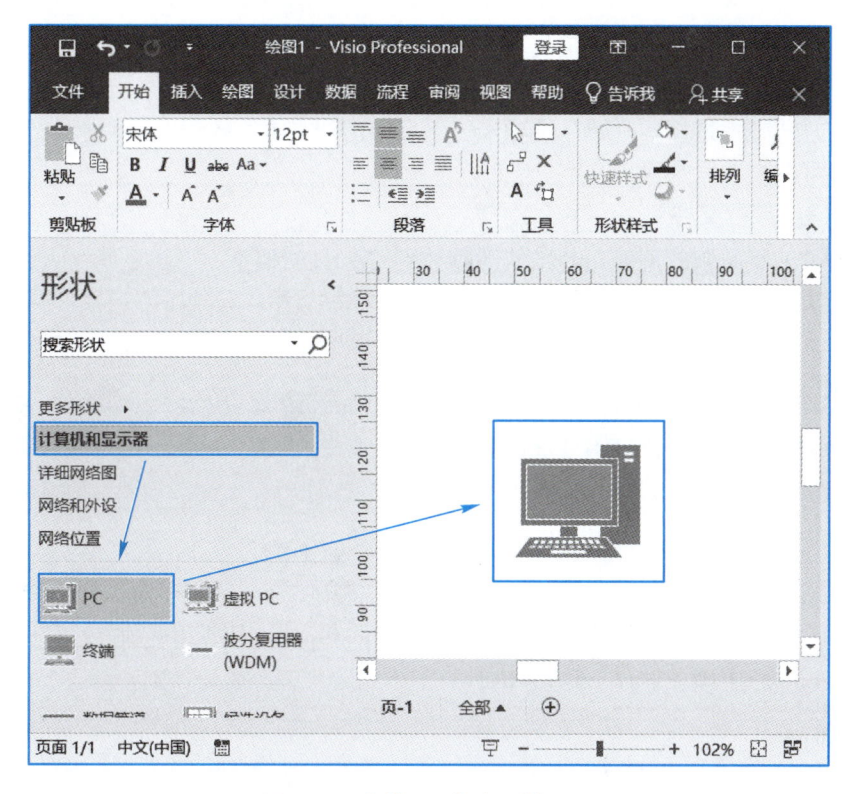

图 1-11 添加 PC 设备到绘图区

④ 快速放置：鼠标悬停在设备上会出现 4 个小箭头，指向它可以预览放置设备的位置，该设备是左侧选项卡中的前 4 个，并且两台设备之间自动用连接线相连，单击即可快速放置设备。

步骤 5：设备互连。

选择"开始"选项卡，再单击"连接线"按钮，然后鼠标光标形状会变为，将光标移至设备的中心，待出现小型的绿色空心形状后，如图 1-12 所示，按住左键，将连接线拉到另一台设备，当出现小型的绿色空心后松开鼠标左键，即可将两台设备连接。

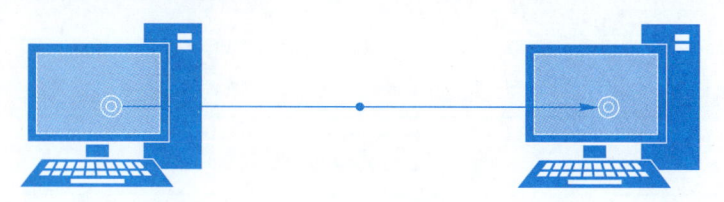

图 1-12 使用连接线连接两台设备

如果需要删除连接线，则可选中连接线，然后按 Delete 键即可。

步骤 6：标注设备。

为了更清晰地明确设备属性，就需要在图中给设备做好标识，主要方式如下。

方式 1：单击"指针工具"按钮，然后单击设备，直接输入文字即可。上下拖动黄色控点可改变文本标注垂直方向的位置。

方式 2：选择"开始"选项卡，然后单击"文本"按钮A，待出现文本框后即可在文本框中输入文字。

保存 Visio 文件

PPT

3. 保存文件

（1）将绘制的网络拓扑结构图存放到 Word 文档中

使用 Ctrl+A 组合键选中拓扑结构图，鼠标右击，在弹出的快捷菜单中选择"复制"命令，然后粘贴到 Word 文档中即可。

> 注意：为了保证全部绘图形状位置和大小不发生改变，建议选中全部绘图形状后组合为一个图形。鼠标右击所选择的图形，在弹出的快捷菜单中选择"形状"→"组合"命令，则整个图形无论怎么移动都不会发生变化。

（2）将绘制的拓扑结构图另存为 Visio 绘图文档

拓扑结构图绘制完成后，在左上角选择"文件"→"另存为"→"浏览"选项，打开如图 1-13 所示的"另存为"对话框，设置相应的存储位置并将文件命名后，单击"保存"按钮即可。

图 1-13 "另存为"对话框

> 注意：如文件是系统默认的文件名，则当选择"文件"→"保存"命令时，也会打开"另存为"对话框。

实施评价

本任务看起来非常简单，但要能够全面观察并分析网络结构、功能和特点也非一朝一夕之功，只有通过多看、多用才能发现新的问题，为后面网络组建建立直观印象。因此，需要多加练习，并熟练掌握。在完成任务后，将任务的完成情况认真总结，及时记录自己的所得所想，便于后续任务的完成，并提高自己的技能，填写表 1-15。

表 1-15　任务实施情况小结

序号	知　识	技　能	态　度	重要程度	自我评价	教师评价
1	● 局域网定义 ● Modem、无线路由器 ● Modem 工作原理	○ 熟练查阅常用 Modem、无线路由器产品 ○ 了解家庭或宿舍网络的基本结构	◎ 认真、仔细观察宿舍或家庭网络 ◎ 积极完成任务	★★		
2	● 服务器 ● 文件上传、下载 ● 共享资源	○ 认识实训室网络中的设备 ○ 了解该实训室网络的基本结构和组成 ○ 熟练操作实训室网络中的软件	◎ 认真操作 ◎ 没有遗漏设备 ◎ 积极思考，并提出相关问题	★★		
3	● 校园网 ● 路由器 ● 交换机	○ 工具使用熟练、安全、规范 ○ 选择合适的操作软件，画图规范，标识清楚 ○ 能正确表述操作结果	◎ 严格按照标准办事 ◎ 遵守纪律 ◎ 在规定的时间内完成任务	★★ ★★ ★		

任务实施过程中已经解决的问题及其解决方法与过程

问题描述	解决方法与过程
1.	
2.	

任务实施过程中未解决的主要问题

任务拓展

拓展任务　查看网络整体拓扑图与局部拓扑图之间的关系

1. 任务拓展卡见表 1-16

表 1-16　任务拓展卡

任务编号	001-4	任务名称	查看网络整体拓扑图与局部拓扑图之间的关系	计划工时	45 min
任务描述					

在一个工程项目中，需要绘制的拓扑结构图非常多，希望能很清晰地看到整体网络拓扑图同局部拓扑图之间的关系，但单独保存的各个结构图表现得很混乱，而且有时会找不到相应的局部拓扑图，如何才能很直观地看到两者之间的关系？

续表

任务分析
当拓扑结构图比较大或者比较多时,可能出现比较混乱或无法显示的情况,因此应把握好整体与局部的关系。发生混乱的原因主要是每个拓扑图都单独形成一个文件,这样就需要同时开启多个窗口,尤其当项目比较大时就会显得更加复杂。其实,在 Microsoft Visio Pro 2019 软件中提供了一个功能:在打开的新绘图文件中只看到一个绘图页,但可以根据用户的需要添加任意多个新页,即可将整个项目的所有拓扑图存放在同一个文件中

2. 任务拓展完成过程提示

步骤 1:单击"插入"→"新建页"按钮,打开如图 1-14 所示对话框,在对话框中可对各选项进行设置。

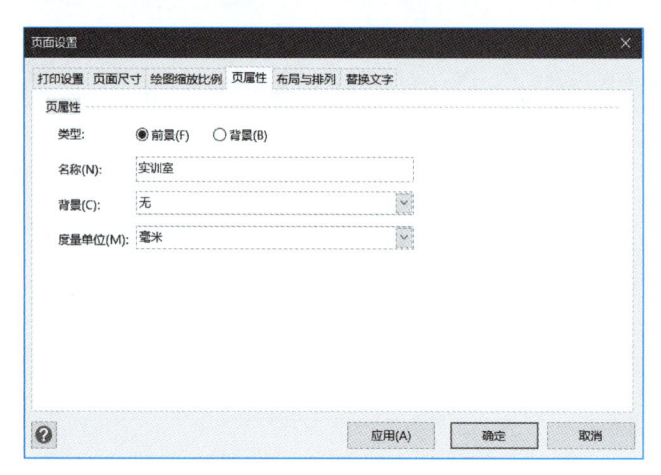

图 1-14 "页面设置"对话框

步骤 2:设置完成后,单击"确定"按钮,则显示一个新页面,如图 1-15 所示,这样编辑起来非常方便,而且便于检查。

图 1-15 建立新页面

步骤 3：依次单击"视图"→"演示模式"按钮，单击鼠标右键，显示如图 1-16 所示的菜单，就可以很方便地在各绘图之间进行切换浏览，如放映幻灯片一样。全局与局部之间的关系一目了然。

图 1-16　各绘图切换操作图

3. 任务拓展评价

任务拓展评价内容见表 1-17。

表 1-17　任务拓展评价

任务编号	001-5	任务名称	查看网络整体拓扑图与局部拓扑图之间的关系
任务完成方式	【　】小组协作完成	【　】个人独立完成	
任务拓展完成情况评价			
自我评价		小组评价		教师评价	
任务实施过程描述			
实施过程中遇到的问题及其解决办法、经验		没有解决的问题	

项目总结

本项目中知识技能考核要点见表 1-18，思维导图如图 1-17 所示。

表 1-18　知识技能考核要点

任务		考核要点	考核目标	建议考核方式
	1-1	● 认识网络设备 ● 了解网络结构与组成	○ 安全意识 ○ 操作规范	在操作过程中观察并记录
	1-2			
	1-3			
3	1-3-4	● 拓扑结构绘制	○ 熟练使用绘图软件 ○ 绘制出符合实际情况的拓扑结构图	拓扑结构图

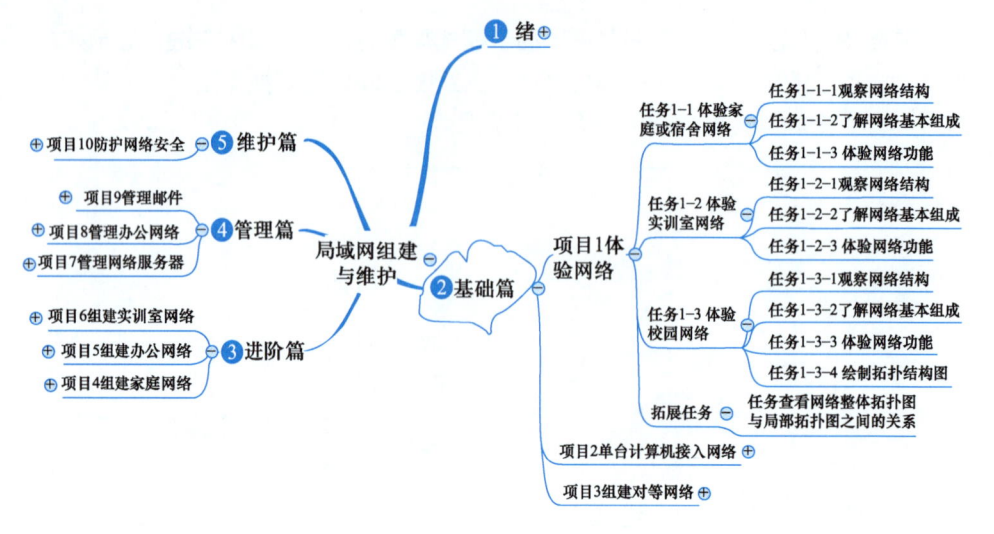

图 1-17　项目 1 思维导图

思考与练习

一、选择题

1. 网络中的任何一台计算机必须有一个 IP 地址，而且_____。
   A. 不同网络中的两台计算机的 IP 地址允许重复
   B. 同一个网络中的两台计算机的 IP 地址不允许重复
   C. 同一个网络中的两台计算机的 IP 地址允许重复
   D. 两台不在同一城市的计算机的 IP 地址允许重复
2. 下列_____上网方式必须使用调制解调器。
   A. 局域网上网　　　　　　　　　　B. 广域网上网
   C. 专线上网　　　　　　　　　　　D. 电话线上网
3. 下列网络连接设备中，起到将信号复制再生作用的设备是_____。
   A. 路由器　　　　　　　　　　　　B. 集线器
   C. 交换机　　　　　　　　　　　　D. 中继器
4. 下列属于非实时信息交流的是_____。
   A. QQ　　　　B. E-mail　　　　C. MSN　　　　D. OICQ
5. 作为 Internet 接入提供商，应该属于_____。
   A. ISP　　　　B. ICP　　　　　C. ASP　　　　D. COM
6. 广域网的英文缩写为_____。
   A. LAN　　　　B. WAN　　　　C. ISDN　　　　D. MAN
7. IE 浏览器使用的传输协议是_____。
   A. HTTP　　　B. NETBEUI　　C. FTP　　　　D. TELNET
8. 下列不是常见的网络拓扑结构的是_____。

A. 总线型　　　　B. 环形　　　　C. 星形　　　　D. 对等型
9. 计算机网络最突出的优点是_____。
   A. 资源共享　　　　　　　　B. 运算速度快
   C. 存储容量大　　　　　　　D. 计算精度高
10. 在微型计算机中，通常用主频来描述 CPU 的_____；对计算机磁盘工作影响最小的因素是_____。
    A. 运算速度　　B. 可靠性　　C. 可维护性　　D. 可扩充性
    E. 温度　　　　F. 湿度　　　G. 噪声　　　　H. 磁场
11. 在 Windows "资源管理器"中，单击需要选定的一个文件，按下_____键，再用鼠标左键单击需要选定的最后一个文件，能够一次选定连续的多个文件。
    A. Ctrl　　　　B. Tab　　　　C. Alt　　　　D. Shift
12. 集线器与交换机都是以太网的连接设备，这两者的区别是_____。
    A. 集线器的各个端口构成一个广播域，而交换机的端口不构成广播域
    B. 集线器的各个端口构成一个冲突域，而交换机的端口不构成冲突域
    C. 集线器不能识别 IP 地址，而交换机还可以识别 IP 地址
    D. 集线器不能连接高速以太网，而交换机可以连接高速以太网
13. 下列网络互联设备中，属于物理层的是_____,属于网络层的是_____。
    A. 中继器　　　　B. 交换机　　　　C. 路由器　　　　D. 网桥
14. IEEE 802.11b 采用的频率是_____。
    A. 2.4 GHz　　　B. 5 GHz　　　C. 10 GHz　　　D. 40 GHz
15. 下面选项中，不属于 HTTP 客户端的是_____。
    A. IE　　　　　　　　　　　B. Netscape
    C. Mozilla　　　　　　　　　D. Apache
16. 下面 SNMP 操作中，由代理主动发往管理站的是_____。
    A. get　　　　B. get-next　　　C. set　　　　D. trap
17. SNMP 管理器要实现对 SNMP 代理的管理，必须满足的条件是_____。
    A. SNMP 管理器和 SNMP 代理位于同一个工作组
    B. SNMP 管理器和 SNMP 代理拥有相同的团体名
    C. SNMP 管理器和 SNMP 代理位于同一个域
    D. SNMP 管理器和 SNMP 代理位于同一个子网
18. 下列选项中，可用来标识 Internet 文档的是_____。
    A. URL　　　　B. UTP　　　　C. UML　　　　D. UDP

二、思考题
1. 查看自己所在宿舍或家庭网络中使用了哪些主要设备，填写表 1-19。

表 1-19　使用的设备及参数

序号	设备名称	设备型号	主要参数	遵循标准	主要功能

2. 了解 Modem 的发展历史。

3. 观察校园网络中所使用的设备，如服务器、交换机、路由器、防火墙等，记录设备名称、型号及这些设备是如何接入网络的，了解这些设备的主要功能。另外记录网络内计算机的数量、配置及使用的操作系统。

三、操作题

观察周围的网络结构，利用 Visio 软件绘制拓扑结构图。

项目 2　单台计算机接入网络

单台计算机接入网络
PPT

素养提升 2
国产鸿蒙操作系统

在计算机领域，网络是将地理位置不同的、具有独立功能的多个计算机系统通过通信设备和线路连接起来，以功能完善的网络软件（网络协议、信息交换方式及网络操作系统等）来实现资源共享的系统，可称为计算机网络；计算机网络是信息传输、接收、共享的虚拟平台，通过它把各个点、面、体的信息联系到一起，从而实现这些资源的共享。本项目主要训练网线制作、网络模块制作、配置单台计算机等。

教学导航

知识目标	● 了解网线制作标准及常见的传输介质种类 ● 了解网卡的作用、种类和特点 ● 掌握 TCP/IP 的内容和作用
技能目标	● 遵循标准，熟练制作符合要求的网线并能选用合适的工具测试连通性、排除故障 ● 熟练掌握操作系统和驱动程序的安装 ● 根据网络结构做好 IP 地址规划，熟练掌握 TCP/IP 及网络配置，并能判断是否安装正确、协议配置是否正常 ● 能独立完成系统备份，保证系统安全 ● 会辨别水晶头、双绞线质量好坏，根据成本要求选择合适的材料
素养目标	● 遵循网线和信息模块制作标准（EIA/TIA568A 和 568B、TCP/IP），快速、正确选择符合要求的工具（压线钳、剥线钳、打线钳等），使用时遵守操作规范，在规定时间内制作出规范、美观、通信顺畅的网线；制作完成后有序归还工具，整理工作台 ● 计算水晶头使用个数，计入成绩，尽量不浪费材料，节约成本 ● 认真观察，能辨别材料质量好坏，选择有效材料；在技术、成本允许条件下，选择新技术、新产品 ● 仔细查看操作手册，做好准备工作，有计划完成任务 ● 培养质量意识，任务完成后做好检测，确认达到任务目标 ● 知行合一，实践出真知，要积极动手尝试，不能停留在看和听的状态
教学方法	项目教学法、小组学习法、理论实践一体化、实物展示
考核成绩 A 等标准	● 正确地识别传输介质的种类和质量好坏；熟练制作通畅的网线；正确安装操作系统和应用软件；正确安装 TCP/IP，并设置正确，能用简单工具来检测 TCP/IP 通信协议是否已经安装好；安装网络适配器、网线和软件（操作系统、TCP/IP）正确，单台计算机能正常工作；在规定时间内完成所有的工作任务；工作时不大声喧哗，遵守纪律，与同组成员间协作愉快，配合完成整个工作任务，保持工作环境清洁，任务完成后主动整理工作台、归还工具、关闭电源 ● 教师评价+自我评价
操作流程	配置主机硬件→配置主机软件→系统备份→制作或购买网线
准备工作	双绞线、压线钳、网线测试仪、水晶头、打线仪；网卡；Windows Server 2019 操作系统安装文件、计算机 1 台/人
课时建议	12 课时（含课堂任务拓展）

项目描述

李先生购买计算机的目的，一方面是为了丰富自己的业余生活，提高生活质量；另一方面是为了改善工作环境，提高工作效率，可在家里办公，除了处理日常文档外，还能上网完成信息搜索和娱乐。另外需要保证上网安全，免受病毒等威胁；当出现问题的时候能迅速恢复到正常状态。

项目分解

任务 2-1 的任务卡见表 2-1。

表 2-1 任务 2-1 任务卡

任务编号	002-1	任务名称	硬件购买、安装准备	计划工时	270 min
工作情境描述					
李先生的儿子希望自己动手组装计算机，于是小李去电脑城购买了计算机部件，包括机箱、主板、电源、硬盘、显卡、声卡、网卡、光驱等。另外，他还想起上次因为网速问题查看网口时，不小心弄坏了网络模块					
操作任务描述					
从工作情境描述信息可发现，小李的计算机硬件部件已基本齐备，但需要将所有的部件组装起来，他利用所学的"计算机组装与维护"技能来完成各个部件的组装。应特别注意网络适配器的安装、网线制作、信息模块制作					
操作任务分析					
仔细分析项目描述和操作任务描述信息，这台计算机需要实现文件和资源共享，要连接 Internet 能够上网。需要实现的任务如下： （1）上网需要 IP 地址和物理 MAC 地址，这就需要安装网络适配器 （2）网线是网络连接的传输通道，没有现成的网线，因此需要自己制作 （3）网线的端口是 RJ-45 模块，需要与网络提供商的网络接口相连接，这需要制作信息模块					

任务 2-2 的任务卡见表 2-2。

表 2-2 任务 2-2 任务卡

任务编号	002-2	任务名称	单台计算机基本设置	计划工时	180 min
工作情境描述					
小李将计算机各部件组装好后，要想实现他的目标，还需要进一步进行设置。各硬件没有驱动程序是不能工作的，而且上网需要通信协议等					
操作任务描述					
从工作情境描述可发现，计算机硬件设备已基本齐备，但上网需要通信协议等，因此还需要进一步配置。刚刚购买的硬盘在出厂的时候进行过低级格式化，为了方便存放数据和容易查找数据，需要将硬盘划分为几个区，分类存放数据。购买回来的计算机还只是硬件躯壳，还需要安装操作系统，各个硬件还需要驱动才能使用					

续表

操作任务分析

分析操作任务描述信息可发现,计算机硬件已经配备齐全,但还不一定能使用,需要进一步进行配置,主要任务如下:
(1)硬盘分区
(2)安装操作系统
(3)安装驱动程序
(4)安装和配置 TCP/IP

任务 2-3 的任务卡见表 2-3。

表 2-3　任务 2-3 任务卡

任务编号	002-3	任务名称	接入 Internet	计划工时	180 min
工作情境描述					
小李将计算机各部件组装好,安装好各驱动程序与通信协议后,就准备用制作的网线将计算机连接到 Internet,从而实现上网					
操作任务描述					
从工作情况描述信息可发现,安装完驱动程序后,所有硬件部件都可以工作了,在安装了通信协议后,计算机就能完成通信任务了,信息模块和网线也制作好了,所有准备工作都已准备完毕,可以把该计算机接入 Internet 了。李先生家原来向电信申请了一个账号,现在计划仍然使用该账号					
操作任务分析					
为了不增加成本,该台计算机拟采用原有的账号上网,需要实现的任务如下。 (1)接入 Internet (2)上网设置					

知识准备

【知识 1】传输介质

在有线网络中,常见的传输介质包括双绞线、同轴电缆、光缆等。其中同轴电缆正逐步退出应用领域,光缆比双绞线价格贵,因此双绞线的使用更广泛。

1. 双绞线分类

常见的双绞线有三类线、五类线和超五类线、六类线、七类线。线径随数字的增加而增粗。各线缆的作用见表 2-4。

表 2-4 双绞线按线径划分

序号	线缆类别	作用
1	一类线	传输语音
2	二类线	传输语音，传输数据（最高传输速率为 4 Mbit/s），常见于使用 4 Mbit/s 规范令牌传递协议的旧的令牌网
3	三类线	传输语音，传输数据（最高传输速率为 10 Mbit/s），主要用于 10BASE-T
4	四类线	传输语音，传输数据（最高传输速率为 16 Mbit/s）。主要用于基于令牌的局域网和 10BASE-T/100BASE-T
5	五类线	传输语音，传输数据（最高传输速率为 100 Mbit/s），主要用于 100BASE-T 和 10BASE-T 网络，是最常用的以太网电缆。
6	超五类线	主要用于千兆位以太网（1000 Mbit/s）
7	六类线	六类布线的传输性能远远高于超五类标准，适用于传输速率高于 1 Gbit/s 的应用
8	超六类线	主要应用于千兆位网络中
9	七类线	用于万兆位以太网，是一种屏蔽双绞线

双绞线根据屏蔽与否分为非屏蔽双绞线（Unshielded Twisted Pair, UTP）和屏蔽双绞线（Shielded Twisted Pair, STP）。两者的区别见表 2-5。

表 2-5 屏蔽双绞线与非屏蔽双绞线的区别

	UTP	STP
包裹层	无屏蔽外套，直径小，节省所占用的空间	电缆外层用铝铂包裹以减小辐射，但不能消除辐射
安装难度	重量轻，易弯曲，易安装	安装困难
稳定性	差	好
价格	便宜	较贵

2. 双绞线结构

网络中连接网络设备的双绞线由 4 对铜芯线绞合在一起，如图 2-1 所示，有 8 种不同的颜色，适合于较短距离信息传输，其使用长度不超过 100 m，当传输距离超过几千米时，信号因衰减可能会产生畸变，这时就要使用中继器（Repeater）来放大信号。

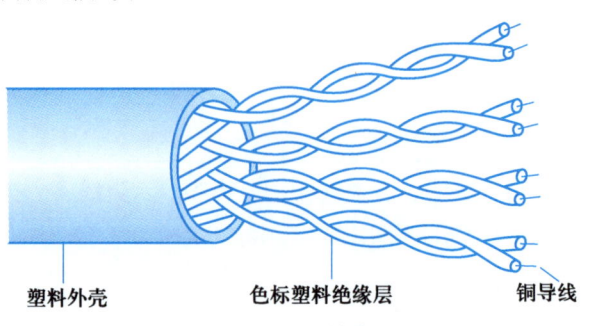

图 2-1 双绞线

3. 双绞线标识

在双绞线外包裹层上，一般每隔两英尺（1英尺=0.3048米）就有一段文字标识，它解释了有关此线缆的相关信息，以 AMP 公司线缆为例，如"AMP SYSTEMS CABLEE138034 0100 24 AWG(UL)CMR/MPR OR C（UL）PCC FT4 VERIFIED ETL CAT5 044766 FT 9907"，其具体含义见表 2-6。

微课
双绞线

表 2-6 双绞线外皮标识

标识	AMP	0100	24	AWG	UL	FT4	CAT5	044766	9907
含义	公司名称	100欧姆	线芯是24号的	线缆规格标准	通过认证的标准	4对线	五类线	线缆当前处在的英尺数	生产年月

【知识 2】网络适配器

1. 网络适配器概述

网络适配器是计算机联网设备，又称网卡或网络接口卡（Network Interface Card，NIC），其主要功能包括以下内容。

① 进行串行/并行转换。

② 对数据进行缓存。

③ 帧的封装与组合。将计算机的数据封装成帧，通过网线将数据发送到网络上；接收网络上其他设备传过来的帧，并将帧重新组合成数据，发送到网卡所在的计算机中。

④ 实现以太网协议。

2. MAC 地址

MAC（Media Access Control）地址是烧录在网络适配器上的全球唯一的 ID 号，又称为物理地址。该地址是固化的，不能随便更改和擦除。

微课
认识 MAC 地址

（1）MAC 地址的表示方法

MAC 地址与网络无关，无论带有这个地址的硬件（如网卡）接入到网络何处，MAC 地址都不变。MAC 地址采用 6B（48 位）或 2B（16 位）表示，一般采用 6B（12 个 16 进制数）的 MAC 地址。每两个十六进制数之间用冒号隔开为一个字节，如图 2-2 所示。

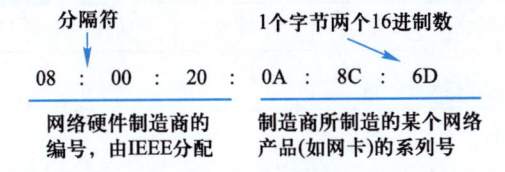

```
        分隔符              1个字节两个16进制数
           ↓                    ↓
       08 : 00 : 20 :    0A : 8C : 6D
       网络硬件制造商的      制造商所制造的某个网络
       编号，由IEEE分配     产品(如网卡)的系列号
```

图 2-2 MAC 地址表示

注意：网络制造商必须确保它所制造的每个以太网设备都具有相同的前 3 字节以及不同的后 3 个字节。这样就可保证世界上每个以太网设备都具有唯一的 MAC 地址。

（2）查看 MAC 地址的方法

按 Win+R 组合键,打开"运行"对话框,在该对话框的文本框中输入"cmd"命令,按 Enter 键,进入 DOS 提示符界面,在 DOS 提示符下输入"ipconfig/all"命令,按 Enter 键,出现如图 2-3 所示的界面,则可看到目前所使用的网络适配器的 MAC 地址。

图 2-3 查看 MAC 地址

【知识 3】 EIA/TIA568A 与 EIA/TIA568B

1. 国际标准

网线的连接标准很多,最常用的有美国电子工业协会(EIA)和电信工业协会(TIA)于 1991 年公布的 EIA/TIA 568 规范,包括 EIA/TIA 568A(T568A)和 EIA/TIA 568B(T568B),标准线序见表 2-7。

微课
认识网线制作标准

表 2-7 标 准 线 序

568 标准	线序							
	1	2	3	4	5	6	7	8
EIA/TIA 568A	绿白	绿	橙白	蓝	蓝白	橙	棕白	棕
EIA/TIA 568B	橙白	橙	绿白	蓝	蓝白	绿	棕白	棕

在标准规定使用下,表 2-7 中的 4 根引脚,1 和 2 用于发送,3 和 4 用于接收,其他不使用,见表 2-8。

表 2-8 针 脚 列 表

针脚	1	2	3	4	5	6	7	8
功用	发送	发送	接收	接收	不使用	不使用	不使用	不使用

2. 直通电缆与交叉电缆

（1）直通电缆

直通电缆的两端使用相同的接线标准。在通常情况下,业界都使用 EIA/TIA T568B 标准,如图 2-4 所示。

（2）交叉电缆

交叉电缆的一端使用 EIA/TIA 568A 线序,另一端则使用 EIA/TIA 568B

线序，如图 2-5 所示。

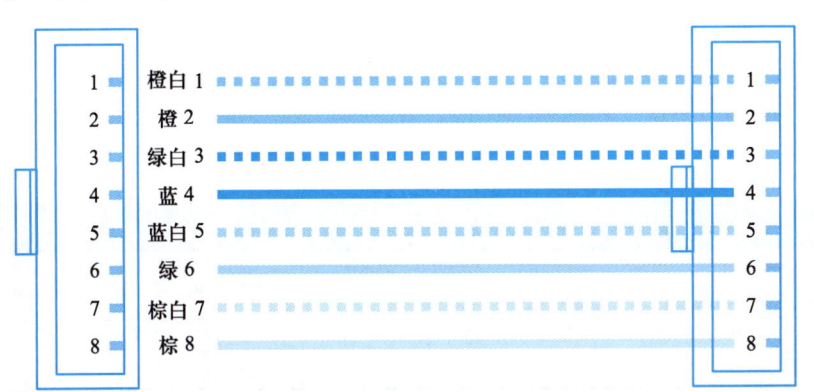

图 2-4　直通电缆示意图

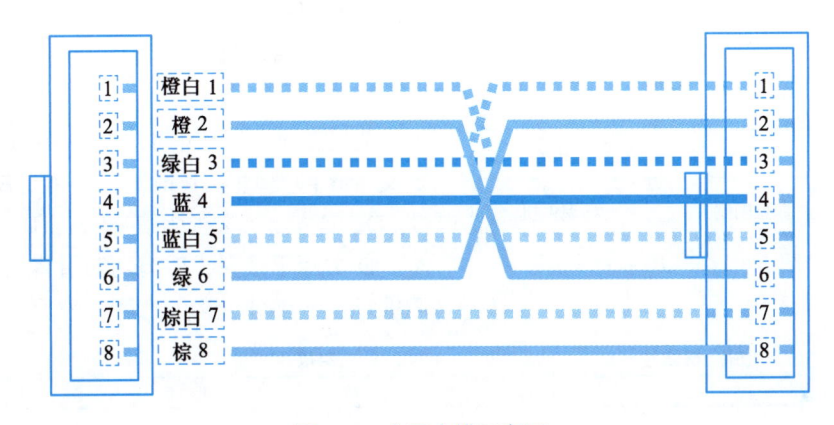

图 2-5　交叉电缆示意图

【知识 4】 TCP/IP 通信协议

1. TCP

TCP（Transmission Control Protocol）是传输层的一种面向连接的通信协议，提供可靠的数据传送。为了保证可靠的数据传输，TCP 还要完成流量控制和差错检验，适用于大批量的数据传输。

2. IP 协议

IP（Internet Protocol）协议是网络层的一种面向无连接的通信协议。为使主机统一编址，网络协议定义了一个与底层物理地址无关的编址方案：IP 地址，使用该地址可以定位主机在网络中的具体位置。IP 协议是 TCP/IP 协议簇网络层中最核心的协议。

注意：与 MAC 地址（物理地址）对应，IP 地址是逻辑地址，使用的标准有 IPv4 和 IPv6 两个版本，就是给每个连接在 Internet 上的主机（或路由器）分配一个在全世界范围是唯一的 32 位的标识符，但就目前的情况来看，IPv4 的地址已快耗尽，IPv6 的地址已逐步应用。

3. IP 地址

(1) IP 地址的表示方法

目前编址方案采用的是 IPv4 版本，使用 4B 共 32 位二进制数表示。常用的表示方法有两种，见表 2-9。

表 2-9　IP 地址表示方法

表示方法	含义	示例
点分十进制法	将每字节的二进制数转换为 0～255 的十进制数，各字节之间采用"."分隔	192.168.1.28
后缀标记法	在 IP 地址后加"/"，"/"后的数字表示网络号位数	192.168.1.28/24，24 表示网络号位数是 24 位

微课
认识 IP 地址

(2) IP 地址的组成

Internet 包括了多个网络，每个网络又拥有多台主机，IP 地址由网络号和主机号两部分组成，如图 2-6 所示。

图 2-6　IP 地址组成示意图

(3) IP 地址分类

为适应不同大小的网络，Internet 定义了 5 种类型的 IP 地址，即 A、B、C、D、E 类，广泛应用的是 A、B、C 类，D 类用于多播，E 类为保留将来使用地址。各类地址构成如图 2-7 所示。

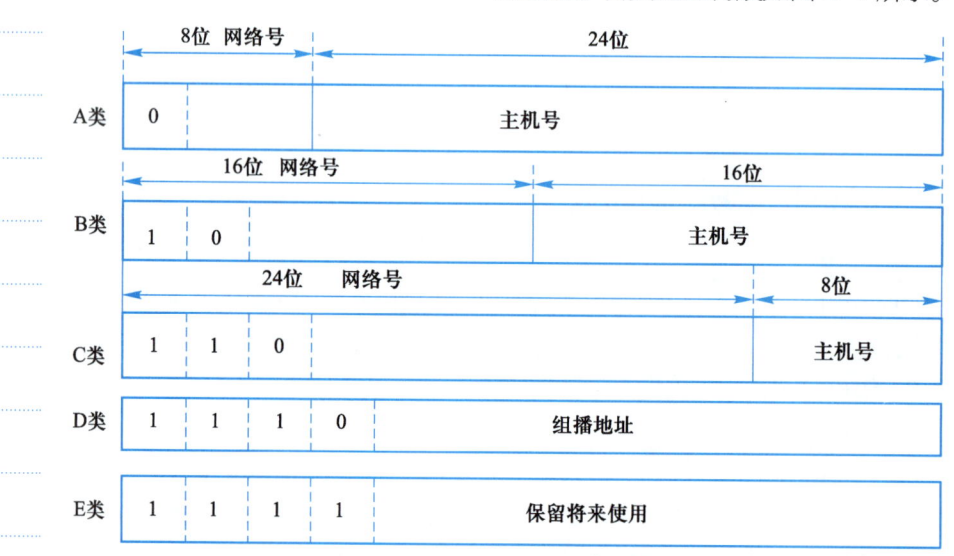

图 2-7　IP 地址分类图

(4) 特殊 IP 地址

IP 地址除了可以表示主机的一个物理连接外，还有几种特殊的表现形式，见表 2-10。

表 2-10 特殊的 IP 地址

地　址	含　义	实　例
网络地址 （全 0 地址）	主机地址全为 0	192.168.1.0 表示 C 类网络的所有主机
直接广播地址 （全 1 地址）	主机地址全为 1，向指定网络广播	192.168.1.255 表示向 C 类网络所有主机发送广播
有限广播地址	32 位 IP 地址均为 1，表示向本网络进行广播	255.255.255.0
回送地址	用于网络软件测试以及本地计算机间通信的地址	127.0.0.1

（5）私有地址（内部网络地址）

私有地址是指为了避免单位任选的 IP 地址与合法的 Internet 地址发生冲突，IETF 分配具体的 A 类、B 类和 C 类地址供单位内部网使用。与之相对应的就是符合分类原则的能在 Internet 上实现通信的地址，即公有地址（外网地址或合法地址）。IETF 规定的私有地址范围见表 2-11。

表 2-11 私有地址范围

私有地址	范围
A 类	10.0.0.0~10.255.255.255
B 类	172.16.0.0~172.31.255.255
C 类	192.168.0.0~192.168.255.255

注意：内部私有地址可在不同的内部网络中重复使用，这样可节省 IP 地址，同时又可以隐藏内部网络的结构。

（6）IP 地址分配方法

IP 地址分配有静态分配和动态分配两种方法。静态分配法是采用指定 IP 地址的方法，使每台上网计算机都拥有一个固定不变的 IP 地址。动态分配法是指采用自动获得 IP 地址的方法，在打开计算机时，由动态主机配置协议（Dynamic Host Configuration Protocol，DHCP）临时分配一个 IP 地址，当用户关机时，地址被释放。动态分配时，计算机所获得的 IP 地址是不固定的，如图 2-8 所示。

注意：动态分配 IP 地址时，计算机获得的 IP 地址也不是随意的，而是在 DHCP 服务器设置的 IP 地址范围内变动，具体将在后面章节中详细介绍。

（7）IPv6 编址技术

IPv6（Internet Protocol Version 6）被称作下一代互联网协议，其地址的标准表示方法是将 128 位地址以 16 位作为一分组，每个 16 位分组写成 4 个十六进制数，中间用冒号分隔，称为"冒号分十六进制"格式。例如，

21DA:00D3:0000:2F3B:02AA:00FF:FE28:9C5A 是一个完整的 IPv6 地址。IPv6 的地址表示有一些特殊情形，见表 2-12。

微课
认识 IPv6 地址

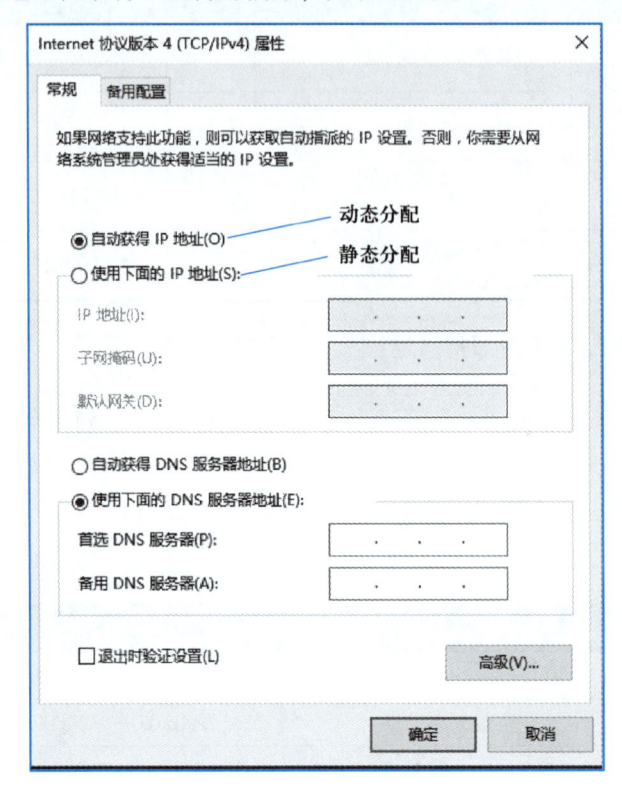

图 2-8 IP 地址的分配

表 2-12 IPv6 地址的特殊表示法

特殊情形	处理办法	实 例
分组中前导位为 0	去除 0，但每个分组必须至少保留一位数字	21DA:D3:0:2F3B:2AA:FF:FE28:9C5A
较长的零序列	将相邻的连续零位合并，用双冒号"::"表示，但"::"符号在一个地址中只能出现一次	（1）1080:0:0:0:8:800:200C:417A 可表示为 1080::8:800:200C:417A （2）0:0:0:0:0:0:0:1 可表示为::1 （3）0:0:0:0:0:0:0:0 可表示为::
与 IPv4 混合	x:x:x:x:x:x:d.d.d.d，其中 x 是地址中 6 个高阶 16 位分组的十六进制值，d 是地址中 4 个低阶 8 位分组的十进制值（标准 IPv4 表示）	（1）0:0:0:0:0:0:13.1.68.3 可表示为::13.1.68.3 （2）0:0:0:0:0:FFFF:129.144.52.38 可表示为::FFFF:129.144.52.38
在一个 URL 中使用文本 IPv6 地址	文本地址应用符号"["和"]"来封闭	FEDC:BA98:7654:3210:FEDC:BA98:7654:3210 写成 URL 示例为 http://[FEDC:BA98:7654:3210:FEDC:BA98:7654:3210]:80/index.html

【知识 5】 分区

硬盘只有经过格式化后才能保存信息，硬盘分区实质上是对硬盘的一种格式化。主分区、扩展分区和逻辑分区的关系如图2-9所示。

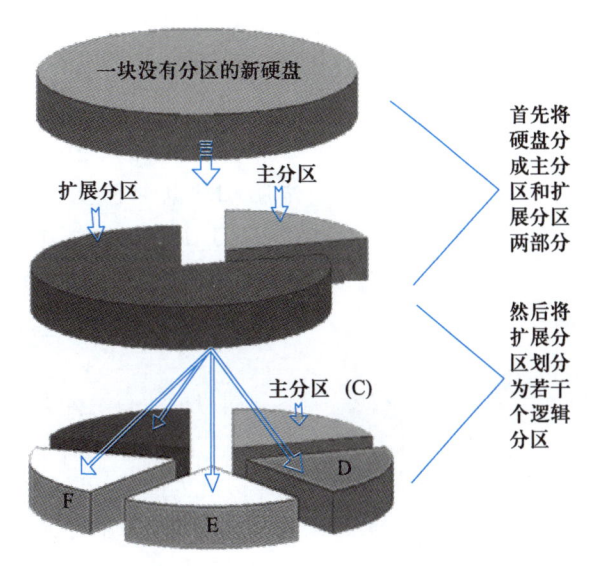

图2-9 主分区、扩展分区和逻辑分区的关系

【知识6】 操作系统

1. 操作系统简介

操作系统（Operating System，OS）是用户和计算机的接口，同时也是计算机硬件和其他软件的接口，是管理和控制计算机硬件与软件资源的计算机程序，是直接运行在"裸机"上的最基本的系统软件。任何其他软件都必须在操作系统的支持下才能运行。按应用领域划分，操作系统主要有桌面操作系统、服务器操作系统和嵌入式操作系统3种，见表2-13。

表2-13 按应用领域划分的操作系统

按应用领域分	用途	类别	示例
桌面操作系统	用于个人计算机	UNIX	Mac OS X、Fedora等
		Windows	Windows Vista, Windows 7/8/8.1/10/11 等
服务器操作系统	用于大型计算机	UNIX系列	SUN Solaris、IBM-AIX、HP-UX、FreeBSD、OS X Server等
		Linux系列	Red Hat Linux、CentOS、Debian、Ubuntu Server 等
		Windows系列	Windows NT Server、Windows Server 2012/2019/2008 R2 等
嵌入式操作系统	用于嵌入式系统	嵌入式领域	嵌入式 Linux、Windows Embedded、VxWorks等
		电子产品	Android、iOS、BlackBerry OS等

2. Windows Server 2019 版本信息

Windows Server 2019 是微软公司于 2018 年 11 月发布的新一代 Windows Server 服务器操作系统，基于 Windows 10 1809（LTSC）内核开发而成。

Windows Server 2019 主要有标准版和数据中心版本，分别可分为带 GUI 的 desktop 版本和不带 GUI 的 core 版本，一共是 4 个版本。

【知识 7】 信息模块

信息模块有两种类型，一种是传统的手工打线模块，制作比较麻烦，本项目中以此为例进行详细介绍；另一种是如图 2-10 所示的免打线信息模块，不需要手工打线，只需把双绞线按色标卡入相应卡槽，用手轻轻一按即可，制作简单，本书不进行详细介绍。

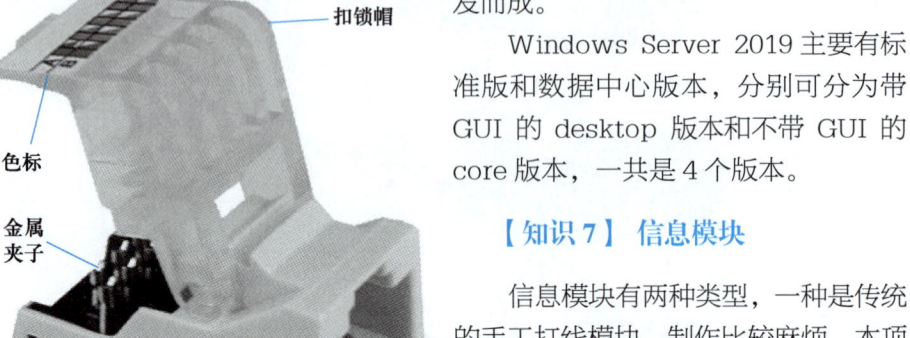

图 2-10　免打线信息模块

任务实施

任务实施流程见表 2-14。

表 2-14　任务实施流程

工具准备		
工具/材料名称	数量与单位	说　　明
压线钳	1 把/人	压紧线缆
测线仪	1 个/人	连通性测试
打线仪	1 个/人	110 打线仪
网卡	1 块/人	与计算机兼容
分区软件	1 个/人	PartionMagic
操作系统安装盘	1 张/人	Windows Server 操作系统
调制解调器	1 台/人	信号转换
螺钉旋具（十字+一字）	各 1 把/人	拧紧或拧松螺钉
材料准备		
材料名称（型号与规格）	数量与单位	
双绞线（5 类或超 5）类	1~2 m/人	
水晶头（RJ-45）	2 个/人	

续表

材料准备	
材料名称（型号与规格）	数量与单位
信息模块	1 个/人
计算机	1 台/人
信息插座底盒（86 型）	1 个/人
信息插座面板（86 型）	1 个/人

参考资料
1. 互联网上的海量资源 2. 国际标准（EIA/TIA568A 与 EIA/TIA568B） 3. TCP/IP 模型 4. "面向连接"与"面向无连接"协议的区别与应用 5. 材料和工具清单（表格）

实施流程
1. 阅读【知识准备】，如果还存在疑问请查找参考资料或其他工具书学习相关知识 2. 将需完成的任务进行规划，确定好先后顺序（准备硬件—组装硬件—单台计算机基本设置—将计算机接入网络） 3. 填写材料和工具清单，准备实验工具与材料 4. 根据【任务实施】中任务先后顺序与步骤完成具体安装或配置任务，在完成每个小任务后测试任务完成情况，保证任务 100%完成 5. 待所有任务完成后，测试整体任务，最终能否完成单台计算机上网 6. 上交实施结果与实施报告 7. 归还工具、整理工具箱 8. 清理工作台，打扫卫生，桌椅摆放整齐，关闭电源等

任务 2-1　准备及安装硬件

计算机硬件的安装与注意事项将在组装与维护中进行详细介绍，此处涉及网络，因此选择以网络适配器的安装为例说明。

任务 2-1-1　安装网络适配器

首先需要查看计算机是集成网卡还是独立网卡。如果是集成网卡，其集成在主板上，则不需安装硬件，只需安装驱动程序即可；如果是独立网卡，则硬件和驱动程序都需要安装。

步骤 1：切断计算机电源，保证无电工作。
步骤 2：用手触摸一下金属物体，释放静电。
步骤 3：打开计算机机箱，选择一个空闲的 PCI 插槽，并卸掉相应的挡板。
步骤 4：将所要安装的网卡插入 PCI 插槽中。
步骤 5：将网卡通过螺钉固定紧，防止松动，以保证其正常工作。

步骤 6：盖上机箱，把网线插入网卡的 RJ-45 接口中。

> 注意：
> - 所选 PCI 插槽的位置尽量与其他的硬件保持一定距离，以保持良好的散热性能，同时也方便安装。
> - 安装网卡的过程中，不要触及主机内部其他连线头、板卡或电缆，以防松动造成开机故障。
> - 扩展槽的总线类型要与网卡一致。例如，PCI 总线插槽（一般为白色）只能插入 PCI 总线网卡，ISA 总线插槽（一般为黑色）只能插入 ISA 总线网卡。目前大多数都使用 PCI 总线网卡。
> - 网卡插入计算机插槽时，应保证网卡的金手指与插槽紧密结合，不能出现偏离和松动，否则会损伤网卡。

本任务以五类双绞线和 RJ-45 水晶头为例说明网线的制作。

任务 2-1-2　制作网线

1. 制作直通电缆

连接相同的设备时需要采用直通电缆，具体制作步骤如下。

步骤 1：剥线。

准备一段符合布线长度要求的网线，用双绞线压线钳把五类双绞线的一端剪齐，然后把剪齐的一端插入到网线钳用于剥线的缺口中，直到顶住网线钳后面的挡位，稍微握紧压线钳慢慢旋转一圈，让刀口划开双绞线的保护胶皮，拔下胶皮（也可用专门的剥线工具来剥皮线）。剥线长度为 12 mm～15 mm，如图 2-11 所示。

> 注意：网线钳挡位离剥线刀口长度通常恰好为水晶头长度，能有效避免剥线过长或过短。如果剥线过长，一方面不美观，另一方面网线不能被水晶头卡住，容易松动；如果剥线过短，因有包皮存在，太厚，则不能完全插到水晶头的底部，致使水晶头插针不能与网线芯线完好接触，网线就制作不成功。此时，网络连接显示为未连接状态。

步骤 2：理线。

先把 4 对芯线一字并排排列，然后再把每对芯线分开（此时注意不跨线排列，也就是说每对芯线都相邻排列），并按统一的排列顺序（如左边统一为主颜色芯线，右边统一为相应颜色的花白芯线）排列线序图标。

> 注意：每条芯线都要拉直，并且要相互分开并列排列，不能重叠。

步骤 3：剪线。

4 对线都捋直并按顺序排列好后，手压紧，不要松动，使用压线钳的剪线口剪掉多余的部分，并将线剪齐，如图 2-12 所示。

> 注意：压线钳的剪线刀口应垂直于芯线，一定要剪齐，否则会使有的线与水晶头的金属片接触不到，引起信号不通。

图 2-11　用压线钳剥线 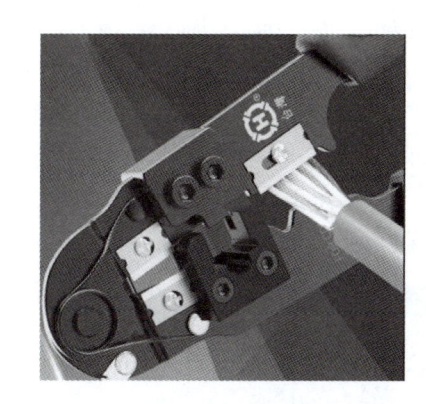　　　　　图 2-12　剪线

步骤 4：插线。

用手水平握住水晶头（有弹片一侧向下），然后把剪齐、并列排列的 8 条芯线对准水晶头开口并排插入水晶头中，注意一定要使各条芯线都插到水晶头的底部，不能弯曲。

步骤 5：压线。

确认所有芯线都插到水晶头底部后，即可将插入网线的水晶头直接放入压线钳夹槽中，将水晶头放好后，用力压下网线钳手柄，使水晶头的插针都能插入到网线芯线中，与之接触良好，如图 2-13 所示。

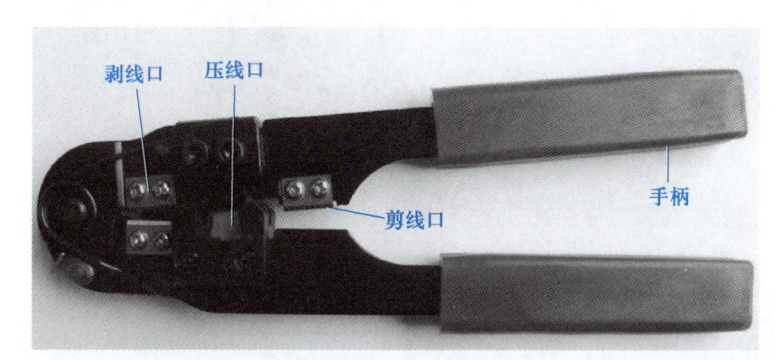

图 2-13　压线钳标识图

步骤 6：检测双绞线。

把网线两端的 RJ-45 接口插入电缆测试仪后，打开电源，可以看到测试仪上两组指示灯按同样的顺序闪动。如一端的灯亮，而另一端却没有任何灯亮起，则可能是导线中间断了，或是两端至少有一个金属片未接触该条芯线。

2. 制作交叉电缆

连接不同的设备一般采用交叉电缆，交叉电缆的线序如图 2-5 所示。交叉电缆的一端制作与直通线相同，另一端的线序则是 1 和 2 的线序交换，3 和 6 的线序交换。

使用电缆测试仪进行检测时，其中一端按 1、2、3、4、5、6、7、8 的顺序闪动绿灯，而另外一侧则会按 3、6、1、4、5、2、7、8 的顺序闪动绿灯。这表示网线制作成功，可以进行数据的发送和接收了。

如果出现红灯或黄灯，则说明存在接触不良等现象。此时，最好先用压线钳压制两端水晶头一次，然后再次进行测试。如果故障依旧存在，则需检查芯线的排列顺序是否正确。如仍显示红色灯或黄色灯，则表明其中肯定存在对应芯线接触不良的情况，此时就需要重做电缆了。

任务 2-1-3　制作信息模块

本项目中，李先生家的信息接口出现了问题，因此，当网线制作完成后，还需要制作信息模块。

1. 准备工具和材料

信息模块制作需要购买的材料包括信息面板、底盒、网络模块等，另外还需要打线工具。

信息模块安装在墙面、地板或桌面上，还需要一些配套用的组件，如单口和双口面板等，以下详细介绍网络模块的结构。

微课
认识与制作信息模块

（1）网络模块

网络模块的正面、反面、引脚口分别如图 2-14~图 2-16 所示。

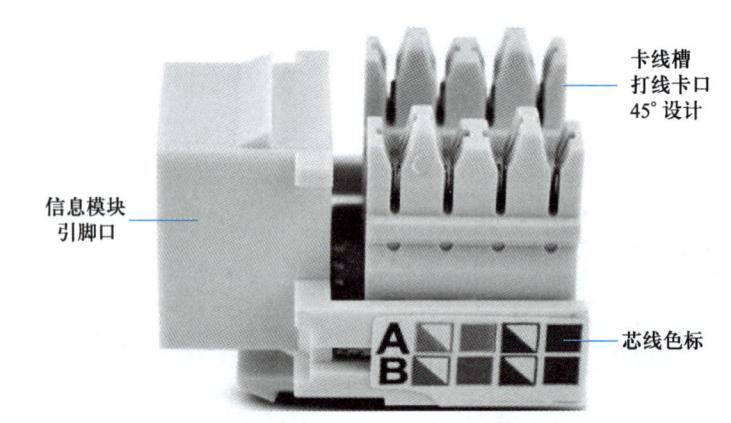

图 2-14　网线模块正面

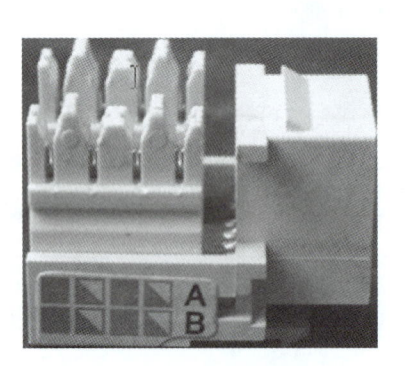

图 2-15　网线模块反面

图 2-16　网线模块引脚口

(2) 信息面板

信息面板由如图 2-17 和图 2-18 所示的遮罩板和面板两部分组成，遮罩板主要是为了美观，用来遮住固定用的螺钉位置。单口网络面板正面如图 2-18 所示，双口面板背面如图 2-19 所示。

图 2-17　面板的遮罩板　　　　图 2-18　单口网络面板正面

(3) 信息模块底盒

信息模块底盒如图 2-20 所示。

图 2-19　双口面板背面　　　　图 2-20　信息模块底盒

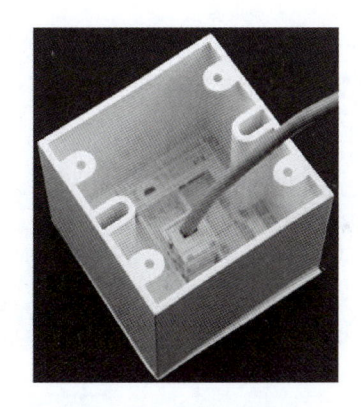

(4) 打线工具

网线要连接到信息模块上，需要使用一种专用的卡线工具，称之为"打线钳"。打线钳分为单线打线钳和多对打线钳。多对打线工具通常用于配线架网线芯线的安装。

- 单线打线钳如图 2-21 所示。
- 多对打线钳如图 2-22 所示。

(5) 打线保护装置

因为把网线的 4 对芯线卡入到信息模块的过程比较费劲，且信息模块容易划伤手，可使用打线保护装置进

图 2-21　单线打线钳

行安装，一方面方便把网线卡入到信息模块中，另一方面可起到隔离手掌，保护手的作用，如图 2-23 所示（注意：上面嵌套的是信息模块，下面部分才是保护装置）。

图 2-22　多对打线钳　　　　　　　　　图 2-23　打线保护装置

2. 制作和安装信息模块

从商店购买的信息模块是没有与网线连接的，李先生家的计算机需要上网，就必须使用网线将计算机和电信的线路连接起来。

步骤 1：剥线。

一般不再采用压线钳剥线，因为压线钳剥线口有一个挡位，只适用于剥制作水晶头长度的双绞线，超过这个长度的都必须使用专用的剥线工具。常用的剥线工具如图 2-24 所示。

图 2-24　常用的剥线工具

用剥线钳剥除双绞线外包皮，如图 2-25 所示，将双绞线从头部开始将外部套层去掉 20 mm 左右，并将剥了外皮的双绞线线芯按线对分开，如图 2-26 所示，但先不要把所有线对都拆开，防止弄错线对颜色。

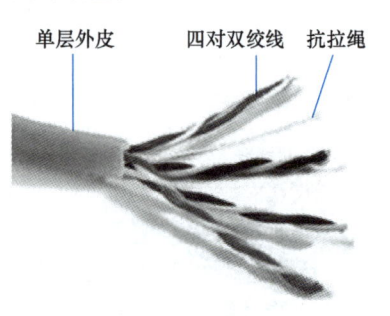

单层外皮　　四对双绞线　　抗拉绳

图 2-25　剥线　　　　　　　　　图 2-26　分开线对

步骤 2：制作网线模块。

① 查看网线模块外面和里面的芯线色标。

② 把剥除了外包皮的双绞线放入网线模块中间的空位，将剥皮处与模块后端面平行，两手稍旋开绞线对。

③ 对照芯线色标的标识将双绞线用手卡入卡线槽内卡稳。

④ 全部线对都压入各槽位后，可用单线打线工具将一根根线芯进一步压入线槽中。

单线打线工具的使用方法：切线刀口永远是朝向模块的外侧，打线工具与网线模块如图 2-27 所示垂直插入槽位，垂直用力冲击，听到"卡嗒"一声，说明工具的凹槽已经将线芯压到位，已经嵌入金属夹子里，金属夹子咬合铜线芯形成通路。

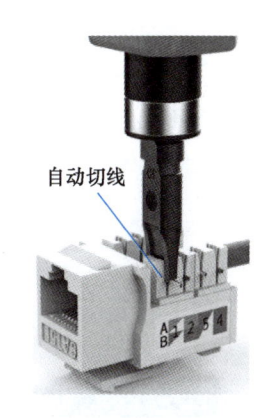

图 2-27　打线工具与网线模块的位置关系

> 注意：刀口向外：若忘记变成向内，压入的同时也切断了本来应该连接的铜线；垂直插入：如果插斜，则会使金属夹子的口撑开，再也没有咬合的能力，并且打线柱也会歪掉，难以修复，会使模块报废。

⑤ 全部打完后，应检查压线是否与色标标识相符，是否已全部卡到底。

⑥ 检测无误后，用切线刀口切除网线模块卡线槽两侧多余的芯线。

⑦ 将网线模块卡入信息模块面板的模块扣位中。使用一根已做好的网线，将其插入信息模块面板的 RJ-45 口，查看是否能插入，能合适插入则表明正确。

⑧ 测试。测试连接图如图 2-28 所示。观察测线仪指示灯的闪烁情况，通则表明正确。

制作好的信息模块如图 2-29 所示。

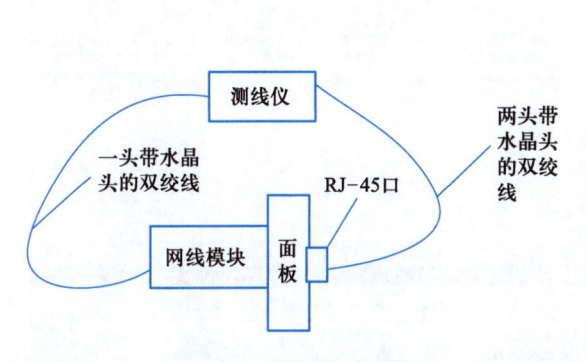

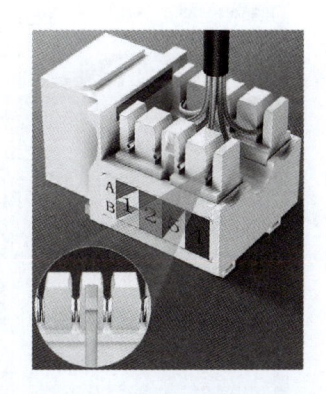

图 2-28　测试连接示意图　　图 2-29　制作好的信息模块

> 注意：在双绞线压接处不能拧、撕，防止产生断线伤痕；使用压线工具压接时，要压实，不能有松动。在一个布线系统中，应只采用一种线序模式，否则当线接乱时，导致网络不通，则很难查找原因。

步骤 3：面板与底盒固定。

① 将两头带水晶头的双绞线从底盒的穿线孔中穿过，把面板的遮罩板取下来，将面板与底盒的孔位对齐，使用螺钉把底盒与面板紧固好。

② 盖上遮罩板

步骤 4：安装信息模块。

把信息模块安装在墙上或桌面上。此时，整个信息模块制作完毕，即可投入使用。

任务 2-2　计算机基本设置

任务 2-2-1　硬盘分区

没有经过任何配置的计算机称为"裸机"，要使计算机能正常工作，则需要安装操作系统，要安装操作系统，就必须对硬盘进行分区和格式化。

> 注意：对硬盘进行分区一定要注意先建立主分区，再建立扩展分区，然后在扩展分区中划分逻辑分区，各分区容量的大小依据用户的需要而定，最后再设置活动分区。

硬盘分区的工具很多，常用的有 DOS 和 Windows 自带的分区软件 FDISK，硬盘分区魔法师（Partition Magic）、DiskMan 等。本任务以 Partition Magic 10 工具为例进行介绍。

1. 实施 Partition Magic 分区

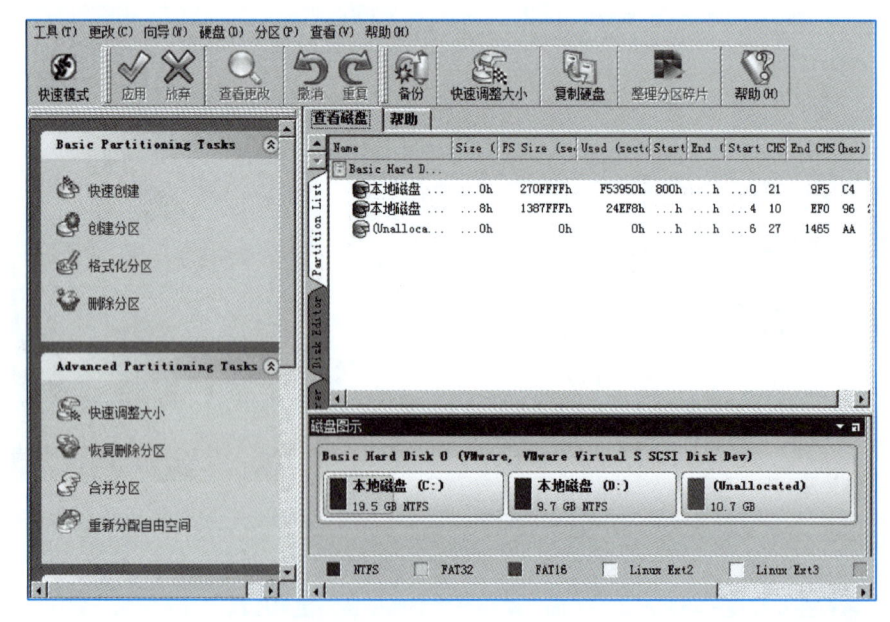

步骤 1：启动 Partition Magic 10，进入主界面，如图 2-30 所示。

图 2-30　Partition Magic 主界面

步骤 2：创建主分区。

选择"分区"菜单命令，在其左侧窗格中选择"创建分区"选项，打开"创建分区"对话框，在对话框的"创建为"中选择"主分区"，在分区类型中选择分区的文件格式，如 FAT32 或 NTFS，然后再选择卷标，即可创建主分区。

步骤 3：创建扩展分区和逻辑分区，按照创建向导操作即可。

2. 使用 Windows 自带的工具创建分区

步骤 1：选择"开始"→"设置"→"控制面板"→"管理工具"→"计算机管理"→"存储"→"磁盘管理"选项，打开"计算机管理"窗口，如图 2-31 所示。

微课
硬盘分区

微课
系统自带工具
硬盘分区

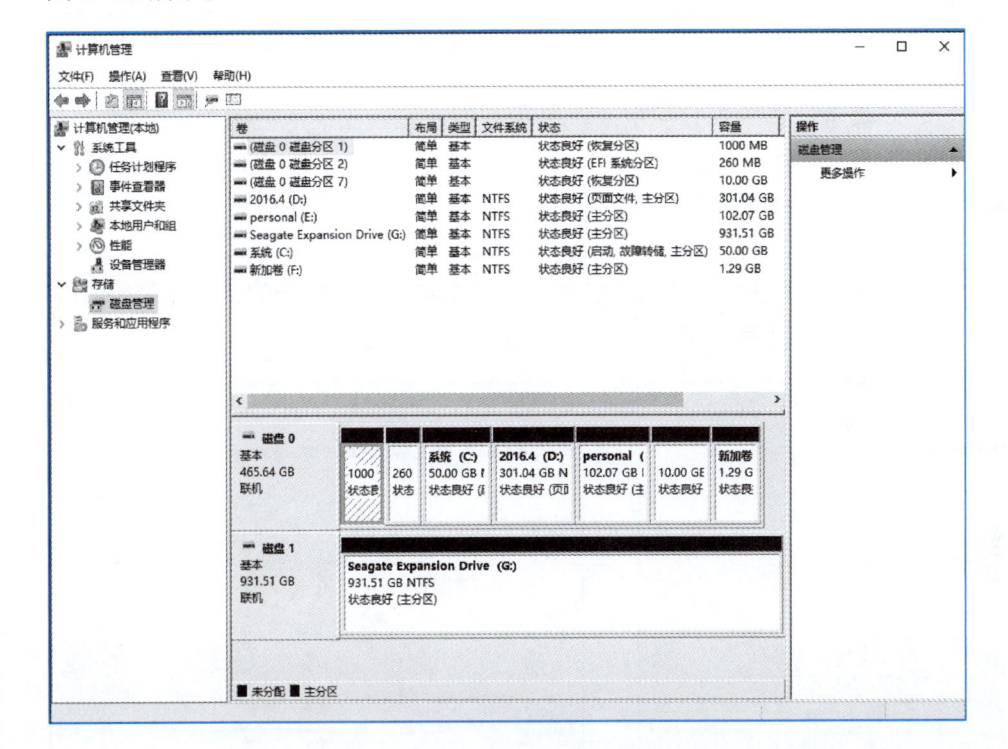

图 2-31 "计算机管理"窗口

> 注意：蓝色标识为主要磁盘分区，黑色为未指定分区，可以在未指定分区上新建分区。

步骤 2：在未分配的磁盘空间上单击鼠标右键，在弹出的快捷菜单中选择"压缩卷"命令，如图 2-32 所示。

步骤 3：打开如图 2-33 所示的"压缩 F:"对话框，在其中输入需要压缩的大小，单击"压缩"按钮，即可生成新的未分配的空间。

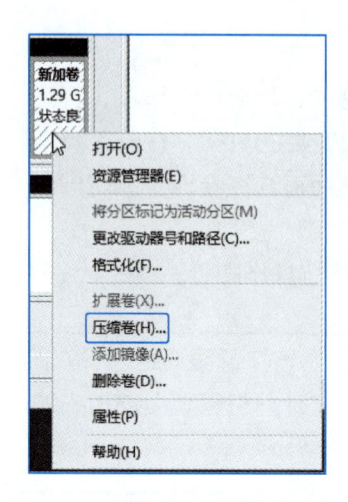

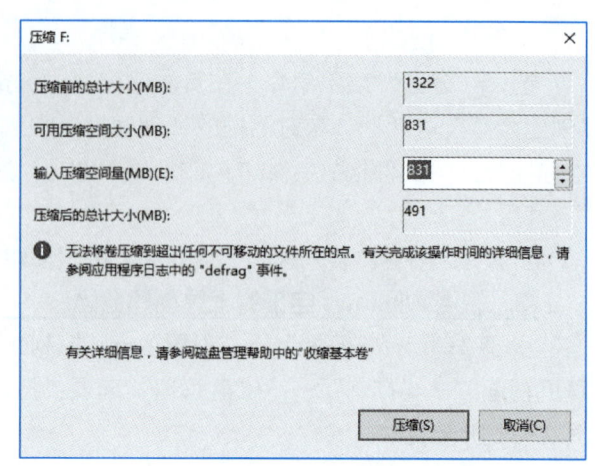

图 2-32　压缩未分配的磁盘空间　　　　图 2-33　"压缩 F:"对话框

步骤 4：选中未分配空间，鼠标右击，在弹出的快捷菜单中选择"新建简单卷"命令，打开"新建简单卷向导"对话框，单击"下一步"按钮，打开如图 2-34 所示的"新建简单卷向导—指定卷大小"界面，设置卷的大小。

步骤 5：单击"下一步"按钮，打开如图 2-35 所示的"新建简单卷向导—分配驱动器号和路径"界面，完成主分区的创建。

图 2-34　"新建简单卷向导—指定卷大小"界面　　图 2-35　"新建简单卷向导—分配驱动器号和路径"界面

步骤 6：单击"下一步"按钮，打开如图 2-36 所示的"新建简单卷向导—格式化分区"界面，选中合适的文件系统来格式化该卷。

步骤 7：单击"下一步"按钮，打开如图 2-37 所示的"新建简单卷向导—正在完成新建简单卷向导"界面，单击"完成"按钮即可。

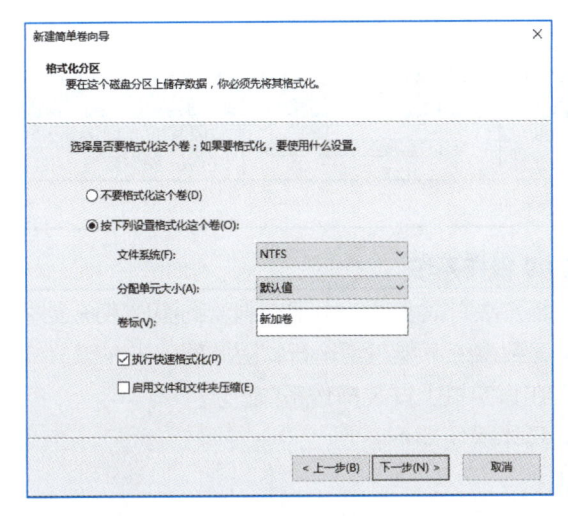

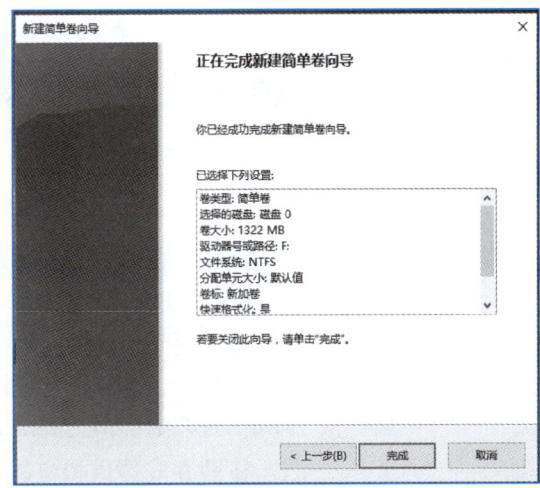

图 2-36 "新建简单卷向导—格式化分区"界面

图 2-37 "新建简单卷向导—正在完成新建简单卷向导"界面

任务 2-2-2　安装操作系统

1. 安装环境准备

在安装 Windows Server 2019 前，需要检查用户的设备是否满足表 2-15 中的安装环境。

微课
安装操作系统

表 2-15　安装系统环境要求

处理器	RAM	网络适配器	存储控制器和磁盘空间	其　　他	某些特定功能需要
（1）1.4 GHz 64 位处理器 （2）与 x64 指令集兼容 （3）支持 NX 和 DEP （4）支持 PXCHG16b、LAHF/SAHF、PrefetchW （5）支持二级地址转换（EPT 或 NPT）	（1）512 MB（对于带桌面体验的服务器安装选项为 2 GB） （2）用于物理主机部署 ECC（纠错代码）类型或类似技术	至少有千兆位吞吐量的以太网适配器	（1）运行该系统的计算机必须包括符合 PCI Express 体系结构规范的存储适配器。服务器上归类为硬盘驱动器的永久存储设备不能为 PATA （2）不允许将 ATA/PATA/IDE/EIDE 用于启动驱动器、页面驱动器或数据驱动器，最低 32 GB	DVD 驱动器（如需要从 DVD 驱动器安装操作系统）	（1）基于 UEFI 2.3.1c 的系统和支持安全启动的固件 （2）受信任的平台模块 （3）支持超级 VGA（1024×768）或更高分辨率的图形设备和监视器 （4）键盘和鼠标（或其他兼容设备） （5）Internet 访问（可能需要付费）

2. 安装方法

安装 Windows Server 2019 的方法有很多种，常用的安装方法具体见表 2-16。

表 2-16　常见的安装方法

安装方法	U 盘安装	硬盘安装	升级安装
准备工作	（1）制作好的启动 U 盘（最好 1 GB 以上空间） （2）计算机 BIOS 中设置启动项为"U 盘启动" 在官网下载 Windows Server 2019 系统安装文件	保证能够正常进入系统	原系统为 Windows Server 操作系统

3. 安装 Windows Server 2019 操作系统

Windows Server 2019 安装方法有很多种。由于安装新的操作系统会对原有操作系统存在一定的影响，导致系统不能正常运行，因此建议先在虚拟机上安装操作系统，熟练操作后再在真实机上安装操作系统。

本项目是在虚拟机上完成，具体操作如下。

（1）下载并安装虚拟机软件

在 VMware Workstation 官网下载虚拟机软件，本项目中下载并安装 VMware Workstation Pro 16.0，具体操作过程在此不详述。

微课
安装 VMware

（2）创建新的虚拟机

步骤 1：双击安装完成的虚拟机软件快捷图标，在打开的窗口中选择"创建新的虚拟机"选项，打开如图 2-38 所示的"新建虚拟机向导"对话框，在不熟悉的情况下建议选中"典型（推荐）"单选按钮。

步骤 2：单击"下一步"按钮，打开如图 2-39 所示的"新建虚拟机向导—选择虚拟机硬件兼容性"界面。

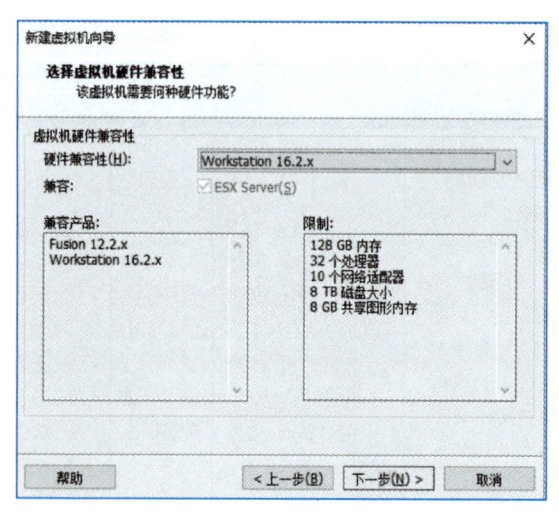

图 2-38　"新建虚拟机向导"对话框　　图 2-39　"新建虚拟机向导—选择虚拟机硬件兼容性"界面

步骤 3：单击"下一步"按钮，打开如图 2-40 所示的"新建虚拟机向导—命名虚拟机"界面，在"虚拟机名称"文本框中输入虚拟机名称，为了容易识别，一般命名为系统名称。

步骤 4：单击"下一步"按钮，打开如图 2-41 所示的"新建虚拟机向

导—固件类型"界面。

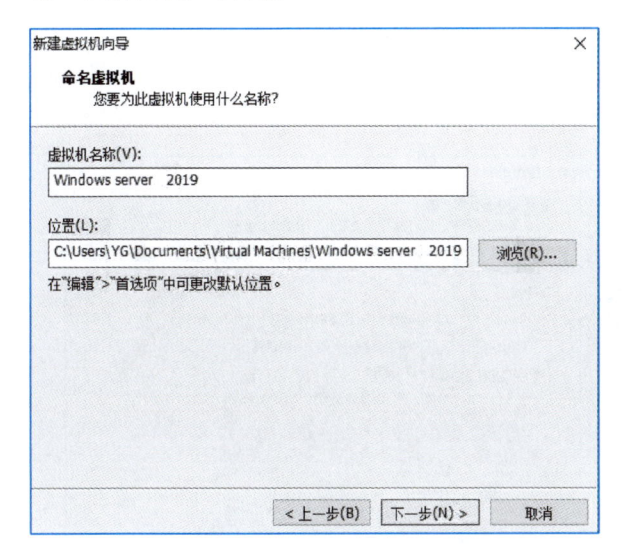

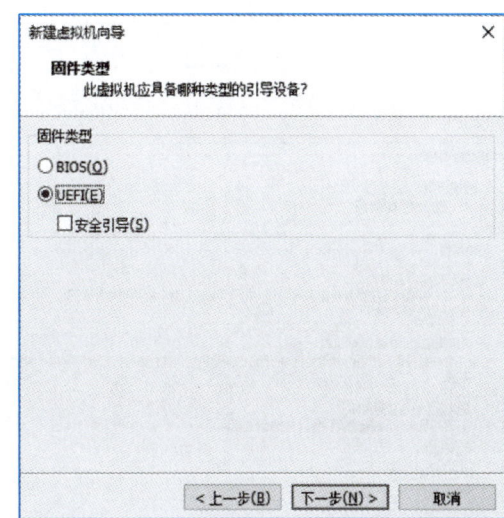

图 2-40 "新建虚拟机向导—命名虚拟机"界面

图 2-41 "新建虚拟机向导—固件类型"界面

步骤 5：单击"下一步"按钮，打开如图 2-42 所示的"新建虚拟机向导—处理器配置"界面，根据实际情况选择处理器数量。

步骤 6：单击"下一步"按钮，打开如图 2-43 所示的"新建虚拟机向导—此虚拟机的内存"对话框，调整"此虚拟机的内存"，如果整体内存比较大，则可以分配大一点内存。

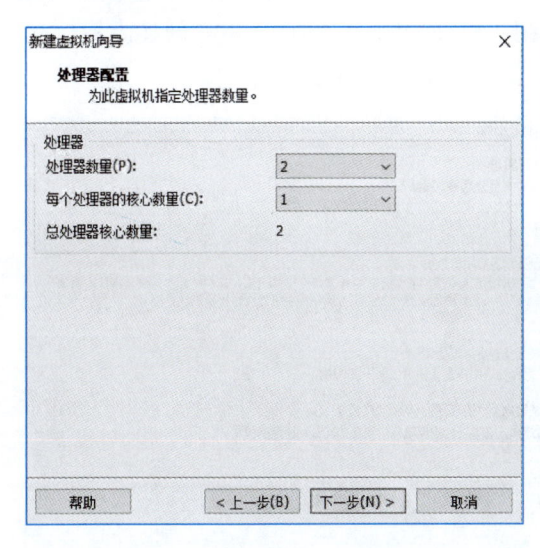

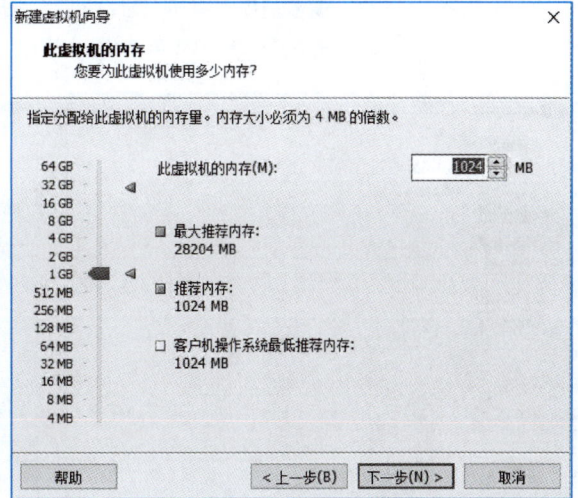

图 2-42 "新建虚拟机向导—处理器配置"界面

图 2-43 "新建虚拟机向导—此虚拟机的内存"界面

注意：为了保证虚拟机系统能稳定运行，内存尽量大点，一般至少保证 2 GB 及以上。

步骤 7：单击"下一步"按钮，打开如图 2-44 所示的"新建虚拟机向

导—网络类型"界面，根据个人需求选择合适的网络连接方式。本项目选中"使用网络地址转换（NAT）"单选按钮。

步骤 8：单击"下一步"按钮，打开如图 2-45 所示的"新建虚拟机向导—选择 I/O 控制器类型"界面，一般根据实际情况进行选择。

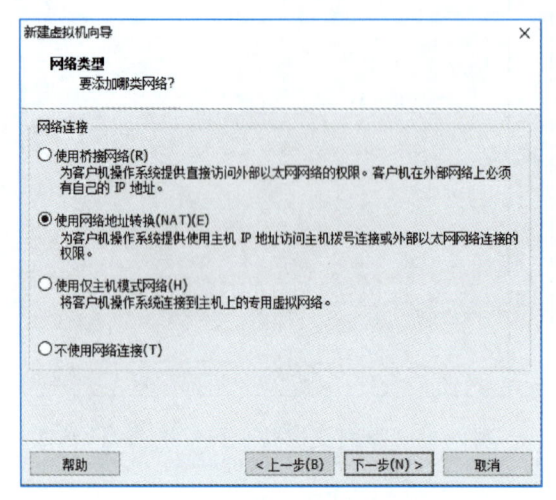

图 2-44　"新建虚拟机向导—网络类型"界面　　图 2-45　"新建虚拟机向导—选择 I/O 控制器类型"界面

步骤 9：单击"下一步"按钮，打开如图 2-46 所示的"新建虚拟机向导—选择磁盘类型"界面，选中与磁盘类型匹配的接口，如不明确，则可选择"推荐"项。

步骤 10：单击"下一步"按钮，打开如图 2-47 所示的"新建虚拟机向导—选择磁盘"界面，选中"创建新虚拟磁盘"单选按钮。

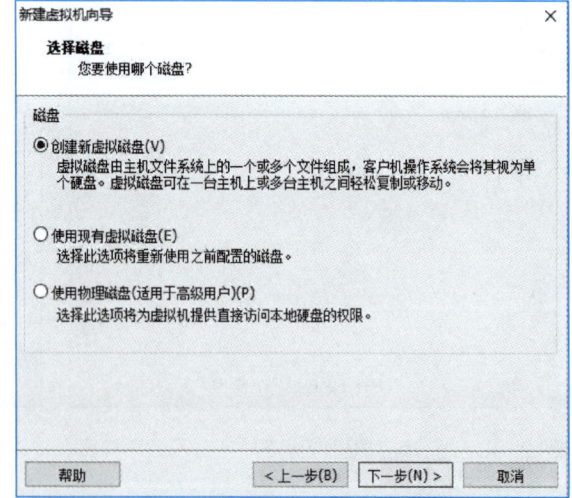

图 2-46　"新建虚拟机向导—选择磁盘类型"界面　　图 2-47　"新建虚拟机向导—选择磁盘"界面

步骤 11：单击"下一步"按钮，打开如图 2-48 所示的"新建虚拟机向

导—指定磁盘容量"界面，可根据实际硬盘容量大小选择合适的选项，Windows 7 及以上操作系统建议最少分配 60 GB。

步骤 12：单击"下一步"按钮，打开如图 2-49 所示的"新建虚拟机向导—指定磁盘文件"界面，选择合适的存储位置。

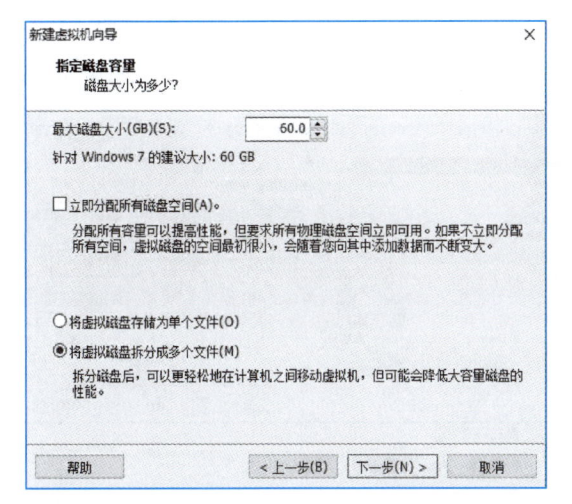

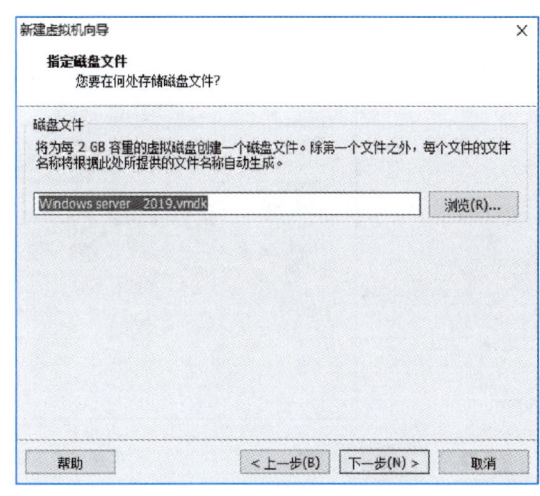

图 2-48 "新建虚拟机向导—指定磁盘容量"界面　　图 2-49 "新建虚拟机向导—指定磁盘文件"界面

> **注意**：为避免影响运行速度，或者当系统出现问题的时候不能使用，不建议选择存储在系统盘里。

步骤 13：单击"下一步"按钮，打开如图 2-50 所示的"新建虚拟机向导—已准备好创建虚拟机"界面，查看创建虚拟机情况。

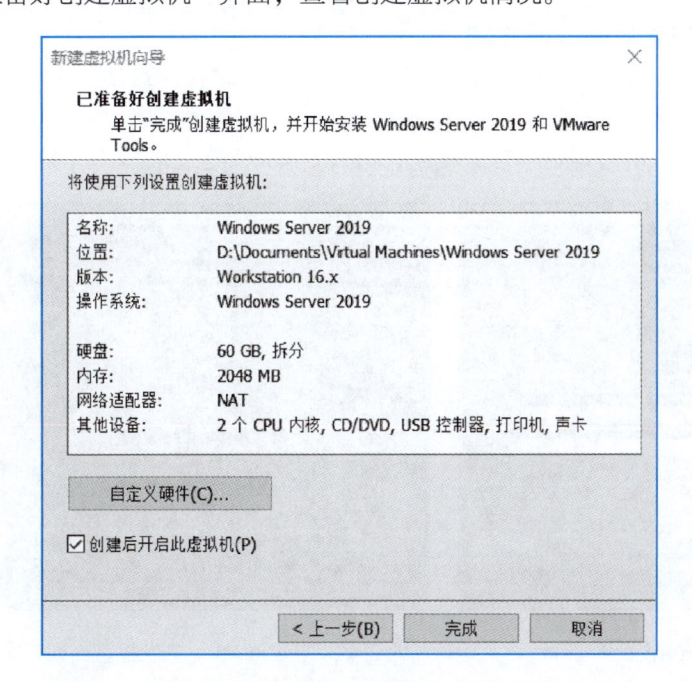

图 2-50 "新建虚拟机向导—已准备好创建虚拟机"界面

步骤 14：确认无误后，单击"完成"按钮。打开如图 2-51 所示的虚拟机界面，表明虚拟机系统已经安装完成，可以进入系统安装进程了。

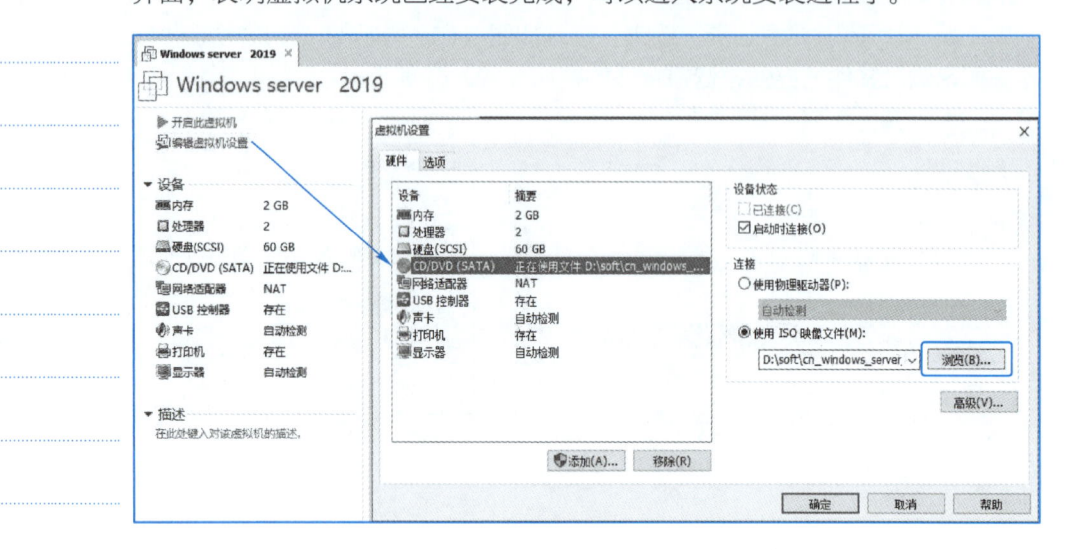

图 2-51　Windows Server 2019 虚拟机界面

步骤 15：单击"编辑虚拟机设置"按钮，打开"虚拟机设置"对话框，选中"CD/DVD(SATA)"选项，单击"浏览"按钮，选中需安装的操作系统的镜像文件，单击"确定"按钮，返回 Windows Server 2019 界面。

虚拟机安装完成，这只是相当于购买了一台裸机，还需要安装操作系统才能使用。

（3）安装 Windows 系统

步骤 1：单击"开启此虚拟机"按钮，打开如图 2-52 所示的"Windows 安装程序"界面。

步骤 2：单击"下一步"按钮，进入安装等待，如图 2-53 所示。

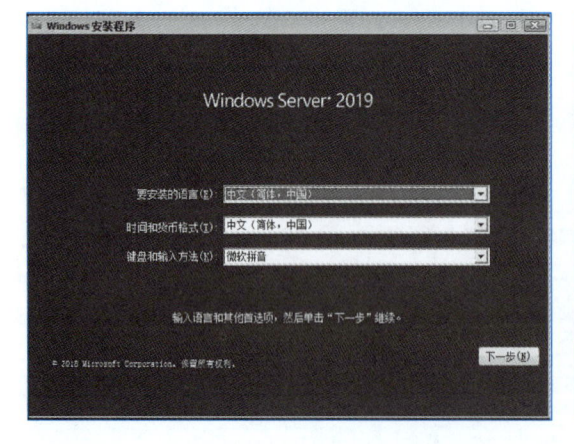

图 2-52　"Windows 安装程序"界面 　　　图 2-53　"Windows 安装程序—现在安装"界面

步骤 3：单击"现在安装"按钮，打开如图 2-54 所示的"Windows 安装程序—激活 Windows"界面。

步骤 4：找到密钥，在文本框中输入密钥；如果没有密钥，则可单击"我没有产品密钥"按钮，打开如图 2-55 所示的"Windows 安装程序—选择要安装的操作系统"界面。

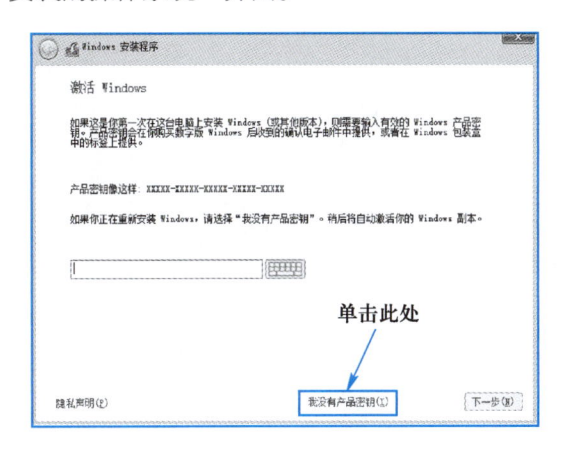

图 2-54 "Windows 安装程序—激活 Windows"界面

图 2-55 "Windows 安装程序—选择要安装的操作系统"界面

步骤 5：单击"下一步"按钮，打开如图 2-56 所示的"Windows 安装程序—适用的声明和许可条款"界面，选中"我接受许可条款"复选框。

步骤 6：单击"下一步"按钮，打开如图 2-57 所示的"Windows 安装程序—你想执行哪种类型的安装"界面。

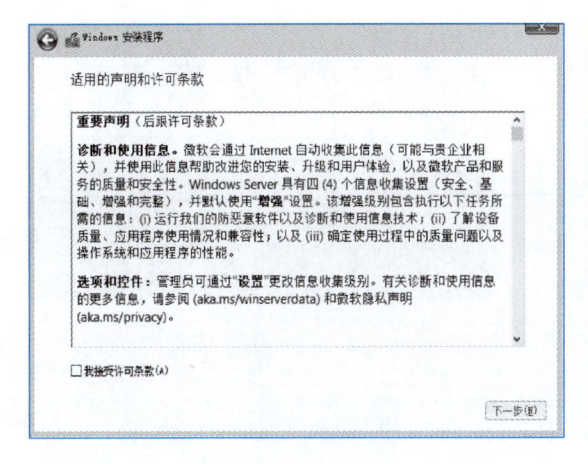

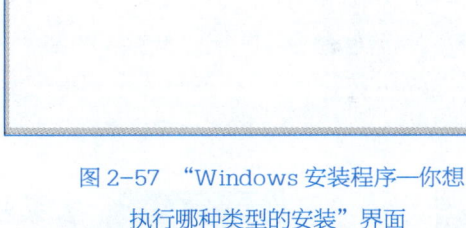

图 2-56 "Windows 安装程序—适用的声明和许可条款"界面

图 2-57 "Windows 安装程序—你想执行哪种类型的安装"界面

步骤 7：单击选中想要执行的安装类型，打开如图 2-58 所示的"Windows 安装程序—你想将 Windows 安装在哪里?"界面。

步骤8：单击"下一步"按钮，打开如图2-59所示的"Windows安装程序—正在安装Windows"界面。

图2-58 "Windows安装程序—你想将Windows安装在哪里？"界面

图2-59 "Windows安装程序—正在安装Windows"界面

步骤9：等待直至打开如图2-60所示的"Windows安装程序—Windows需要重启才能继续"界面。

步骤10：单击"立即重启"按钮，等待直至显示如图2-61所示的登录界面，安装成功。

图2-60 "Windows安装程序—正在安装Windows"界面

图2-61 登录

注意：Windows Server 2019设置密码的条件很苛刻，要求数字和字母组合设置而且不能有乱字符。

微课
安装驱动程序

任务2-2-3 安装驱动程序

网络适配器硬件安装完成后，但在设备管理器中无法找到。广义上的网卡由网卡驱动程序和网卡硬件组成，驱动程序使网卡和计算机操作系统兼容，没有安装驱动程序的网卡是不能与其他计算机通信的。

步骤 1：检查网络线路连接和网卡是否良好。

步骤 2：选中"此电脑"图标，鼠标右击，在弹出的快捷菜单中选择"属性"命令，打开如图 2-62 所示的"控制面板\所有控制面板项\系统"界面。

图 2-62 "控制面板\所有控制面板项\系统"界面

步骤 3：单击左侧的"设备管理器"超链接，打开如图 2-63 所示的"设备管理器"界面，其中显示所有设备的列表。

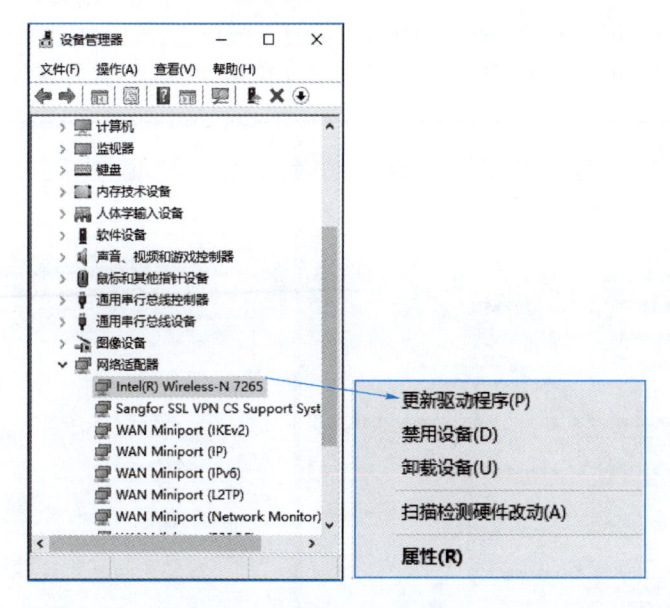

图 2-63 "设备管理器"界面

注意：如果有黄色的"？"号，则说明没有安装网卡驱动程序；如果有"！"号，则说明该驱动已经安装，但不能正常使用，应将其卸载并重新安装驱动程序。

步骤4：鼠标右击"网络适配器"下的网卡，从弹出的快捷菜单中选择"更新驱动程序"命令，打开"欢迎使用硬件更新向导"对话框，选择"自动安装软件（推荐）"，单击"下一步"按钮，系统会自动安装驱动程序，直到等待安装完成。

步骤5：如果不能自动安装，则可选用如下办法完成。

方法1：光盘安装。

展开"网络适配器"，右击网卡，在弹出的快捷菜单中选择"更新驱动程序"命令，打开"硬件更新向导"界面，选择"是，仅这一次"选项，单击"下一步"按钮，选择"自动安装软件"选项，单击"下一步"按钮，系统即自动搜索并安装光盘中的网卡驱动程序，直至安装完成。

方法2：下载驱动软件安装。

如果没有驱动安装光盘，则可到网卡官网下载驱动软件后安装。

注意：下载的驱动软件一定要与网卡的品牌和型号一致；另外还要查看当前安装的操作系统是哪种类型的，选择与操作系统兼容的驱动软件。

步骤6：查看安装情况

驱动程序安装完成后，检查网络适配器是否安装成功。如果在如图 2-63 所示的网络适配器旁边找不到任何符号，网卡正常显示，则表明网卡安装成功。

步骤7：更新驱动程序设置。

选择网络适配器，鼠标右击，在弹出的快捷菜单中选择"属性"命令，打开如图 2-64 所示的网卡"属性"对话框，单击"更新驱动程序"按钮进行驱动程序更新。也可单击"驱动程序详细信息"按钮查看驱动程序是否具有数字签名，如有则证明驱动程序已经被测试并达到微软公司定义的兼容性标准。

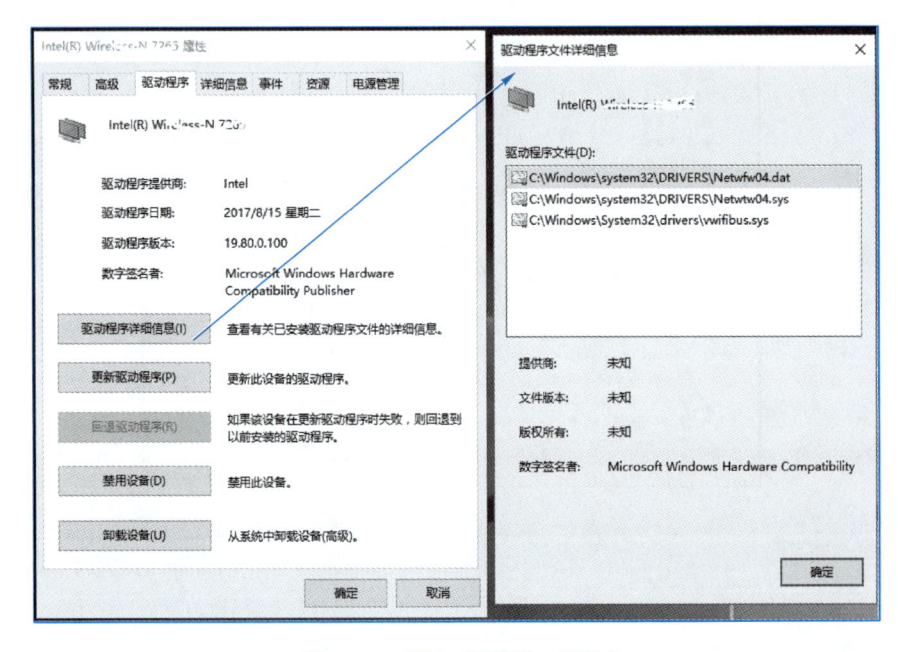

图 2-64 网卡"属性"对话框

> 注意：建议将驱动程序先解压到本地磁盘（非系统磁盘）中，然后再进行安装；也可以直接插入装有驱动程序光盘，进行直接安装，但在安装过程中系统会重启。

任务 2-2-4 安装和配置 TCP/IP

1. 安装 TCP/IP

TCP/IP 是广泛应用的通信协议，没有安装或者安装不正确都不能实现正常通信，因此，首先需要确定是否正确安装该协议。

步骤 1：打开"控制面板"窗口，单击"网络和共享中心"超链接，打开如图 2-65 所示的"控制面板\所有控制面板项\网络和共享中心"界面。

图 2-65 "控制面板\所有控制面板项\网络和共享中心"界面

微课
安装和配置 TCP/IP

步骤 2：单击"更改适配器设置"超链接，选择相应的网卡，右击，在弹出的快捷菜单中选择"属性"命令，打开如图 2-66 所示的"以太网 属性"对话框。

步骤 3：在"以太网 属性"对话框的"此连接使用下列项目"列表框中查看是否包含"Internet 协议版本 4（TCP/IPv4）"组件，有则说明已经安装；如果没有则需要安装。单击"此连接使用下列项目"列表框下方的"安装"按钮，根据对话框提示逐步完成安装。

2. 配置 TCP/IP

配置 TCP/IP 协议可采用手工配置和自动配置两种方式，本项目主要采用手工配置方式，具体如下。

在图 2-66 中，选中"Internet 协议版本 4（TCP/IPv4）"组件，单击"属性"按钮，打开如图 2-67 所示的"Internet 协议版本 4（TCP/IPv4）属性"对话框，可以根据需要更改 IP 地址，主要选项具体说明如下。

微课
配置 TCP/IP

- IP 地址：可以输入"192.168.11.27"之类的 IP 地址，此时需要注意 IP 地址和网络中的路由器或者其他计算机保持在同一个区域，而且 IP 地址也不要重复，只需确保 IP 地址最后一位不同即可。

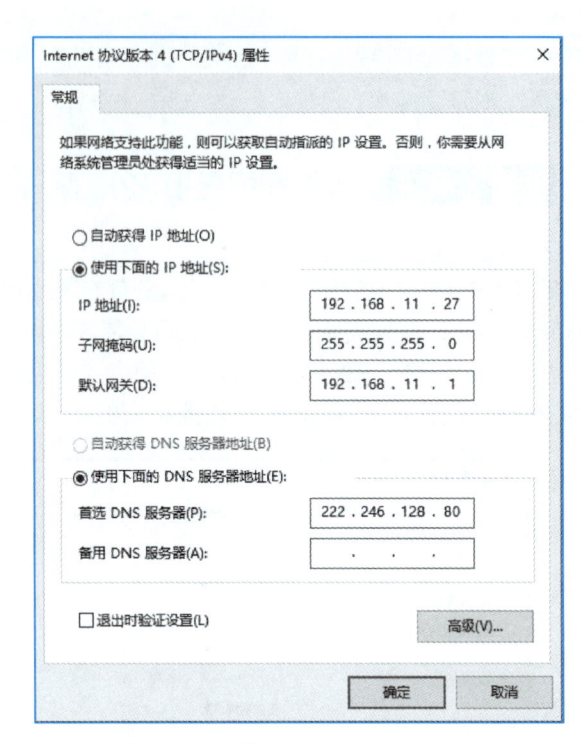

图 2-66 "以太网 属性"对话框　　图 2-67 "Internet 协议版本 4（TCP/IPv4）属性"对话框

- 子网掩码：局域网同一网段中所有计算机以及路由器的子网掩码都要保持一致，一般设置为"255.255.255.0"即可。
- 默认网关：一般默认网关设置为网络中路由器或者服务器的 IP 地址，例如在此设置为"192.168.11.1"。
- 首选 DNS 服务器：在设置 DNS 服务器时，需要询问网络管理员或者当地网络服务商进行相应的配置，否则会导致无法正常使用浏览网页之类的网络应用。

任务 2-3　接入 Internet

在前面设置的基础上接入 Internet 后，只需要连接到 Internet 接入口即可。目前，大部分用户都是通过电信部门连接到网络上，本任务主要介绍如何通过光纤猫接入网络。在该任务中需要一个关键设备，即调制解调器（Modem），也就是通常所说的"猫"。Modem 外观图与接口图分别如图 2-68 和图 2-69 所示。

具体连接步骤如下。

步骤 1：硬件连接。

硬件连接结构如图 2-70 所示。使用成品网线（或制作的网线）将计算机网卡与光纤猫的 Ethernet 口连接起来，用 Modem 自带的线连接其 Line 口和宿舍内的电信接口，启动电源开关。

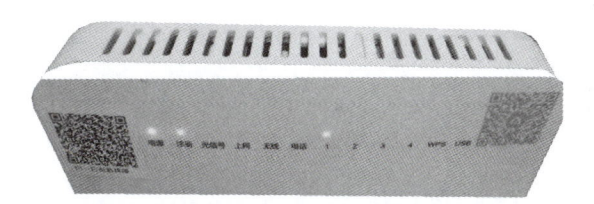

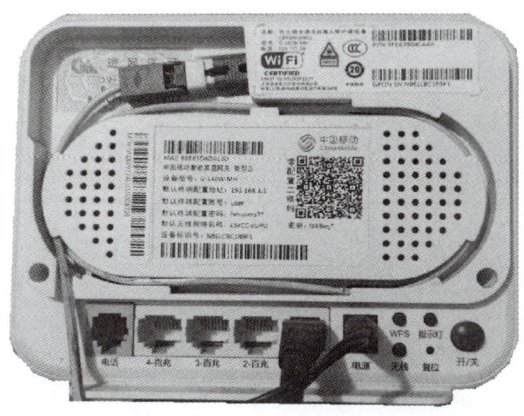

图 2-68　Modem 外观图　　　　　　　　　图 2-69　Modem 接口图

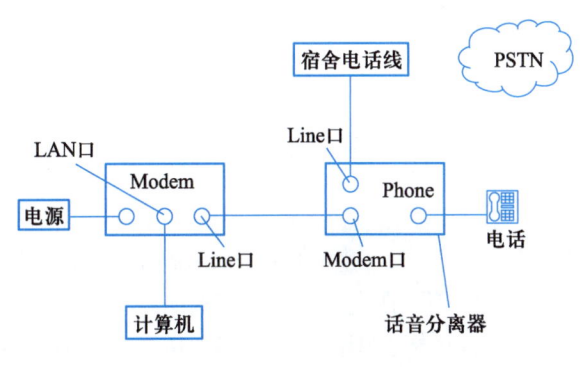

图 2-70　硬件连接示意图

步骤 2：新建连接。

① 打开"控制面板\所有控制面板项\网络和共享中心"界面，单击"设置新的连接或网络"超链接，如图 2-71 所示。

图 2-71　"控制面板\所有控制面板项\网络和共享中心"界面

② 打开如图 2-72 所示的"选择一个连接选项"界面，选择"连接到 Internet"选项。

③ 单击"下一步"按钮，打开如图 2-73 所示的"你希望如何连接"界面，单击"宽带（PPPoE）"选项。

图 2-72 "选择一个连接选项"界面　　　　图 2-73 "你希望如何连接"界面

④ 打开如图 2-74 所示的"键入你的 Internet 服务提供商（ISP）提供的信息"界面，在文本框中输入在电信申请宽带时所获得的用户名和密码，下面的复选框根据具体情况来选择。单击"下一步"按钮，则出现连接创建汇总的对话框，连接成功建立。

步骤 3：连接网络。

① 选中所创建的宽带连接，鼠标右击，在弹出的如图 2-75 所示快捷菜单中选择"连接"命令。

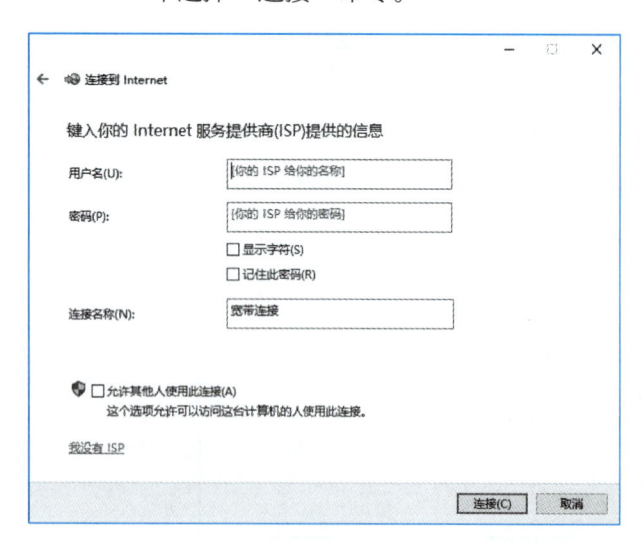

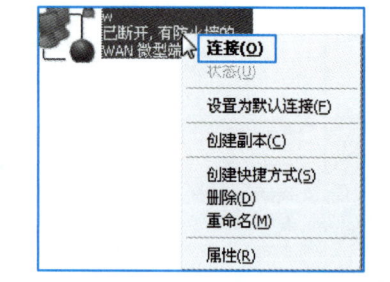

图 2-74 "键入你的 Internet 服务提供商（ISP）提供的信息"界面　　　图 2-75 "连接"命令

② 打开如图 2-76 所示的宽带连接对话框，选择相应的用户名并在"输入网络安全密钥"文本框中输入在电信申请宽带时所获得的密码。

③ 单击"下一步"按钮，若在右下角显示连接成功示意图，即可上网。

实施评价

本项目从系统软件/硬件安装与配置、信息模块制作等方面对单台计算机上网进行了全面介绍与分析，重点在于训练单台计算机硬件操作的技能，使读者养成良好的职业习惯。任务实施情况小结见表 2-17。

图 2-76 用户名和密码设置

表 2-17 任务实施情况小结

序号	知 识	技 能	态 度	重要程度	自我评价	老师评价
1	● 硬盘初始化方式和作用 ● 目前常用的操作系统，安装这些操作系统所需具备的条件 ● 网络适配器工作原理 ● TCP/IP、IP 地址	○ 熟练进行硬盘分区，掌握分区工具的应用 ○ 正确安装操作系统 ○ 熟练安装网络适配器并能查看是否正确安装 ○ 查看是否正确安装 TCP/IP，如没有，则需正确安装、配置	◎ 认真合理规划分区容量 ◎ 安全操作，在插入网络适配器硬件时应关闭电源 ◎ 根据实际情况分析处理，熟练完成安全设置并保证正确	★★ ★★ ★		
2	● 网线连接方式 ● 网线制作标准 ● TCP/IP ● IP 地址 ● ping 命令	○ 在规定时间内制作合乎标准、美观的网线 ○ 配置好通信协议，成功接入 Internet ○ 测试方法正确 ○ 测试工具使用得当	◎ 遵循标准、不急不躁、耐心细致 ◎ 配备限量材料，避免浪费 ◎ 能积极思考并解决问题	★★ ★★ ★		
3	● 职业素养 ● 工具使用规范 ● 操作标准、规范	○ 熟练、安全、规范使用工具 ○ 选择合适的操作标准，并能遵照操作标准准确完成任务 ○ 能正确表述操作结果	◎ 按标准办事 ◎ 及时清理工作台 ◎ 及时归还工具 ◎ 遵守纪律 ◎ 在规定的时间内完成任务	★★ ★★		
任务实施过程中已经解决的问题及其解决方法与过程							
问题描述			解决方法与过程			
1.						
2.						
任务实施过程中未解决的主要问题							

任务拓展

拓展任务　认识与辨别水晶头

1. 认识水晶头

水晶头又称为 RJ45 连接器，如图 2-77 所示。在一般情况下，双绞线需要通过水晶头接入网卡等网络设备。水晶头由金属片和塑料构成，制作网线所需要的水晶头前端有 8 个凹槽，简称 8P（Position，位置），凹槽内的金属触点共有 8 个，简称 8C（Contact，触点）。

水晶头包括一个插头和一个插孔（或插座）。插孔安装在机器上，而插头和连接导线（最常用的就是采用非屏蔽双绞线的 5 类线）相连。EIA/TIA 制定的布线标准规定了 8 根针脚的编号。

水晶头的塑料弹片向下，引脚接触点在上方，8 个金属引脚从左到右依次称为第 1 脚、第 2 脚……第 8 脚，如图 2-78 所示。

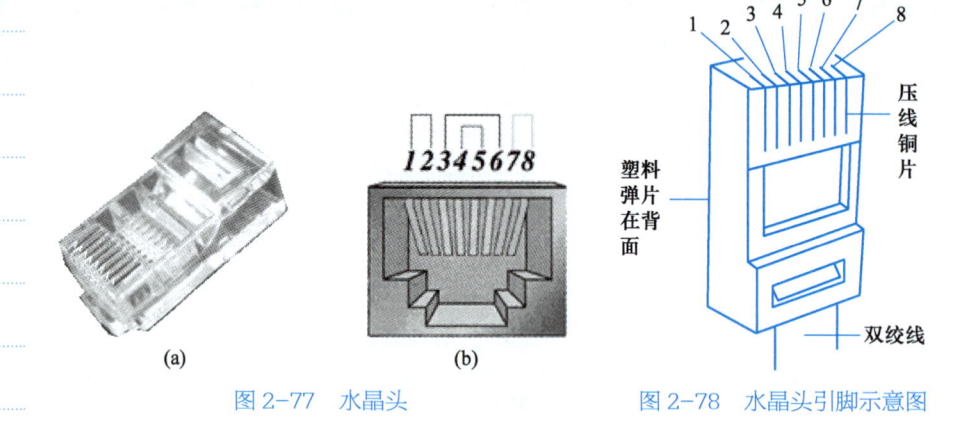

图 2-77　水晶头　　　　图 2-78　水晶头引脚示意图

2. 辨别水晶头

水晶头非常普通却非常重要，质量不好会引起网络故障，辨别水晶头的好坏可从以下几方面着手。

① 查标注：好的水晶头在弹片上都有厂商的标注。

② 看成色：好的水晶头都晶莹透亮。

③ 听声音：好的水晶头用手指拨动弹片会听到"铮、铮"的声音；另外，将做好的水晶头插入网卡中的时，能听到清脆的响声。

④ 辨弹性：好的水晶头将弹片向前拨动到 90°也不会折断，而且会恢复原状并且弹性不会改变；用压线钳压制时可塑性差的水晶头会发生碎裂。

项目总结

本项目知识技能考核要点见表 2-18，思维导图如图 2-79 所示。

表 2-18 知识技能考核要点

任务		考核要点	考核目标	建议考核方式
2-1	2-1-1	• 硬件安装是否关闭电源后进行 • 是否用手指擦拭或接触网卡的金手指	• 安全意识 • 操作规范	在操作过程中观察并记录
	2-1-2	• 制作标准 • 工具选择与使用 • 保持工作环境清洁 • 通畅性测试 • 辨别水晶头、双绞线	• 能按照标准制作通畅的直通电缆和交叉电缆 • 能使用压线钳完成剥线、剪线、压线 • 一次性操作准确,不浪费材料 • 按规定时间完成任务	制作两根网线,观察其外形并测试通畅性
	2-1-3	• 信息模块连接标准	• 明确信息模块所处的位置和作用 • 选择合适的工具,并能正确使用	现场制作
2-2	2-2-1	• 分区的作用 • 分区操作方式	• 正确完成分区操作	现场操作与问答
	2-2-2	• 操作系统所起的作用 • 安装操作系统	• 正确安装操作系统	问答
	2-2-3	• 驱动程序的作用 • 安装驱动程序	• 让相应硬件正常工作 • 查看是否安装成功	现场安装
	2-2-4	• TCP/IP 的作用 • 如何安装与配置该协议	• 协议属性配置	现场安装
2-3		• 调制解调器配置 • 连接 Internet	• 接入 Internet	现场测试结果

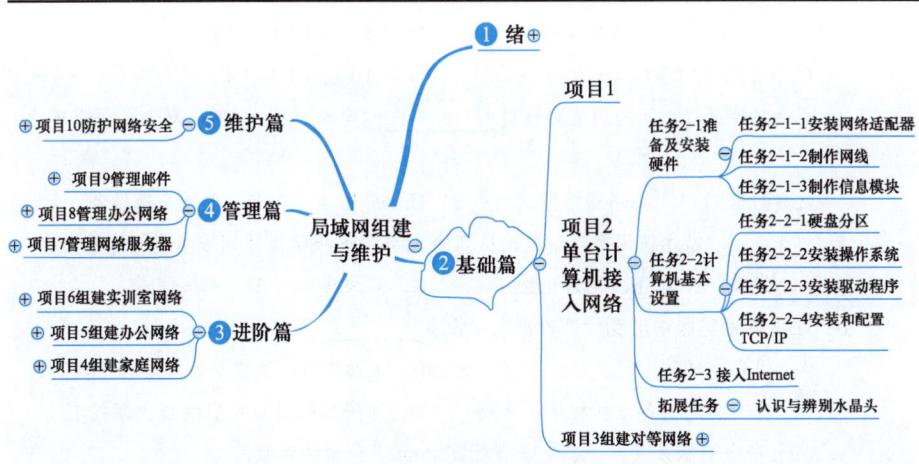

图 2-79 项目 2 思维导图

思考与练习

一、选择题

1. 双绞线绞合的目的是_____。
   A. 增大抗拉强度　　　　　　　B. 提高传送速度
   C. 减少干扰　　　　　　　　　D. 增大传输距离

2. EIA/TIA 568B 标准的 RJ45 接口线序如图 2-80 所示，3、4、5、6 这 4 个引脚的颜色分别为_____。

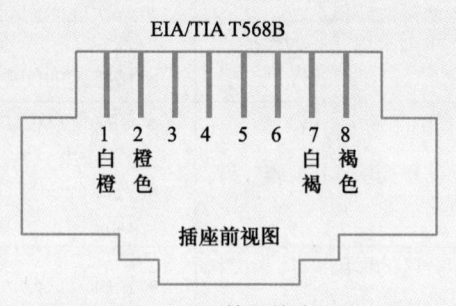

图 2-80　接口线序图

   A. 白绿、蓝色、白蓝、绿色　　B. 蓝色、白蓝、绿色、白绿
   C. 白蓝、白绿、蓝色、绿色　　D. 蓝色、绿色、白蓝、白绿

3. 将计算机连接到网络的基本过程是_____。
   （1）用 RJ-45 插头的双绞线和网络集线器把计算机连接起来。
   （2）确定使用的网络硬件设备。
   （3）设置网络参数。
   （4）安装网络通信协议。
   A.（2）（1）（4）（3）　　　　B.（1）（2）（4）（3）
   C.（2）（1）（3）（4）　　　　D.（1）（3）（2）（4）

4. 网络中计算机之间的通信是通过_____实现的，它们是通信双方必须遵守的约定。
   A. 网卡　　　B. 通信协议　　　C. 磁盘　　　D. 电话交换设备

5. _____是由按规定螺旋结构排列的 2、4 或 8 根绝缘体铜线组成的传输介质。
   A. 光缆　　　B. 同轴电缆　　　C. 双绞线　　　D. 无线信道

6. 在设备管理器中出现"！"，则表示设备_____。
   A. 设备有冲突　　　　　　　　B. 未知设备，通常是设备没有正确安装
   C. 所安装的设备驱动程序不正确　D. 所安装的设备没有经过数字签名

7. ping 命令有很多参数，其中需要指定 ping 多少次的参数是_____。
   A. -t　　　B. -a　　　C. -n count　　　D. -l size

8. IPv6 地址 12CD:0000:0000:FF30:0000:0000:0000:0000/60 可以表示成各种简写形

式，下面选项中，正确的写法是_____。

  A．12CD:0:0:FF30::/60   B．12CD:0:0:FF3/60

  C．12CD:: FF30/60   D．12CD:: FF30::/60

二、思考题

1. 在上网时，压根就没有动过网线，可总时不时地出现"网络电缆未准备好"的提示，试思考什么原因导致出现这种情况？

2. 十六进制数 CC 所对应的八进制数为多少？

三、操作题

小王在使用计算机时不小心动了下计算机，结果出现 提示，请帮助小王解决这个问题，以保障网络畅通。

项目 3　组建对等网络

组建对等网络

PPT

素养提升 3
安于责任，恒于创新

本项目介绍对等网的概念和特点，以实例的方式阐述了对等网的组建过程和步骤，主要从硬件和软件两方面分析。硬件方面需要准备计算机、交换机、网卡、网线、打印机、操作系统安装盘等；软件方面需要完成网卡驱动程序、网络通信协议的安装、配置及相关设置，如计算机标识、工作组、网络服务和共享资源等，完成上述设置后，用户之间才能完成通信和资源共享。

教学导航

知识目标	● 了解对等网的概念、结构和特点，了解文件夹的安全性，了解网络打印机的概念、特点以及与本地打印机的区别 ● 掌握资源共享的含义、作用和方法 ● 掌握对等网络的配置方法 ● 熟悉对等网络的组建过程
技能目标	● 学会设置共享文件夹及其安全权限，通过对等网络实现资源共享 ● 熟练设置共享文件夹，设置打印机共享，并能共享打印机打印 ● 熟练配置对等无线网络
素养目标	● 强化时间观念，在规定的时间内完成任务 ● 培养共享意识，互帮互助 ● 按规范操作，减少设备损坏的可能性，如不带电插拔硬件、轻拿轻放 ● 根据实际需要合理选择硬件，选择经济、实用的解决方案
教学方法	项目教学法、分组讨论法、理论实践一体化
考核成绩 A 等标准	● 不允许使用局域网和任何移动存储设备，以两个学生为一组，每人 1 台计算机（项目 2 中已经配置好）完成双向资料传送 ● 正确判定计算机当前的配置情况和网络服务安装情况；熟练使用网线或串口直连的方式物理连接计算机；正确完成两台计算 TCP/IP 的设置，如 IP 地址设置，正确完成计算机名称更改和工作组设置；正确设置文件夹共享；正确地连接打印机和设置打印机共享；各项目组成员都能相互传送文件，实现资源共享；各项目组的任务都在规定的时间内完成，达到了任务书的要求；工作时不大声喧哗，遵守纪律，与同组成员间协作愉快，配合完成了整个工作任务，保持工作环境清洁，任务完成后自动整理、归还工具、关闭电源 ● 教师评价+小组学生互评+学生个人评价
操作流程	配置单台主机→组建两台计算机的对等网络→实现资源共享→组建由多台计算机构成的对等网络→实现资源共享
准备工作	安装由 Windows 7 及以上操作系统和网卡的计算机若干组（两台为一组）；打印机；交换机；网线；无线网卡
课时建议	10 课时（含课堂任务拓展）

项目描述

为了改善教师的办公条件,某学院新购置了一批计算机,原来使用的计算机要求在规定的时间内上交给学院资产处。

教师们的计算机中都存有大量资料,且资料非常重要,因此需要复制到新计算机中,但U盘又太小,况且也不是所有人都有存储容量足够大的移动硬盘,怎么办?

两位教师要出差参加会议,都携带了便携式计算机(内置无线网卡)。在会议研讨过程中,两个人要完成1个项目的介绍,因此需要两个人充分讨论并交换大量信息(这些信息都存储在各自的便携式计算机上),他们身边没有网线和大容量移动硬盘等辅助设备,请从技术上帮助他们完成任务。

项目分解

任务3-1的任务卡见表3-1。

表3-1 任务3-1任务卡

任务编号	003-1	任务名称	检查与配置单台计算机	计划工时	90 min
工作情境描述					
为改善教师办公条件,最近更新了一批计算机,并准备把这批新计算机发给教师,每人一台,原有计算机需要在规定时间内归还学院。教师原有计算机中都有大量的文件和设计方案,需要复制到新计算机中,而计算机买回来还没有进行配置,所以教师们首先应配置新的计算机					
操作任务描述					
经过多年的积累,教师原有的计算机存有大量的资源,在短时间内要把有用的资源复制到新买的计算机上,需要做好准备,以便能快速、高效完成文件备份。例如,可以查看新买计算机的操作系统、服务情况,然后再选择合适的方案					
操作任务分析					
查看计算机的具体情况: (1)查看计算机能否正常启动,是否已经安装操作系统? (2)查看网卡是否已安装,网卡是否能正常使用? (3)查看网络通信协议(TCP/IP)是否已经正确安装,如果没有安装,则首先需要进行安装,如果已经安装,则需要进行参数配置 (4)查看网络服务是否已经正确安装,如果没有安装,则需要安装网络服务					

任务3-2的任务卡见表3-2。

表 3-2　任务 3-2 任务卡

任务编号	003-2	任务名称	组建最简单的对等局域网络（2 台计算机）	计划工时	90 min
工作情境描述					
宿舍内住着 4 名学生，每人有 1 台计算机，小英在网上下载了免费的学习资料，大家希望能存放到个人计算机上进行学习，可大家都没有大容量 U 盘和硬盘，于是大家都在想如何能快速解决这个问题					
操作任务描述					
小英的当务之急是将学习资料快速存入另外的计算机中，如果能将计算机中的资料直接复制到另一台计算机，则解决了当前的问题。通过检查发现每台计算机的操作系统、网卡、驱动程序、协议、服务、客户端都已经安装好，并且能正常使用。那么首先需要将两台计算机连接起来，一台计算机名称为"W"，另一台计算机名称为"G"，"G"计算机如何快速共享"W"计算机 D:\share 文件夹中的文件？另外，如何控制"everyone"组的用户对文件夹中的文件只有"读"权限，而"student"用户对文件夹中的文件有"完全控制"权限					
操作任务分析					
组建两台计算机组成的对等网络，需要完成的任务包括： （1）连接计算机 （2）标识计算机，设置文件夹共享和共享权限 （3）网络通信协议设置和连通性测试					

任务 3-3 的任务卡见表 3-3。

表 3-3　任务 3-3 任务卡

任务编号	003-3	任务名称	组建较复杂的对等局域网络（多台计算机）	计划工时	90 min
工作情境描述					
小英在组建对等网络时，由于第一次找到的网线太短，需要移动计算机的位置来实现资源共享，4 个人要共享 3 次。而且，如果今后出现资源共享，则需要重新重复这些步骤；另外，当某一个人需要打印时，则要把打印机搬过去，连接到自己的计算机上才能打印。每次要搬动打印机，而且要清理放置打印机的空间，经常这样搬来搬去，小英觉得非常不方便，于是便想找到一个一劳永逸的方法，即把 4 台计算机和 1 台打印机组成一个网络，就不会出现这种麻烦					
操作任务描述					
2 台计算机组成的对等网针对 2 台计算机的情况比较方便，但超过 2 台时就会出现连接的计算机越多，共享的难度就越大的问题，该网络已经不能够实现目标，因此，需要一台连接设备将所有计算机及打印机连接起来，一次性解决问题					
操作任务分析					
组建多台计算机组成的对等网络，需要完成的主要任务如下： （1）设置共享资源 （2）连接计算机与互连设备 （3）连接打印机并设置打印机共享					

任务 3-4 的任务卡见表 3-4。

表 3-4 任务 3-4 任务卡

任务编号	003-4	任务名称	组建无线对等网	计划工时	90 min
工作情境描述					
某软件公司的员工李莉和严广同时出差，携带有 2 台便携式计算机（内置无线网卡），现需要进行大量信息交换，但身边没有网线、大容量移动硬盘等第三方设备，如何完成信息共享					
操作任务描述					
某软件公司的两名员工在一个地方出差，且距离非常近，需要在没有第三方设备支持的情况下要实现资源共享，而且目前这两位同志的便携式计算机都有无线网卡，可采用无线对等网的方式来实现资源共享，当时具体的情况如下： （1）两人有便携式计算机，且均装有无线网卡 （2）两人的距离不远 （3）两人出差的范围内有无线信号					
操作任务分析					
2 台便携式计算机要传输文件，可采用无线对等网的方式来解决。任务分解如下： （1）首先查看无线网卡是否正确安装，如果没有，则需更新其驱动程序 （2）配置无线网络通信协议 （3）测试对等网的连通性，检验网络是否组建成功					

知识准备

【知识1】 对等网

1. 对等网的概念

对等网的概念可以从网络中每台计算机之间的从属关系、资源分布情况、作业的集中程度这 3 方面进行了解。

（1）网络中计算机的从属关系

对等网中每台计算机都是平等的，没有主从之分。也就是说，每台计算机在网络中既是客户机又是服务器。而在其他不同类型的网络中，一般都有一台或者几台计算机作为服务器，其他计算机作为客户机。

（2）资源分布情况

对等网中的资源是分布在每一台计算机上的。在其他类型的网络中，资源一般分布在服务器上，客户机主要是使用资源而不是提供资源。

（3）作业的集中度

对等网中的每一台计算机都是客户机，所以它要完成自身的作业，同时由于它们又都是服务器，就都要满足其他计算机的作业要求。从整体角度来看，对等网中作业也是平均分布的，没有一个作业相对集中的节点。

在其他类型的网络中，作为中心和资源集中节点的服务器要承担所有其他客户机的作业要求，而客户机不提供资源，相对来说，服务器的作业集中程度远大于客户机。

综上所述，对等网就是每台网络计算机与其他联网的计算机之间的关系对等、没有层次的划分、资源和作业都相对平均分布的网络。

2. 对等网的使用范围

对等网主要用于建立小型网络以及在大型网络中作为一个小的子网络。用于有限信息技术预算和有限信息共享需求的地方，如学生宿舍内、住宅区等，它们共同的目的是实现简单的网络资源共享、信息传输以及联网娱乐等。

3. 适合组建对等网的条件

并不是任何条件都适合于组建对等网，其组建对等网的条件如下：

① 用户数不超过 10 个。

② 所有用户在地理位置上都相距较近，之前各自管理自己的资源，而这些资源可以共享，或至少部分可以共享。

③ 进入对等网用户均有共享资源（如文件、打印机、光驱等）的要求。

④ 用户对数据安全性要求不高。

⑤ 使用方便性的需求优先于自定义需求。

【知识 2】 无线对等网

无线对等网是指"无线网卡+无线网卡"组成的局域网，不需要安装无线接入点（Access Point，AP）或无线路由器等无线设备，即点对点（Point to Point）网络，也称为 Ad-Hoc 模式。无线对等网的主要优缺点见表 3-5。

表 3-5 无线对等网与有线对等网比较表

优　点	缺　点
每台计算机负责自己的资源，不需要服务器，对计算机性能要求低，节约成本	如果网络用户较多，共享资源频繁，就会导致计算机性能下降，无法进行正常的数据处理工作
每台计算机都自己负责资源和安全管理，如果某一台机器出现问题，不会影响整个网络，容易管理和维护	由于对等网采用的是资源分散管理，当网络规模较大时，网络整体安全性无法得到保障
每台计算机只需要安装支持对等网的操作系统即可，不需要网络操作系统的支持	由于网络中采用的是资源分散管理，如要备份数据，则需从每台计算机上进行备份，增加了难度

【知识 3】 无线网卡

根据接口类型的不同，无线网卡主要分为：PCMCIA 无线网卡、PCI 无线网卡和 USB 无线网卡 3 种。便携式计算机可使用的无线网卡类型见表 3-6。

表 3-6 便携式计算机的无线网卡类型表

类 型	产品说明	图 示
MiniPCI 无线网卡（内置）	MiniPCI 接口是在台式机 PCI 接口基础上扩展出的适用于便携式计算机的接口标准。而 MiniPCI 无线网卡本身并不集成天线，靠预置在便携式计算机自身中的天线来获取信号，所以便携式计算机上只要有 MiniPCI 插槽和预置天线或预置天线的位置即可升级	
PCI-Express 无线网卡（内置）	基于 PCI-Express x1 接口的 WiFi 无线网卡最大的好处可以为便携式计算机节约空间，其尺寸只有微型 PCI 卡（Mini-PCI）的一半大小，符合便携式计算机机体尺寸向更便携的方向发展的趋势	
PCMCIA 无线网卡（外置）	PCMCIA 是一个使用在便携式计算机上信用卡状的通用转接卡的型式。PCMCIA 定义了 3 种不同型式的卡，它们的长宽都是 85.6 mm×54 mm，只是在厚度方面有所不同。3 种型式分别为：Type I，厚 3.3 mm 主要用于 RAM 和 ROM；Type II 将厚度增至 5.5 mm，适用于大多数的 Modem 和 FaxModem，LAN 适配器和其他电气设备；Type III 则厚度增大到 10.5 mm，主要用于旋转式的存储设备（如硬盘）	
USB（Universal Serial Bus）（外置）	USB 的中文含义是"通用串行总线"。主流的 USB 2.0 将设备之间的数据传输速度增加到了 480 Mbit/s，比 USB 1.1 标准快 40 倍左右，完全能满足目前无线网络的需求。目前采用 USB 接口的无线网卡设备也完全具备 USB 的主要特点：可以热插拔；体积小巧，携带方便；标准统一，USB 接口的无线网卡设备的通用性很强	

任务实施

任务实施流程见表 3-7。

表 3-7 任务实施流程

工具准备		
工具/材料名称	数量与单位	说 明
网卡	1 块/台计算机	网卡接口与计算机插槽匹配
无线网卡	1 块/便携式计算机	与便携式计算机配套
网卡驱动程序	1 个	与网卡匹配
螺钉旋具（十字+一字）	各 1 把/人	拧紧或拧松螺钉
打印机	1 台/组	共享打印机

续表

材料准备	
材料名称（型号与规格）	数量与单位
双绞线（5类或超5）类	1~2 m/人
水晶头（RJ-45）	2个/人
计算机	2台/组

参考资料

1. 充分利用互联网上的海量资源
2. 国际标准（EIA/TIA568A 与 EIA/TIA568B）
3. 对等网的含义，有线对等网、无线对等网的基本结构
4. 网络通信协议
5. 网络测试原则
6. 不同类型无线网卡、有线网卡实物及其对应的说明书、性能参数
7. 共享文件
8. 网络驱动器的作用
9. 工具与材料清单

实施流程

1. 阅读【知识准备】，如果不够，则查找资料学习相关知识
2. 规划需完成的任务（检查和配置单台计算机—组建简单对等网络—组建复杂对等网络—组建无线对等网），明确任务目标
3. 分析任务要求与完成途径
4. 选择恰当的工具，准备实验工具与材料，填写工具和材料清单
5. 根据【任务实施】任务先后顺序与步骤完成具体安装或配置任务，在完成每个小任务后测试任务完成情况，保证任务100%完成
6. 待所有任务完成后，测试整体任务，最终能否完成对等网组建、文件共享

任务 3-1 检查和配置单台计算机

任务 3-1-1 查看计算机的配置情况

从项目描述中发现，首先要确认新购置计算机的情况，如是否能正常启动、是否已经安装操作系统。如果已经安装了操作系统，则查询安装的是哪种类型的操作系统，并检查是否已经安装网卡、网卡是否能正常使用、是否已安装网络通信协议等。

打开计算机，逐项检查并做好记录。如果检查后发现并没有设置，则需按照项目2的步骤进行安装。

任务 3-1-2 查看网络服务安装情况

本项目的配置过程以 Windows 10 操作系统为例进行详细介绍。

步骤 1：打开"网络和共享中心"，单击左侧的"更改适配器设置"超链接，选中网卡，鼠标右击，在弹出的快捷菜单中选择"属性"命令，打开如图 3-1 所示"以太网 属性"对话框。

"Microsoft 网络客户端"：允许用户的计算机访问 Microsoft 网络上的资源。

"Microsoft 网络的文件和打印机共享"：允许其他计算机通过 Microsoft 网络访问用户自己计算机上的资源。

如图 3-1 所示，如果能查看到这两项内容，则说明网络服务已经安装好，如果没有则需要安装，否则不能实现资源共享。

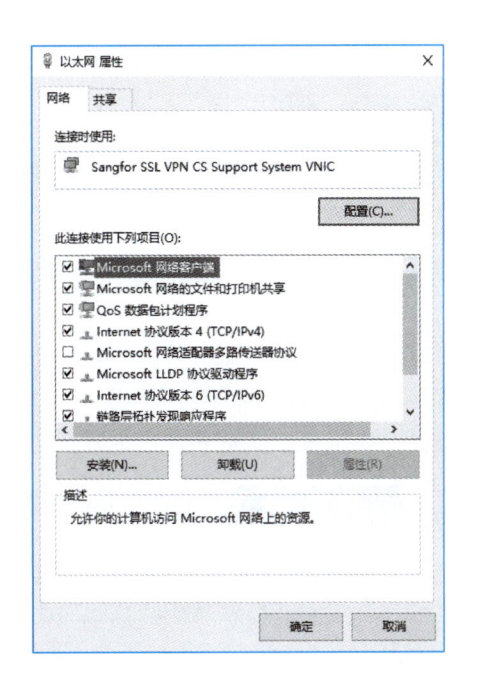

图 3-1 "以太网 属性"对话框

注意：这些选项一般在安装操作系统时同时安装。

步骤 2：安装网络客户端。

在"此连接使用下列项目"列表框中选择"Microsoft 网络客户端"选项，单击"安装"按钮，打开如图 3-2 所示的"选择网络功能类型"对话框。

步骤 3：选择"客户端"选项，单击"添加"按钮，打开如图 3-3 所示的"选择网络客户端"对话框。

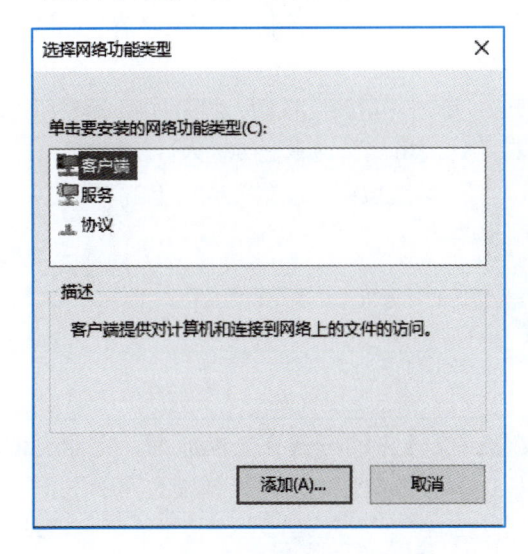

图 3-2 "选择网络功能类型"对话框

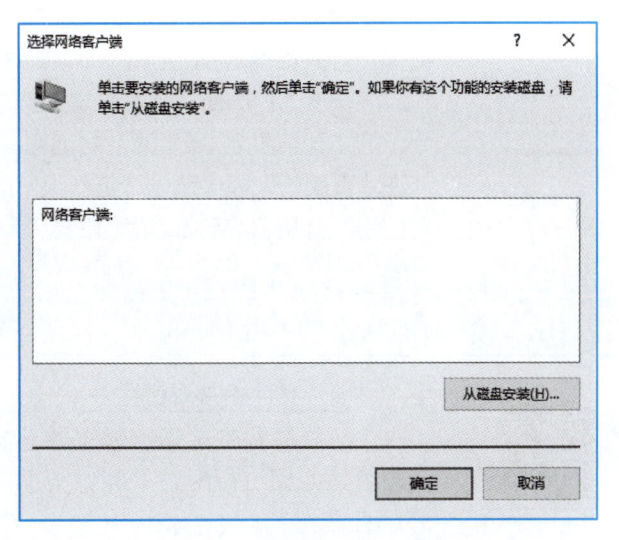

图 3-3 "选择网络客户端"对话框

步骤 4：选中要安装的网络客户端，单击"确定"按钮。如果有该组件的安装磁盘，则可单击"从磁盘安装"按钮来完成安装。

> 注意："Microsoft 网络的文件和打印机共享"与网络客户端的安装过程相同。

任务 3-2 组建最简单的对等网络

本项目需要复制大量文件到新计算机中，采用大容量移动硬盘等方式都会面临传输速率慢的问题，最简单的办法是通过网线连接两台计算机，直接传输文件，传输速度可达到几十或几百兆每秒。

任务 3-2-1 连接两台计算机

连接两台计算机，可以通过交叉线连接计算机网卡，即将网线的 RJ-45 接口插入网卡，并检查网线确实已经连接而没有断开。通过设置后就可以高效传输数据。

任务 3-2-2 配置网络

对等网上的每台计算机，都应配置相同的组件类型、网络标识和访问控制才能实现网络上的资源共享，保证网络的连通性。

本项目以 Windows 10 专业版操作系统为例，具体操作如下：

1. 更改计算机名称

为保证计算机在网络中能相互访问，网络中的每台计算机均需要配置一个唯一的名称。本项目中以"W"计算机名称的修改为例进行介绍。

步骤 1：右击"此电脑"图标，在弹出的快捷菜单中选择"属性"命令，打开"控制面板\所有控制面板项\系统"界面，单击右侧的"更改设置"超链接，打开如图 3-4 所示的"系统属性"对话框。

步骤 2：选择"计算机名"选项卡，单击"更改"按钮，打开如图 3-5 所示的"计算机名/域更改"对话框。在"计算机名"文本框中输入计算机名称，在"隶属于"栏中选中"工作组"或"域"单选按钮，设置完成后单击"确定"按钮，计算机名称和所属工作组就更改成功。

> 注意：在同一工作组中，计算机名称的设置要唯一。对于需要通信的计算机，必须配置为相同的工作组，即进行通信的计算机必须处于同一工作组中。

2. 文件夹共享设置

在局域网中，通常通过共享文件或文件夹的形式来交换数据。文件夹共享是如何进行配置的呢？下面以 D:\share 文件夹的共享设置为例进行介绍。

步骤 1：选择需要共享的文件夹，如 D 盘根目录下的 share 文件夹。

图 3-4 "系统属性"对话框 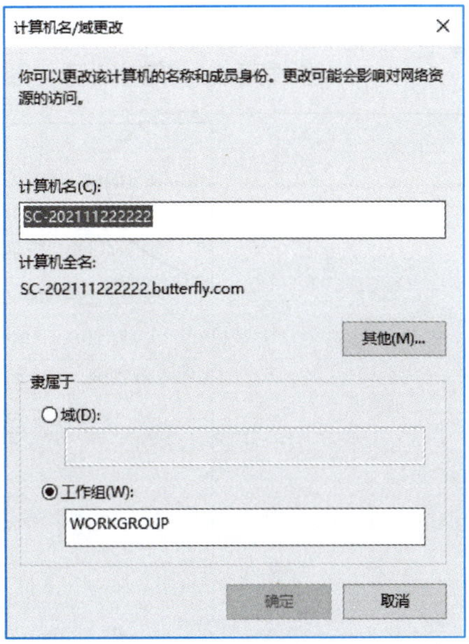　　　　图 3-5 "计算机名/域更改"对话框

步骤 2：右击 D:\share 文件夹，在弹出的快捷菜单中选择"属性"命令，在打开的对话框中选择"共享"选项卡，如图 3-6 所示。

步骤 3：单击"共享"按钮，打开"文件共享"对话框，在共享过程中会打开如图 3-7 所示的"网络发现和文件共享"对话框，根据具体要求进行选择。

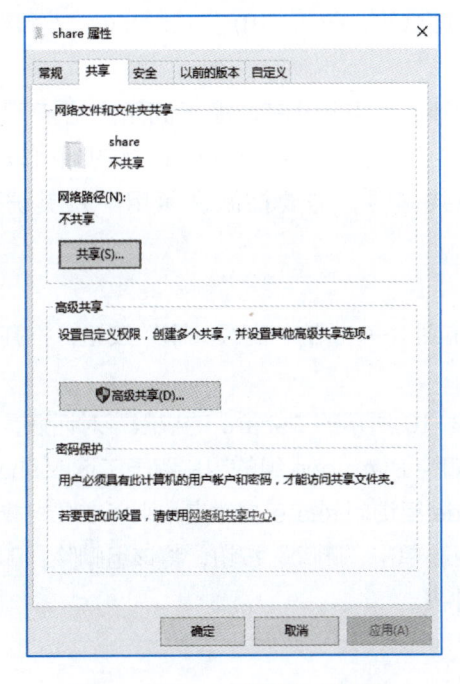

图 3-6 "share 属性"对话框 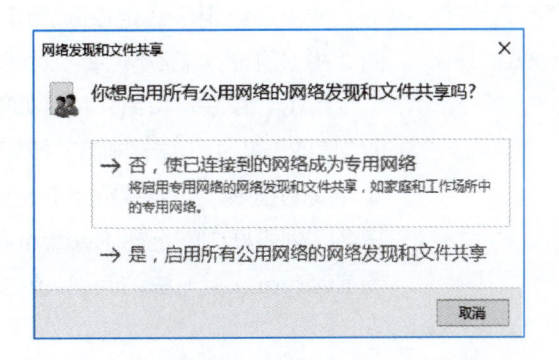　　　　图 3-7 "网络发现和文件共享"对话框

> 笔记

共享完成后弹出如图 3-8 所示"文件共享–你的文件夹已共享"界面，单击"完成"按钮则可。图 3-8 中会显示共享路径。

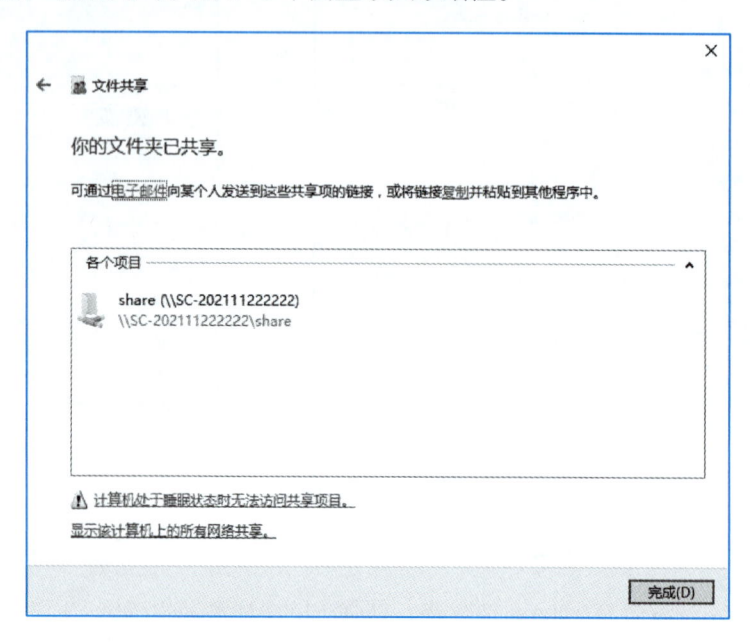

图 3-8 "文件共享–你的文件夹已共享"界面

3. 设置共享文件夹访问权限

本任务中设置不同用户对同一种资源的访问权限。Everyone 组的用户对 share 文件夹下的文件只能读取，不能修改；Users 组用户对 share 文件夹下的文件可以完全控制。

从任务中可以看出，有两组不同权限的用户，即不同用户对于同一种资源拥有不同的访问权限，有的只能读取，不能修改；有的则可以完全控制资源。因此，在设置资源共享时，需要指派许可用户及其访问权限。

步骤 1：设置"读取"权限。

如果要给用户设定权限，可单击图 3-6 中的"高级共享"按钮，打开如图 3-9 所示的"高级共享"对话框。

单击"权限"按钮，打开如图 3-10 所示的"share 的权限"对话框，选取"读取"权限，单击"确定"按钮，即给 Everyone 组的用户赋予了读取 share 文件夹的权限。如果不希望 Everyone 组访问 share 文件夹，则可在"组或用户名"列表框中的选择 Everyone 组，单击"删除"按钮，将该组删除，即可使 Everyone 组无法访问 share 文件夹。

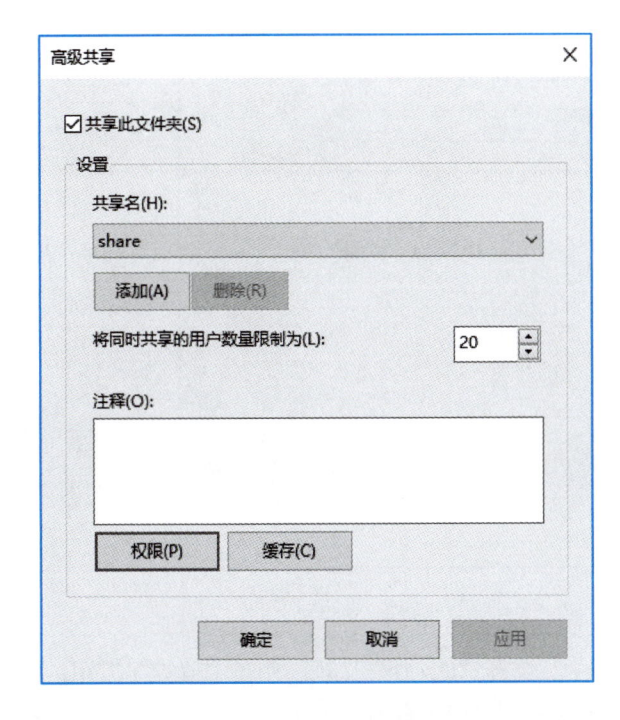

图 3-9 "高级共享"对话框　　　　　图 3-10 "share 的权限"对话框 1

步骤 2：添加用户并设置"完全控制"权限。

① 单击图 3-10 中的"添加"按钮，打开如图 3-11 所示的"选择用户或组"对话框。

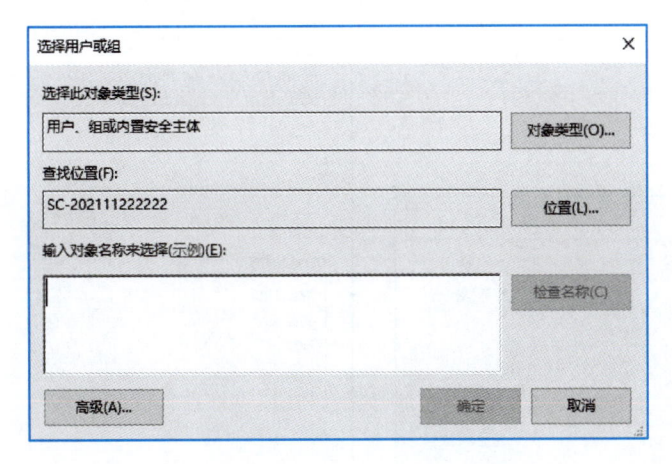

图 3-11 "选择用户或组"对话框

② 单击"高级"按钮，打开如图 3-12 所示的"选择用户或组"对话框，单击"立即查找"按钮。

图 3-12 "选择用户或组"对话框

③ 在列出的用户名称框中,选择"Users"选项,单击"确定"按钮,将 Users 组用户添加到列表框中,如图 3-13 所示。

④ 单击"确定"按钮,打开如图 3-14 所示的"share 的权限"对话框,可看到 Users 组中的用户具有完全控制权限,单击"确定"按钮完成设置。

图 3-13 添加用户到列表框中

图 3-14 "share 的权限"对话框 2

> 注意：
> - 若要更改网络上的文件夹名称，则可在"共享名"文本框中输入文件夹的新名称即可，且不会更改用户计算机上的该文件夹名。
> - 若要允许其他用户更改共享文件夹中的文件，可选中"允许其他用户更改我的文件"复选框。
> - 如果以"来宾"身份进行登录，则不能创建共享文件夹。
> - "共享"选项不可用于"Documents and Settings""Program Files"和 Windows 系统文件夹。此外，不能共享其他用户配置文件中的文件夹。

4. 配置 TCP/IP

为两台需要传输文件的计算机设置 IP 地址，具体操作如下。按 Win+I 组合键，打开"Windows 设置"窗口，单击"网络和 Internet"图标，打开"网络和共享中心"，单击"以太网"超链接，打开"以太网状态"对话框，单击"属性"按钮，在打开的"以太网 属性"对话框中，选中"Internet 协议版本 4（TCP/IPv4）"选项，单击"属性"按钮，打开"Internet 协议版本 4（TCP/IPv4）属性"对话框，在 IP 地址栏中设置 IP 地址，如一台设置为 192.168.1.56，子网掩码 255.255.255.0；另一台计算机设置为 192.168.1.57，子网掩码 255.255.255.0。

> 注意：两台计算机的 IP 地址应设置为处于同一网段。

5. 连通性测试

步骤 1：按 Win+R 组合键，在打开的如图 3-15 所示"运行"对话框中输入 cmd 命令，单击"确定"按钮，进入 DOS 提示符窗口。

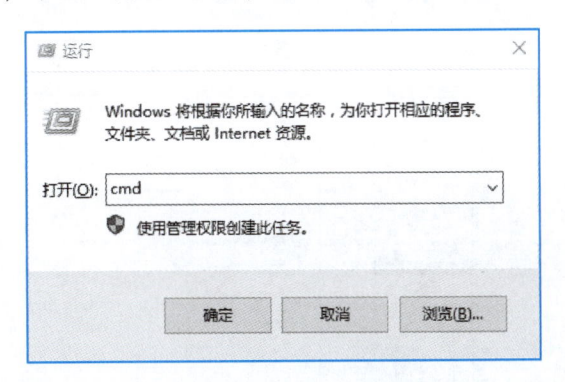

图 3-15 "运行"对话框

步骤 2：在 DOS 命令提示符窗口中，输入"ping 被测试计算机的 IP 地址或计算机名"命令。如果能 ping 通，则表示网络已经连通。例如，在 IP 地址为 192.168.1.57 的计算机上执行"ping 192.168.1.56"的命令，具体操作如下：

C:\>ping 192.168.1.56

按 Enter 键后，会在屏幕上返回如下结果。

Pinging lanzujian.wangluo.com [192.168.1.56] with 32 bytes of data:

Reply from 192.168.1.56：bytes=32 time <10ms TTL=253
Reply from 192.168.1.56：bytes=32 time <10ms TTL=253
Reply from 192.168.1.56：bytes=32 time <10ms TTL=253
Reply from 192.168.1.56：bytes=32 time <10ms TTL=253
Ping statistics for 192.168.1.56：
Packets: Sent = 3, Received = 3, Lost = 0 (0% loss),Approximate round trip times in milli-seconds：
Minimum = 0ms, Maximum = 0ms, Average = 0ms

从结果中可以发现，IP 地址为 192.168.1.56 的计算机与 IP 地址为 192.168.1.57 的计算机连接是通畅的。

也可以直接在"运行"对话框中输入"ping#被测试计算机的 IP 地址或计算机名"命令，单击"确定"按钮后，会出现与上相同的结果。

6. 启用 Guest 账户

步骤 1：右击"此电脑"或"我的电脑"，在弹出的菜单中选择"管理"选项，打开如图 3-16 所示的"计算机管理"窗口，展开"本地用户和组"下的用户选项。查看 Guest 用户属性，默认情况下是被禁用的。

步骤 2：选中"Guest"用户，鼠标右击，在弹出的快捷菜单中选择"属性"命令，打开如图 3-17 所示"Guest 属性"对话框。取消选中"账户已禁用"复选框，选中"用户不能更改密码"和"密码永不过期"复选框，该复选框的选择可根据设置的实际需要来确定。

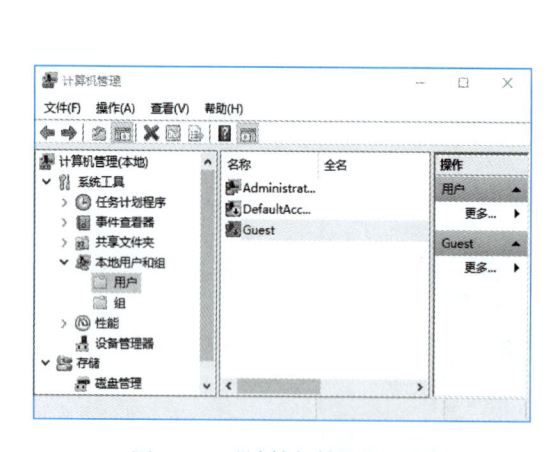

图 3-16　"计算机管理"对话框　　　　图 3-17　"Guest 属性"对话框

步骤 3：单击"确定"按钮，则启用 Guest 用户成功。

任务 3-2-3　共享文件或文件夹

访问共享文件或文件夹的方式有很多，下面介绍几种方法。

1. 利用 IP 地址访问共享文件夹

如果不知道共享文件夹所在的计算机名称，但知道其 IP 地址，则可以在如图 3-15 所示的"运行"对话框中（或在"此电脑"窗口的地址栏中）输入"\\IP 地址\共享名"，单击"确定"按钮或按 Enter 键，即可直接访问共享文件夹中的文件。

2. 利用计算机名访问共享文件夹

如果知道共享文件夹所在的计算机的名称，就可以利用计算机名直接访问共享文件夹。在"运行"对话框中（或在"此电脑"窗口的地址栏中）输入"\\共享文件夹所在的计算机名称"，单击"确定"按钮或按 Enter 键，即可通过验证访问该共享文件夹。

3. 利用共享名访问共享文件夹

如果知道共享文件夹的共享名，则可以直接在"运行"对话框中（或在"此电脑"窗口的地址栏中）输入"\\计算机名\共享名"如图 3-18 所示，按 Enter 键或单击"确定"按钮，即可直接访问共享文件夹中的共享文件。

> 注意：共享名应为共享文件夹或共享文件的名字。

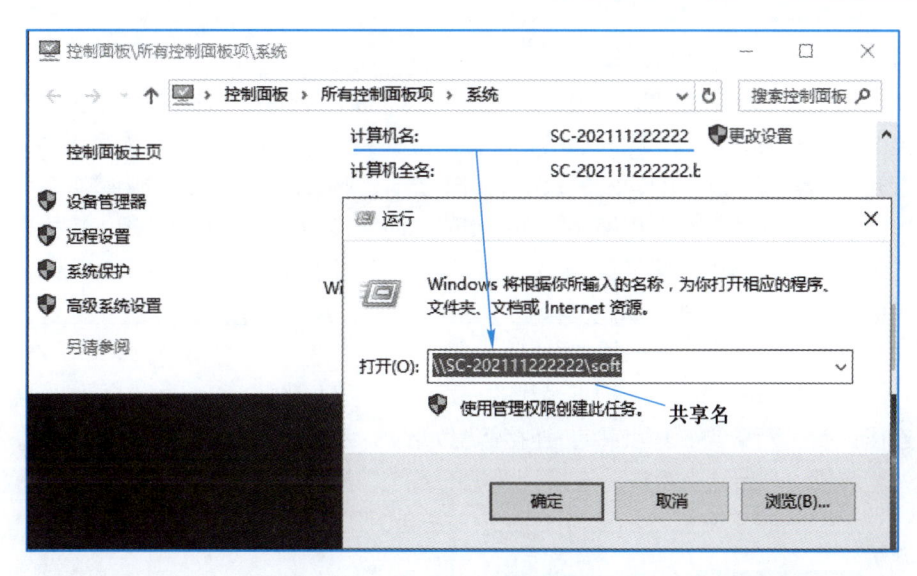

图 3-18 利用共享名访问共享文件夹

使用这种方法可以访问隐藏的共享文件夹，只要在共享名后面加上 $ 符号即可。

任务 3-3　组建较复杂的对等网络

从任务分析中发现，小英的宿舍中有 4 台计算机，数量不是很多，需要实现的功能也不是很丰富，只需要共享资料和打印机即可，因此可使用对等网络解决，拓扑结构如图 3-19 所示。

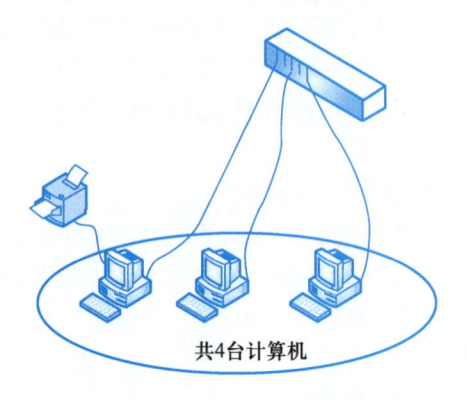

图 3-19　较复杂的对等网络拓扑结构图

任务 3-3-1　共享资料

参照项目 1 和项目 2 中的相关内容，完成共享设置。

任务 3-3-2　连接设备

步骤 1：选择连接设备。

为了满足网络构建的需求，需要根据实际需求来选择网络设备：宿舍中连接的计算机只有 4 台，因为房子大小和床位的关系，不会另外增加人员入住，因此可不考虑扩展性的问题；除了上网查资料、聊天之外，网络应用较少，网速要求不太高，交换机和集线器都能实现，但集线器慢慢在退出应用，交换机的价格与集线器也差不了多少，因此，从智能化、安全性、管理性等方面综合考虑，本项目中选择 5 口的交换机作为连接设备。

步骤 2：连接计算机与交换机。

在不带电的情况下，把直通线的一端连接交换机的 Ethernet 口，另一端连接计算机网卡的 RJ-45 口，连接情况如图 3-20 所示，保证两端连接紧密。

步骤 3：启动交换机，连接计算机的各端口指示灯会闪烁，呈绿色。

后面的共享设置各步骤与任务 3-2 完全相同，在此不再重复。

任务 3-3-3　共享打印机

在宿舍里任选一台计算机（如选择名为"W"的计算机）与打印机连接在一起，打印机的名称设置为"printer"，其余各台计算机需要在打印时都共享 W 计算机上连接的打印机，为了避免计算机病毒传播，禁止使用 U 盘复制文件到W计算机上来打印，并且为了节约资源，所有文件的打印稿都应为最终稿，严禁浪费。

步骤 1：安装本地打印机。

本地打印机就是连接在用户计算机上的打印机。打印机的安装包括硬件安

微课
设置共享打印机

装和驱动程序安装两个部分。硬件部分安装很简单，用数据线将打印机连接到计算机上，再将打印机连上电源即可。因此，通常所说的打印机安装是指打印机驱动程序的安装。

在未通电的情况下，把打印机的数据线连接到W计算机上，保证接口紧密结合，然后开启电源。其安装步骤如下。

① 单击"开始"→"设置"→"设备"，如图 3-21 所示。

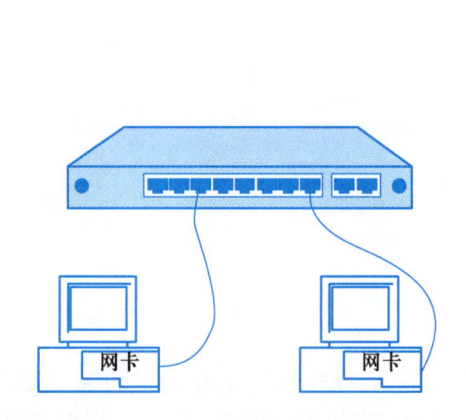

图 3-20　设备连接示意图　　　　　图 3-21　打开"打印机和传真"界面

② 选择"打印机和扫描仪"选项，打开如图 3-22 所示"打印机和扫描仪"界面。

③ 单击"添加打印机或扫描仪"按钮，计算机会自动搜索与其连接的打印机，并打开如图 3-23 所示的"添加打印机-按其他选项查找打印机"界面。

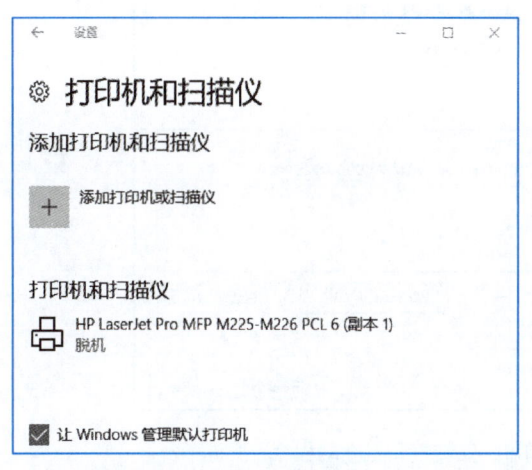

图 3-22　"打印机和扫描仪"界面 1　　　图 3-23　"添加打印机-按其他选项查找打印机"界面

④ 选中"通过手动设置添加本地打印机或网络打印机"单选按钮，单击"下一步"按钮，打开如图 3-24 所示的"添加打印机-选择打印机端口"界面。

⑤ 目前打印机一般采用 USB 接口，因此选中"创建新端口"单选按钮，在"端口类型"右侧展开下拉选项，打开如图 3-25 所示的"端口名"对话框。

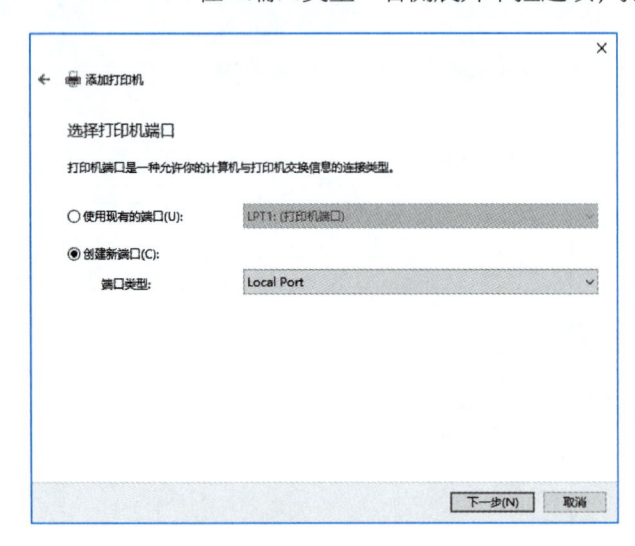

图 3-24 "添加打印机-选择打印机端口"界面

图 3-25 "端口名"对话框

⑥ 在"输入端口名"下的文本框中输入合适的名称，单击"确定"按钮，打开如图 3-26 所示的"添加打印机-安装打印机驱动程序"界面。选择打印机的生产厂商和对应的打印机型号。

图 3-26 "添加打印机-安装打印机驱动程序"界面

⑦ 单击"下一步"按钮，打开如图 3-27 所示的"添加打印机-选择要使用的驱动程序版本"界面，可根据实际情况选择合适的单选项。

⑧ 单击"下一步"按钮，打开如图 3-28 所示的"添加打印机-键入打印

机名称"界面，在"打印机名称"右侧的文本框中输入合适的名称。

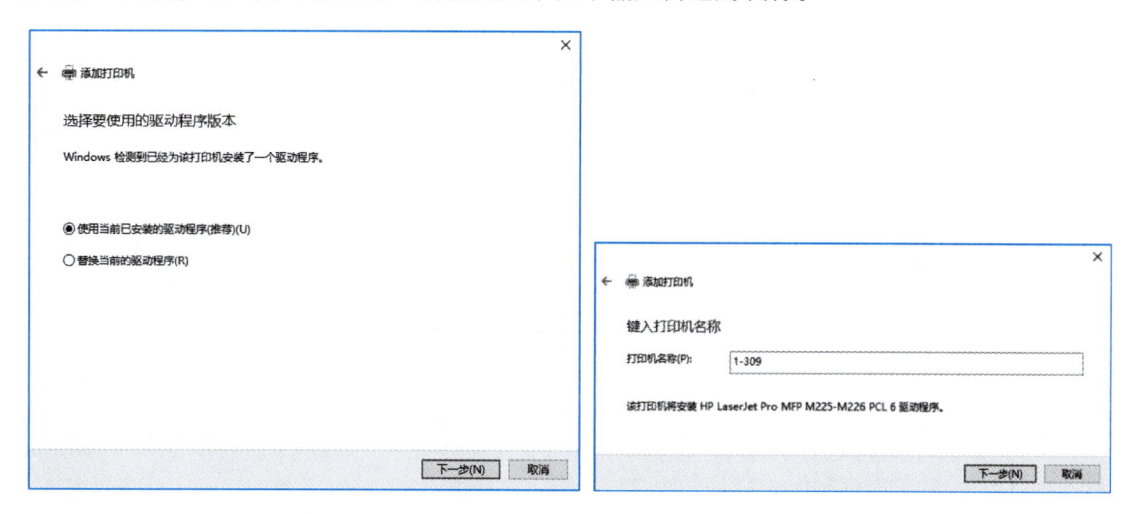

图 3-27 "添加打印机-选择要使用的驱动程序版本"界面　　图 3-28 "添加打印机-键入打印机名称"界面

⑨ 单击"下一步"按钮，打开如图 3-29 所示的"添加打印机-打印机共享"界面，可根据实际情况设置共享或不共享打印机。

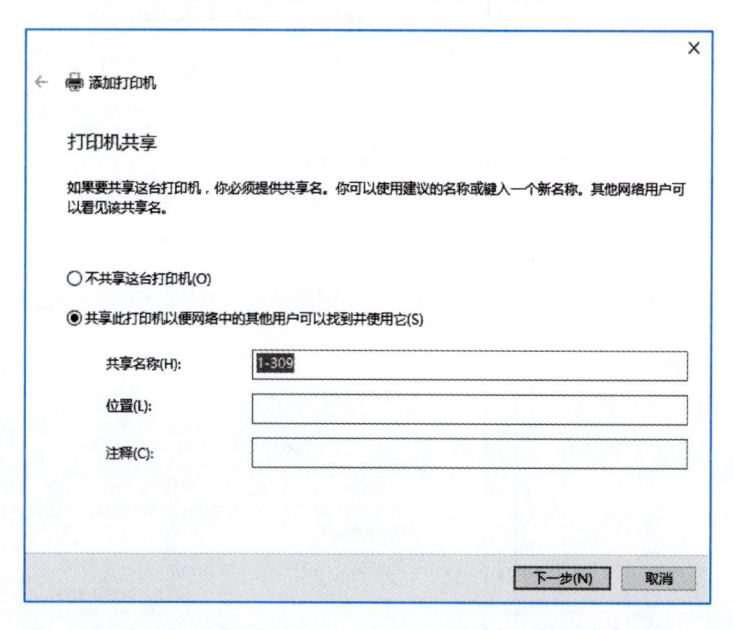

图 3-29 "添加打印机-打印机共享"界面

⑩ 单击"下一步"按钮，左侧会出现 [图标]，可通过单击如图 3-30 所示中的"打印测试页"按钮检验是否安装成功，如果能打印，则说明已经成功安装打印机。

(a) (b)

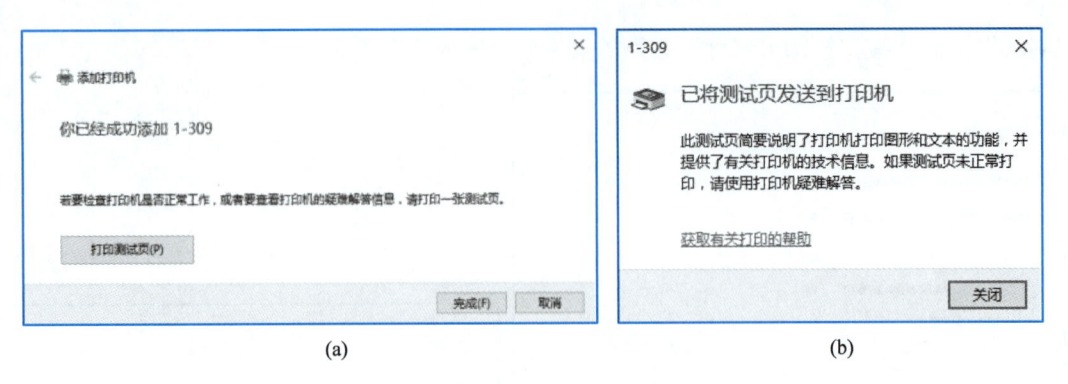

图 3-30 "添加打印机-打印测试页"对话框

步骤 2：设置本地打印机共享。

① 单击"开始"→"设置"→"设备"→"打印机和扫描仪"，找到安装好的打印机，打开如图 3-31 所示的界面。

② 选中安装好的打印机图标，单击"管理"→"打印机属性"。打开如图 3-32 所示的打印机属性对话框，选中"共享这台打印机"复选框，单击"确定"按钮。

图 3-31 "打印机和扫描仪"界面 2　　　图 3-32 给共享打印机命名

即在局域网中已经设置了共享打印机，用户可以利用它进行网络打印，但必须添加网络打印机。网络打印机共享的方式与计算机上文件的共享方式相同。

任务 3-4 组建无线对等网络

任务 3-4-1 选择无线网卡

两位出差在外的教师对目前所存在的问题进行了仔细分析，决定组建一个无线对等网络来解决现实问题。构建的无线对等网拓扑结构如图 3-33 所示。

图 3-33 无线对等网拓扑结构图

首先应检查各自便携式计算机的无线网卡是否安装正常。鼠标右击"此电脑"图标，在弹出的快捷菜单中选择"管理"命令，打开如图 3-34 所示的"计算机管理"界面，展开"设备管理器"选项，发现便携式计算机的无线网卡安装正常，不需要重新安装。

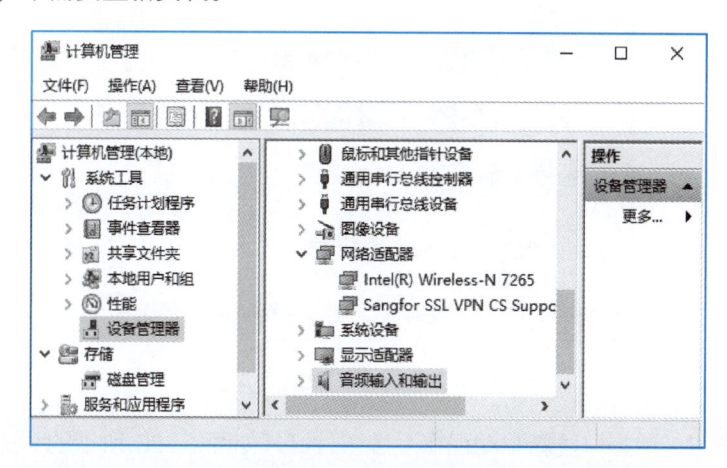

图 3-34 "计算机管理"对话框

任务 3-4-2 安装无线网卡驱动程序

如果发现网络适配器旁有黄色标记或有感叹号，则说明无线网卡安装有问题，可考虑是否正确安装了无线网卡的驱动程序。

> 注意：在安装好网卡并打开计算机电源后，下一步开始安装网卡驱动程序。对于大多数通用网卡而言，系统会从 C:\windows\system32\drivers 目录中找到相应的网卡驱动程序，然后自动安装。这时可以跳过安装网卡驱动程序这一步。如果系统在 C:\windows\system32\drivers 目录下找不到该网卡的驱动程序，系统会提示进行网卡驱动程序的安装。

下面以 Windows 10 操作系统无线网卡驱动程序安装为例,具体安装步骤如下。

步骤 1:无线网卡安装完成后,启动计算机,系统会自动发现网卡硬件,自动安装驱动程序。

步骤 2:如果出现不正常的情况,则可在"设备管理器"中找到无线网卡,鼠标右击,在弹出的快捷菜单中选择"属性"命令,打开如图 3-35 所示的无线网卡"属性"对话框。

图 3-35　无线网卡"属性"对话框

步骤 3:单击"更新驱动程序"按钮,打开如图 3-36 所示的"更新驱动程序-你要如何搜索驱动程序"界面,建议选择"浏览我的计算机以查找驱动程序软件"选项。

> 注意:在购买网卡时,一般都配套网卡的驱动程序光盘,在安装网卡驱动程序时,需要将该盘插入相应的光盘驱动器。在浏览文件夹时,选中该驱动器,系统会在指定的驱动器中查找网卡驱动程序。
> 网卡驱动程序也可以从网卡生产厂家的官方网站下载。

步骤 4:打开如图 3-37 所示的"更新驱动程序-浏览计算机上的驱动程序"界面,选择包含有网卡驱动程序的目录,或者单击"让我从计算机上的可用驱动程序列表中选取"按钮。

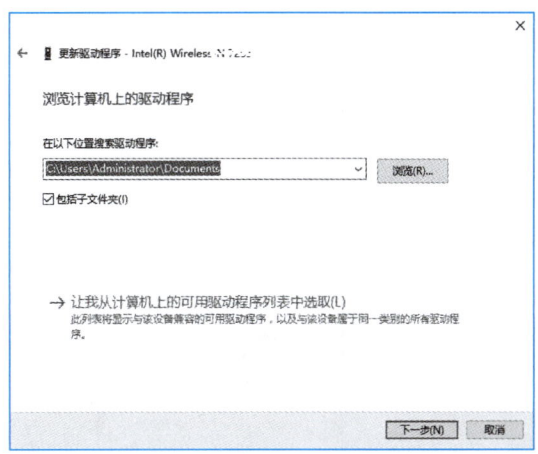

图 3-36 "更新驱动程序-你要如何搜索驱动程序"界面　图 3-37 "更新驱动程序-浏览计算机上的驱动程序"界面

步骤 5：打开如图 3-38 所示的"更新驱动程序-选择要为此硬件安装的设备驱动程序"界面，选择其中之一的驱动程序，单击"下一步"按钮，等待安装完成即可。

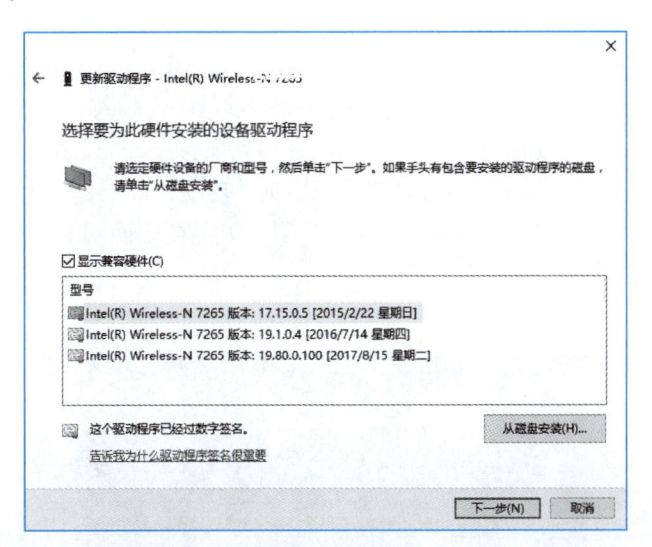

图 3-38 "更新驱动程序-选择要为此硬件安装的设备驱动程序"界面

任务 3-4-3　配置无线网络属性

步骤 1：首先配置一台便携式计算机的无线网络。打开"网络和共享中心"，单击"无线网络"超链接，在打开的如图 3-39 所示对话框中单击"属性"按钮，在打开的对话框中双击"Internet 协议版本 4（TCP/IPv4）"选项，后面的 IP 地址设置与有线网络相同，不再赘述。

步骤 2：单击如图 3-39 所示中的"无线属性"按钮，打开如图 3-40 所示的"无线网络属性"对话框，单击"确定"按钮。

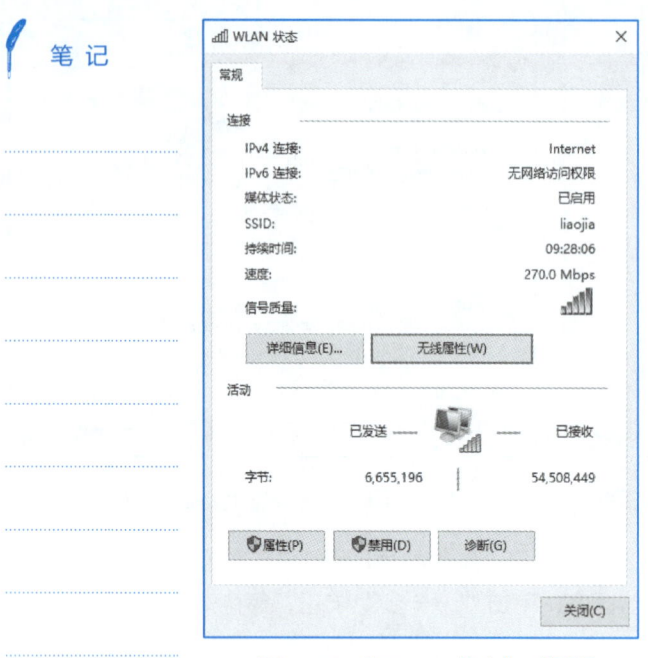

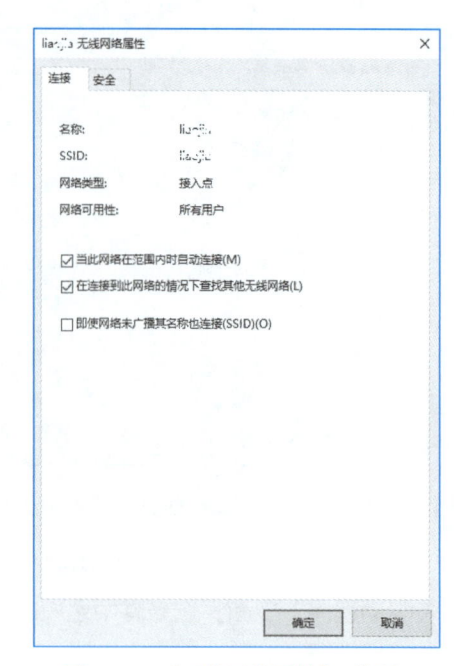

图 3-39 "WLAN 状态"对话框　　图 3-40 "无线网络属性"对话框

步骤 3：检查计算机是否支持无线 AP 功能。按 Win+X 快捷键，再按 A 键，以管理员身份运行命令提示符。在命令提示符中，输入 netsh wlan show drivers 命令，并按 Enter 键，结果如图 3-41 所示，如果"支持的承载网络"处显示"是"，则说明计算机可以使用无线 AP 功能，如果是"否"，则需要更新网卡驱动程序，如果更新后还显示为"否"，就需要更换网卡，该检测结果需要更新网卡驱动。

图 3-41　以管理员身份运行 DOS 命令提示符

步骤 4：直到"支持的承载网络"处显示"是"后，继续运行如图 3-42 所示的命令"netsh wlan set hostednetwork mode=allow ssid=network name key=passkey"。

图 3-42　承载网络参数设置

步骤 5：然后在命令提示符下输入 netsh wlan start hostednetwork 命令，显示"承载网络模式已开启"，说明无线发射已打开。

步骤 6：打开"网络和共享中心"，可以查看到刚刚添加的无线网络。但访问类型却是"无法连接到网络"，因为还没有设置要共享到哪个连接。

步骤 7：单击"以太网"超链接，在打开的对话框中单击"属性"按钮，在打开的对话框中选中"共享"复选框，并在"家庭和网络连接"中选择刚刚添加的 WLAN 网络，单击"确定"按钮后，将添加的无线网络连接到 Internet。

就可以在其他近范围内的设备中找到该网络。如果不需要使用该网络了，则在命令提示符中输入 netsh wlan stop hostednetwork 命令就可以停止该网络。

> 注意：无法上网:手动为连接设置 **DNS** 地址。
> 新添加的 **WiFi** 没有 **IP** 地址:在命令提示符中再次输入 **netsh wlan start hostednetwork** 命令。

步骤 8：配置另一台便携式计算机。首先设置其 IP 地址为 192.168.0.18（需与上面配置的 IP 地址处于同一网段），子网掩码为 255.255.255.0，默认网关为 192.168.0.8，其余步骤设置与上相同。

> 注意：两台计算机通过无线方式进行通信，设置时要注意虽然是对等网络，还是需选一台计算机为主，另外，两台计算机的 **IP** 地址设置需要在同一个网段，且 **SSID**、速率、信道必须相同。

任务 3-4-4　测试对等网络

安装与配置完成后，在桌面右下角显示 图标，在其中一台便携式计算机上使用 ping 命令测试另一台便携式计算机，如果能 ping 通，则说明组建成功。

实施评价

对等网由很少的几台计算机组成一个工作组，适合于家庭、校园和小型办公室中组成简单的网络，连接容易、投资少。

本项目的主要训练目标是让读者了解对等网的作用和功能，并能够成功组建和应用对等网络。任务实施情况小结见表 3-8。

表 3-8 任务实施情况小结

序号	知　识	技　能	态　度	重要程度	自我评价	老师评价
1	• TCP/IP • 共享文件所需的网络服务 • IP 地址	○ 熟练查看计算机协议和地址配置情况 ○ 正确配置 IP 地址 ○ 准确判断网络适配器是否正确安装 ○ 准确判断共享所需的服务是否安装	◎ 认真、仔细检查各项配置 ◎ 根据实际情况做出恰当的分析并及时处理	★★★		
2	• 连接线缆 • 串口、并口 • 连通性 • Guest 账户 • ping 命令 • 本地打印与网络打印	○ 根据实际操作环境选择合适的线缆连接 2 台以上计算机 ○ 熟练使用 ping 命令测试网络通断情况，并正确处理 ○ 正确设置网络并完成文件夹和打印机共享	◎ 仔细看清楚线缆的线序，及时排除隐患 ◎ 认真分析 ping 命令的检测结果，逐步分析问题 ◎ 积极思考并努力解决问题	★★★		
3	• 无线网络 • 无线网络与有线网络的区别 • 无线传输介质 • 无线网卡	○ 熟练区分无线网卡的类型，快速选择合适的无线网卡 ○ 熟悉无线网络与有线网络的区别，能正确表述	◎ 爱护设备，轻拿轻放 ◎ 按时领取、归还设备及工具 ◎ 在规定的时间内完成任务	★★★★		
任务实施过程中已经解决的问题及其解决方法与过程						
问题描述		解决方法与过程				
1.						
2.						
任务实施过程中未解决的主要问题						

任务拓展

拓展任务　映射网络驱动器

1. 任务拓展卡

任务拓展卡见表 3-9。

项目 3　组建对等网络　｜　101

表 3-9　任务拓展卡

任务编号	003-5	任务名称	映射网络驱动器	计划工时	25 min
任务描述					

网络教研室的刘老师经常要用到 W 计算机上驱动器 C:中存储的"授课计划""教学任务安排""教学大纲""课程标准""教学日常管理""授课教案"等共享文件夹，每天共享连接很麻烦，希望能像访问自己驱动器一样方便。如果复制这些文件到自己计算机上，一方面占用磁盘空间，另一方面这些文件修改后又要重新复制，不利于保持文件的动态更新。驱动器 C:的磁盘名为 sharedisc。

任务分析

要实现访问共享文件夹如访问本地驱动器一样方便快捷，需要执行如下任务：
（1）分析实际情况：W 计算机的 C 驱动器下有共享文件夹，该文件夹中的内容每天更新，进行共享连接很麻烦，需要每天只要打开自己的计算机，就能看到更新的共享文件，像访问自己的驱动器一样方便快捷。
（2）映射网络驱动器：将 W 计算机下的共享文件夹映射到自己的计算机上

2. 任务拓展完成过程提示

需要像访问自己的计算机驱动器一样方便访问他人的共享文件夹。例如，W 计算机下驱动器 C:的磁盘名为 sharedisc。

步骤 1：鼠标右击"此电脑"图标，在弹出的快捷菜单中选择"映射网络驱动器"命令，打开如图 3-43 所示的"映射网络驱动器"对话框。

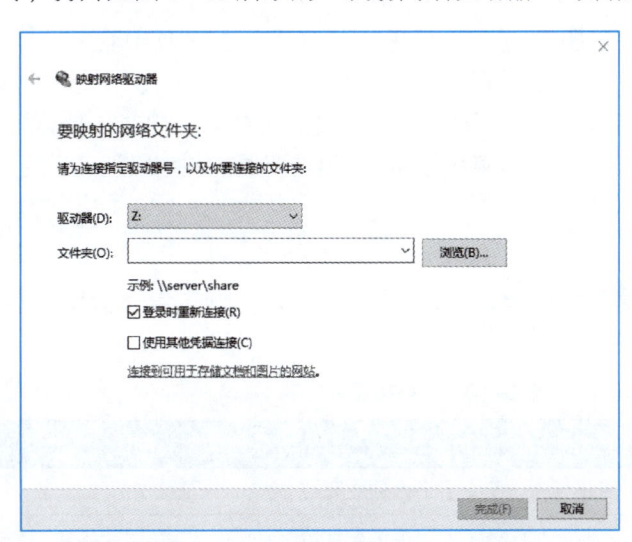

图 3-43　"映射网络驱动器"对话框

其主要选项说明如下：
① 在"驱动器"右侧的下拉按钮 中选择驱动器名称，即选择所映射的网络驱动器在用户计算机中所用的盘符。
② "文件夹"是所要映射的网络驱动器，单击"浏览"按钮，选择需映射的网络驱动器或文件夹；如果明确文件或文件夹的位置，则可直接在此文本框中以\\server\share 的形式输入即可。
③ 如果选中"登录时重新连接"复选框，则表示重新启动计算机时再次

连接此映射。

步骤 2：本任务以在"驱动器"下拉菜单中选择"Z:"，在"文件夹"文本框中输入（或选择）"\\w\sharedisc"，选中"登录时重新连接"复选框，单击"完成"按钮则可实现。

如网络中有台名为"COMPUTER"的计算机，该计算机上的"C:"驱动器，名为"系统"，需要把该计算机的"C:"驱动器映射到自己计算机上作为 E 驱动器，打开 E 驱动器就可以访问另一台计算机 C 驱动器中的数据，如图 3-44 所示。

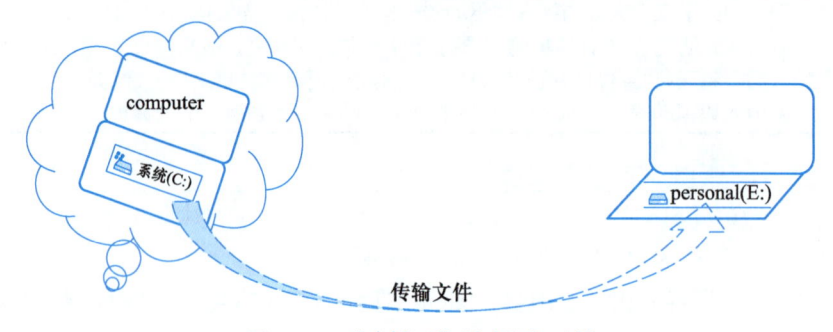

图 3-44 "映射网络驱动器"示例

在图 3-43"驱动器"项中选择"E:"，在"文件夹"项中输入"\\COMPUTER\系统"，选中"登录时重新连接"复选框，再单击"完成"按钮，再次打开"此电脑"时，就能看到 E 驱动器了，即可访问 COMPUTER 计算机中 C 驱动器中的内容。但是，访问权限受到网络驱动器最初共享级别设置的限制。

注意："登录时重新连接"：在计算机重新启动或注销后登录时，都会自动连接到 W 计算机的 C 驱动器上。

3. 任务拓展评价

任务拓展评价内容见表 3-10。

表 3-10 任务拓展评价表

任务编号	003-6	任务名称	映射网络驱动器		
任务完成方式	【　】小组协作完成		【　】个人独立完成		
任务拓展完成情况评价						
自我评价		小组评价		教师评价	
任务实施过程描述					
实施过程中遇到的问题及其解决办法、经验			没有解决的问题		

项目总结

本项目知识技能考核要点见表 3-11，思维导图如图 3-45 所示。

表 3-11 知识技能考核要点

任务		考核要点	考核目标	建议考核方式
3-1	3-1-1	● 查看计算机配置情况	○ 通常情况下计算机需要进行哪些设置	配置结果界面截图
	3-1-2	● 检查是否安装网络服务	○ 查看安装了哪些服务，了解服务对应的功能	将已经安装服务界面截图
3-2	3-2-1	● 计算机连接方式选择 ● 根据实际情况，选择合适的连接方式	○ 熟练完成计算机硬件连接 ○ 根据实际情况选择合适的连接线缆	现场操作与问答
	3-2-2	● 同一网段 IP 地址设置 ● 工作组计算机设置	○ 为实现计算机间通信准备好环境	TCP/IP 配置界面 主机名设置界面
	3-2-3	● 共享文件夹	○ 实现计算机间通信	实际操作，能完成计算机间的文件共享
3-3	3-3-1	● 共享资料	○ 能否熟练完成资料共享	现场操作速度
	3-3-2	● 认识网络拓扑结构 ● 连接多台计算机	○ 能正确绘制、识别网络拓扑结构	硬件设备连接情况
	3-3-3	● 区分网络打印机和本地打印机 ● 共享打印机完成网络打印	○ 实现打印机共享，在每个人自己的机器上就可以完成打印	是否能完成打印 1 个页面
3-4	3-4-1	● 认识无线网卡 ● 选择合适的无线网卡	○ 认识与选用无线网卡	选择结果
	3-4-2	● 选择与安装合适的无线网卡驱动程序	○ 认识到硬件安装完成后需要驱动程序才能正常使用	网卡能否正常使用
	3-4-3	● 设置网络属性	○ 了解网络连接参数并能正确设置	查看参数设置项
	3-4-4	● 测试网络连通性	○ 使用测试命令	查看测试结果

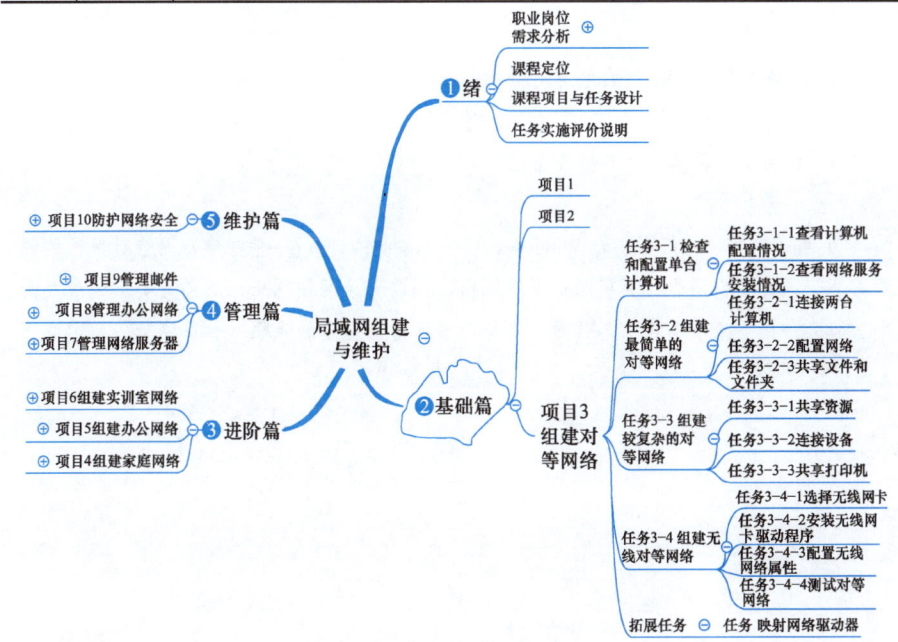

图 3-45 项目 3 思维导图

思考与练习

一、选择题

1. 阅读如下资料，并从供选择的答案中找出叙述错误的一项_____。

"蓝牙（Blue tooth）"的形成背景是这样的：1998年5月，爱立信、诺基亚、东芝、IBM和英特尔公司等厂商，在联合开展短程无线通信技术的标准化活动时提出了蓝牙技术，其宗旨是提供一种短距离、低成本的无线传输应用技术。厂商还成立了蓝牙特别兴趣组，以蓝牙技术能够成为未来的无线通信标准。Intel公司负责半导体芯体开发，IBM和东芝公司负责便携式计算机接口规格的开发。

    A. 蓝牙技术可以用于便携式计算机联网

    B. 蓝牙技术可以用于远距离计算机联网

    C. 蓝牙技术可以用于移动电话与计算机联网

    D. 蓝牙技术是一种无线通信标准

2. 下面关于无线局域网（WLAN）主要工作过程的描述，不正确的是_____。

    A. 扫频就是无线工作站发现可用的无线访问点的过程

    B. 关联过程用于建立无线工作站与访问点之间的映射关系

    C. 当无线工作站从一个服务区移动到另一个服务区时需要重新扫频

    D. 无线工作站在一组AP之间移动并保持无缝连接的过程叫做漫游

3. 共享打印机的方式主要是_____。（多选题）

    A. \\打印机名称   B. \\打印机的IP地址

    C. 计算机IP地址   D. 以上都不是

二、思考题

1. 什么样的条件下适合组建对等网？
2. 在文件夹共享过程中，需要注意什么问题？
3. 如何加强共享文件夹的安全性？

三、操作题

小明家有两台已经安装好Windows 10操作系统的计算机，他想实现两台计算机的资源共享，因此要将两台计算机组成对等网络，他购买了两块网卡、一条五类双绞线及两个水晶头。接下来小明应该怎样做，请按照顺序写出主要的步骤。

第2篇
进阶篇

【篇首语】

在基础篇中,介绍了单台计算机连接 Internet、连接多台计算机、组建对等网络等基本技能,并讲解了组建网络的基本知识,从本篇开始,将重点介绍组建简单网络的技能,如组建家庭网络、组建办公网络、组建实训室网络,网络中的计算机由几台增加到十几台甚至几十台,规模逐渐增大,应用功能逐渐增多。

进阶篇的主要任务及在本书组织中的位置如下图所示。

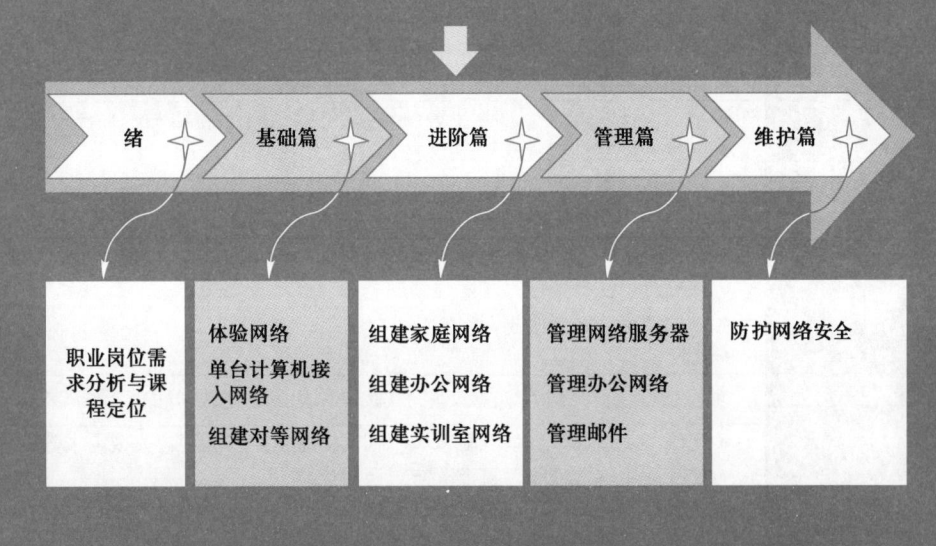

绪 → 基础篇 → 进阶篇 → 管理篇 → 维护篇

- 职业岗位需求分析与课程定位
- 体验网络 / 单台计算机接入网络 / 组建对等网络
- 组建家庭网络 / 组建办公网络 / 组建实训室网络
- 管理网络服务器 / 管理办公网络 / 管理邮件
- 防护网络安全

项目 4 组建家庭网络

组建家庭网络

PPT

素养提升 4
没有规矩不成方圆

随着计算机网络技术的不断发展，计算机硬件设备的价格不断下降，拥有两台或两台以上计算机的家庭越来越多，如果不组建网络，相互之间进行信息交换就需要借助 U 盘或其他移动存储介质，不但不方便，同时也不安全。另外，家庭计算机在性能上可能也存在很大差别。因此，如何合理利用资源是家庭中比较凸显的问题，如多台计算机使用一个账号上网、多台计算机共享一台打印机，如何更方便地进行文件传输和休闲娱乐，如何有效利用旧计算机等。

解决这些问题最好的办法是将这些独立的计算机和硬件设备连接起来，组成一个小型家庭局域网，以减少硬件设备等固定资产的投入，同时提高网络利用率。

教学导航

知识目标	● 了解家庭局域网的特点、Internet 连接共享（ICS）的作用与意义 ● 了解需求分析、用户调查报告的书写格式 ● 知道共享文件夹权限种类和各自的作用 ● 知道网络连通性的测试方法
技能目标	● 学会设计网络结构，使用 Visio 等软件绘制拓扑结构图 ● 熟悉设置文件夹共享 ● 熟练掌握网络安全机制 ● 学会用户调查和需求分析的方法，并能制定详细的实施方案
素养目标	● 通过资源共享的方式，节省硬件设备资源；充分利用已有设备，训练节约意识、成本意识 ● 认真分析任务目标，做好整体规划 ● 耐心做事，做好简单的事情 ● 团队协作，相互配合
教学方法	项目教学法、分组教学法、理论实践一体化、实物教学法
考核成绩 A 等标准	● 正确判定计算机当前的配置情况和网络服务安装情况，完成需求分析 ● 熟练使用网线或串口直连的方式连接计算机 ● 正确连接打印机和设置打印机共享 ● 各项目组成员间能相互传送文件，实现资源共享 ● 在规定的时间内完成任务，达到了任务书的要求 ● 将有线网络与无线网络正常连接，并实现无线网络的安全设置，保证无线网络安全 ● 工作时不大声喧哗，遵守纪律，与同组成员间协作愉快，配合完成了整个工作任务，保持工作环境清洁，任务完成后自动整理、归还工具、关闭电源
评价方式	小组评价
操作流程	任务分析→查看、配置计算机硬件→配置计算机机软件→连接网络硬件→配置网络→测试网络

续表

准备工作	• 分组：每 2~3 个学生一组，自主选择 1 人为组长 • 给每个组准备 2~3 台没有任何配置但硬件设备齐全的计算机，让学生将这些计算机组成一个局域网 • 电信或其他网络接口、调制解调器、直通电缆、交叉电缆、2~3 块网卡、打印机 1 台
课时建议	6 课时（含课堂任务拓展）

项目描述

小李家中原有一台旧的计算机，后又购买了一台新的台式机和一台便携式计算机。平常都是小李的妈妈使用原有的旧计算机，但该计算机的磁盘空间不大，较大的文件都存放不下，需要存放到新的台式机上。另外，为了节约家庭开支，小李希望共享一个账号，让 3 台计算机都能上网，而不是每台计算机使用一个账号。还有，小李的父亲偶尔也会在家里办公，一些资料在处理后希望能立即打印出来，小李的学习资料和练习也需要打印，小李希望全家使用一台打印机，最有效地利用打印机，避免闲置。现在需要使用最节省的方式组建一个家庭网络，实现小李的这些需求。

项目分解

任务 4-1 的任务卡见表 4-1。

表 4-1　任务 4-1 任务卡

任务编号	004-1	任务名称	组建家庭网络需求分析与结构设计	计划工时	45 min
工作情境描述					
小李家有 3 台计算机，将这 3 台计算机组建成一个网络，实现同一个账号上网、同 1 台打印机打印，以节省家庭开支。另外，可以直接在自己的家庭网络上进行游戏对战，满足家庭娱乐的需要。为了不影响家庭布局美观，走线尽量少、规整					
操作任务描述					
组建网络，首先应进行组建需求分析，设计合理的网络结构。然后还要充分考虑实际情况，不破坏或者尽量少破坏现有的家庭环境。 （1）对用户家庭网络情况进行详细了解，完成调查分析 （2）分析局域网组建需求，撰写需求分析报告 （3）设计网络结构，设计网络拓扑结构					
操作任务分析					
通过对项目进行具体分析，了解了实际情况，具体操作任务如下。 （1）用户调查分析：可以面对面沟通或者电话沟通等方式详细了解网络情况，并做好记录，形成详细的调查分析报告 （2）撰写需求分析报告：在调查分析报告的基础上获取网络组建所需的技术信息，形成需求分析报告，再次与用户沟通确认 （3）网络结构设计：按照用户需求，设计出网络结构，向用户详细阐述设计思想和设计目的，以征得用户同意，在有必要的情况下要进行修改					

任务 4-2 的任务卡见表 4-2。

表 4-2　任务 4-2 的任务卡

任务编号	004-2	任务名称	连接和配置家庭网络	计划工时	90 min
工作情境描述					
完成用户需求调查和结构设计后，按照拓扑结构图和家庭实际情况连接家庭网络。首先是物理连接，通过传输介质将所有需要的设备连接起来，但这些设备还不能直接工作，不能实现信息共享和网络成员相互访问，需要对设备和网络进行配置					
操作任务描述					
IP 地址、打印及文件共享请参照基础篇的任务完成，本次需要完成的配置任务主要如下。 （1）小李妈妈的文件一般放在新台式机上保存，经常需要访问，需要进行共享设置 （2）为了避免文件泄露，小李妈妈会经常查看共享文件的访问情况，判断是否有他人访问了自己的文件 （3）要让小李妈妈学会如何去共享自己的文件					
操作任务分析					
通过对项目进行具体分析后，了解了目前的情况，首先应当完成需求分析，设计出网络结构。 （1）设置文件夹共享，将所有要用的文件都放置在同一个文件夹下，共享名为 soft （2）管理共享文件夹：查看共享文件的会话和使用情况，需要的时候断掉某些会话 （3）访问共享文件夹：在什么地方输入什么命令，以使用共享文件					

任务 4-3 的任务卡见表 4-3。

表 4-3　任务 4-3 的任务卡

任务编号	004-3	任务名称	设置 Internet 共享	计划工时	45 min
工作情境描述					
小李家的 3 台计算机组建成一个网络，实现同一个账号上网，节省了家庭开支。目前小李家是通过电信的光纤宽带上网，而且在家庭装修时每个房间都布放了网线					
操作任务描述					
Internet 共享后能使家庭成员通过同一个账号上网，这就需要购买设备将所有的计算机都连接起来。 （1）从技术、价格、性能、家庭现有状况等方面综合分析，选择合适的设备来连接所有计算机 （2）充分认识什么是 Internet 连接共享 （3）通过设置实现并测试 Internet 共享					
操作任务分析					
实施任务前要从思想上高度认识，明确要做什么、怎么做、做成什么样，然后再开始执行。 （1）弄清楚什么是 Internet 连接共享才能够知道要做成什么样 （2）配置 Internet 连接共享					

知识准备

【知识 1】 SOHO 网络

SOHO（Small Office and Home Office）网络是将家庭中的多台计算机（2～10 台）连接起来组成的小型局域网。

【知识 2】 文件系统格式转换

计算机中的文件和文件夹的安全非常重要，否则会造成信息泄露或篡改等问题。因此，一般会在安全设置比较完善的 NTFS 文件系统下共享。当某个分区不是 NTFS 格式时，一般先将其转换为 NTFS 格式。该操作的命令格式及说明如图 4-1 所示。

CONVERT volume /FS: NTFS(CONVERT 是转换命令，volume 为指定的驱动器名，将指定的驱动器转换为 NTFS 文件系统)

微课
文件系统格式转换

图 4-1 convert 命令使用帮助图

任务实施

任务实施流程见表 4-4。

表 4-4 任务实施流程

1. 工具与材料准备		
工具/材料名称(型号与规格)/条件	数量与单位	说　　明
网线	2 根	连接网络设备
无线网卡	1 块/便携式计算机	与便携式计算机配套
网卡驱动程序	1 个/组	与网卡匹配
螺钉旋具（十字+一字）	各 1 把/人	拧紧或拧松螺钉
打印机	1 台/组	共享打印机
计算机	每组台式机 2 台，便携式计算机 1 台	便于分组与任务实施
宽带连接口	1 个/组	光纤宽带接入到家庭的墙壁上

续表

2. 参考资料或资讯准备

1. 调查分析报告样本
2. 需求分析报告样本
3. 无线路由器说明书
4. 通畅的网络，方便学习者查询资料
5. 材料和工具清单（空表）

3. 实施任务

1. 教师完成相应说明与引导，准备好本次任务完成所需要的工具、材料和环境，然后布置任务
2. 学习者根据布置的任务内容，阅读【知识准备】，如果不够，则可利用网络查找资料学习相关知识
3. 学习者规划需完成的任务（需求分析与结构设计—连接与配置网络—设置 Internet 连接共享），做好分工，明确小组长和每个成员的任务
4. 填写材料和工具清单，准备好工具与材料
5. 根据【任务实施】任务的先后顺序与步骤完成具体安装或配置任务，在完成每个小任务后测试任务完成情况，保证任务 100% 完成
6. 待所有任务完成后，测试整体任务是否成功，上交任务实施过程结果（如分析报告、测试结果图等）
7. 归还工具和材料，清理工作台，将所有设备恢复原位

任务 4-1　组建家庭网络需求分析与结构设计

组建家庭网络需求分析与结构

PPT

任务 4-1-1　用户调查分析

用户调查是需求分析的重要环节，可以直接与用户进行面对面的调查，也可以通过电话或其他方式进行调查，填写表 4-5 用户调查表。

表 4-5　用户调查表

调查内容	调查选项	
填写说明：在符合项后划√	
家庭住址		
家庭所在的小区网络覆盖情况	是（　）	光纤网络（　　　） 双绞线网络（　　　）
	否（　）	说明具体情况
家庭中有几台计算机（填写数字）	共（　）台，其中便携式计算机（　）台，台式机（　　）台	
已经选择或准备选择的网络运营商	中国电信（　　　）；中国移动（　　　）；中国联通（　　　）；其他（　　　） 说明：如为其他，请写明具体的运营商	

续表

调查内容	调查选项
填写说明：在符合项后划√	
目前已有连接设备	无线路由器（ ）；交换机（ ）；普通路由器（ ）；没有（ ）；其他（ ） 说明：如为其他，请写明具体的设备名称及型号
连接设备的品牌	思科（ ）；TP-Link（ ）；D-Link（ ）；中兴（ ）；其他（ ） 说明：如为其他，请写明具体的设备品牌
有哪些网络安全要求	上网安全（ ）；信息安全（ ）
有哪些应用要求	共享访问 Internet（ ）；共享打印机（ ）；文件共享（ ）；IPTV 电视（ ）
是否同意以上内容	情况属实（ ） 说明：调查人和被调查人签名确认

任务 4-1-2　需求分析

组建家庭网络，首先要对家庭网络的需求进行详细分析，分析项目描述，该网络的具体需求如下。

1. 功能需求

① 多名家庭成员可以在同一时间使用同一账号访问 Internet。

② 能够连接打印机等其他计算机外围设备，充分利用有限的硬件和软件资源，有利于信息共享和重要信息的备份。

③ 家庭成员共同娱乐，有利于融洽家庭关系。

2. 网络接入需求

要共享上网，首先需要接入 Internet。家庭网络要与小区的网络连接起来，小区网络宽带接入的运营商是中国电信。

3. 设备需求

家中有 3 台计算机，有便携式计算机和台式机两种类型，如果使用网卡连接的方式，则不容易扩展。而且，在连接时，其中一台计算机需要安装两块网卡，增加了额外投资。因此，为了节省费用，选择一台具有 4 个 LAN 口的无线路由器。这种路由器有 4 个 LAN 口，除了连接目前的 2 台台式机外，还能够再连接 2 台，便于扩展。同时无线网络一方面方便了便携式计算机的移动，另一方面避免了布线而影响美观及施工的麻烦，可以满足用户现阶段网络升级和扩展的需求。

针对家庭的上述需求情况，可以将 2 台台式计算机连接起来，便携式计算机通过无线路由器的无线功能连接，组成一个网络，然后再设置上网，设置打印机共享等。

4. 组网目标的确定

（1）磁盘共享

从较大磁盘空间划出一部分空间，可由管理人员根据另一台计算机用户的需求来设定相应的使用权限，如"读取""写入""读取及运行""修改"等，而另一台计算机的用户就只具有管理人员给其设置的权限，并且该计算机上其他的信息对另一台计算机的用户而言是不可见的。

对于有些公共资源，如工具软件、系统文件等，可以存放在共享磁盘中，方便2台计算机调用，减少了旧计算机空间不足造成的麻烦。

（2）同一账号上网

每台计算机若各使用单独账号上网，增加了家庭开支。同一账号上网可以有以下2种方式。

① 一台计算机起主导作用，控制另一台计算机。即当起控制作用的计算机没有工作或者不允许另一台计算机上网的时候，则另一台计算机则不能上网。

② 2台计算机之间是相互独立的，不管另一台计算机的工作状态如何，该计算机都能上网。

显然，第1种方式可以应用于家中孩子还比较小且没有控制力的家庭，而小李都已经是大学生了，因此可以使用第2种方式。

（3）打印机共享

为每台计算机单独配置一台打印机，会造成设备的闲置，而且会增加成本，因此可设置打印机共享，只购买一台打印机，其他计算机需要时都能使用，以节约成本。共享打印机的方式主要有以下2种。

① 一台计算机起主导作用，控制另一台计算机。当受控的计算机需要使用打印机时，起主导作用的计算机处于工作状态或者允许另一台计算机使用打印机，否则不能使用。

② 2台计算机处于同等地位，不受任何一台计算机的控制，但需要增加一个打印机共享器。

建议选择第2种方式，以方便家庭成员的使用。

任务 4-1-3　家庭网络结构设计

1. 网络拓扑结构设计

综合需求分析和家庭房屋结构，选择星形拓扑结构，如图 4-2 和 4-3 所示，拓扑结构图的绘制请参照任务 1-3-4。

图 4-2　网络拓扑结构图 1

图 4-3　网络拓扑结构图 2

2. 家庭网络布线

家庭网络布线图如图 4-4 所示。

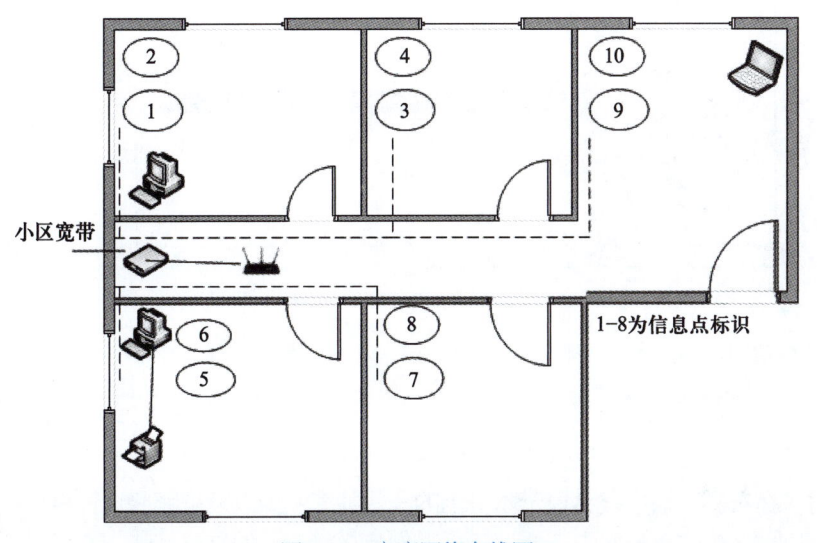

图 4-4　家庭网络布线图

任务 4-2　管理家庭网络共享资源

根据拓扑结构图连接各硬件设备,组成一个简单的家庭网络。为了保证信息安全,需要每天关注共享文件被访问的情况,如访问量有多大、有没有非法用户访问等。另外,当关闭计算机时,系统会提示有多少用户在与共享文件夹连接,如何知道到底是哪些用户呢?

1. 实时查看哪些用户在访问共享资源

查看哪些用户在访问共享资源,具体操作步骤如下。

步骤 1:依次双击"控制面板"→"管理工具"→"计算机管理(本地)",

微课
实时查看访问共享文件夹的用户

打开如图 4-5 所示的"计算机管理"窗口。展开"系统工具"→"共享"选项。

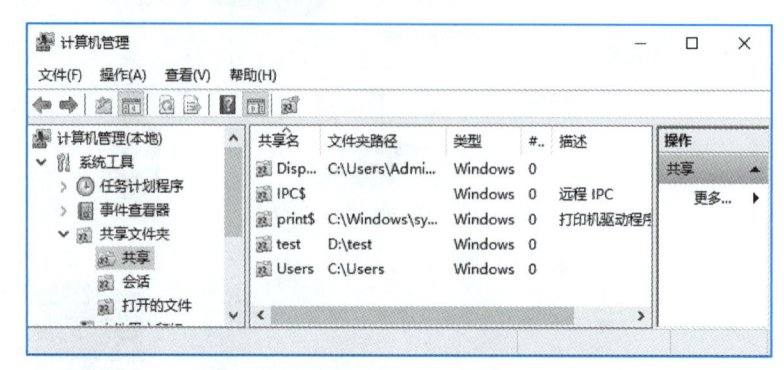

图 4-5 "计算机管理"窗口中"共享"选项

步骤 2：双击左侧窗格中的"会话"选项，在右侧窗格中会显示出哪些计算机在访问所选定的共享文件夹，如图 4-6 所示。

图 4-6 "计算机管理"窗口中"会话"选项

注意：在该窗格中只能够看到连接到共享文件夹的有哪些计算机，但不知道这些计算机在访问哪些共享文件夹。

步骤 3：依次选择"系统工具"→"共享文件夹"→"打开的文件"选项，此时，在右侧窗格中就会显示本机上的一些共享资源以及被哪些计算机访问等。

同时，在这个窗格中还会显示一些有用的信息，如打开了哪一个共享文件、开始访问的时间、已经闲置的时间等，从而进行具体判断，如图 4-7 所示。

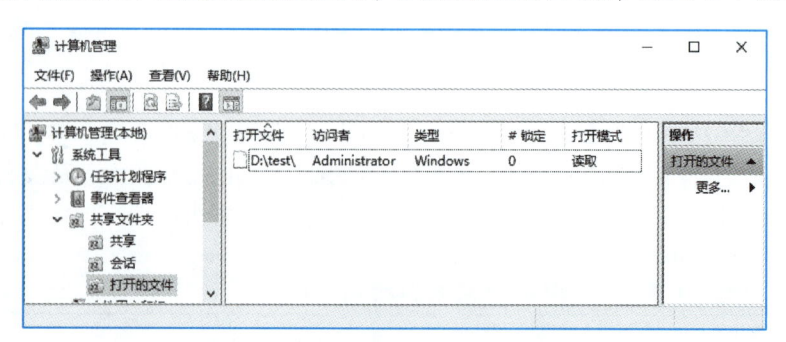

图 4-7 "打开的文件"选项的详细信息

2. 阻止用户访问共享文件

在关闭某个文件夹或文件时,当发现有用户连接到共享文件夹或文件时,如不希望该文件夹或文件被访问,则可以直接关闭该文件夹或文件。选中需关闭的会话,鼠标右击,在弹出的快捷菜单中选择"关闭会话"命令,如图 4-8 所示。

微课
阻止用户访问共享文件

图 4-8 "关闭会话"命令

打开如图 4-9 所示"共享文件夹"对话框,单击"是"按钮,则关闭了会话。

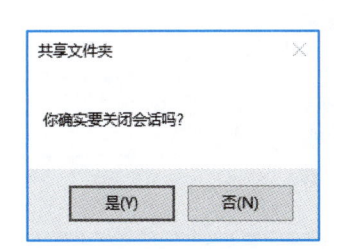

图 4-9 "共享文件夹"对话框

这样可以阻止该用户访问此共享文件,而不会影响其他用户的正常访问。

3. 给共享文件设置只读权限

> 注意:不能将具有写权限的文件直接共享,一方面可避免共享文件或文件夹成为病毒传播的载体,另一方面可防止文件被非法更改,导致数据不一致,引起不必要的麻烦。

步骤 1:选中"此电脑"图标,鼠标右击,在弹出的快捷菜单中选择"管理"命令,打开如图 4-10 所示的"计算机管理"窗口。

步骤 2:在图 4-10 所示的右侧"名称"列表框中,鼠标右击"共享"选项,在弹出的快捷菜单中选择"新建共享"命令,如图 4-11 所示。

步骤 3:打开如图 4-12 所示的"创建共享文件夹向导"对话框。

步骤 4:单击"下一步"按钮,打开如图 4-13 所示的"创建共享文件夹-文件夹路径"界面。单击"浏览"按钮,打开"浏览文件夹"对话框,选中需要共享的文件夹，单击"确定"按钮，即可将共享的文件夹添加到"文件夹路径"文本框中。

图 4-10 "计算机管理"窗口中"共享文件夹"选项

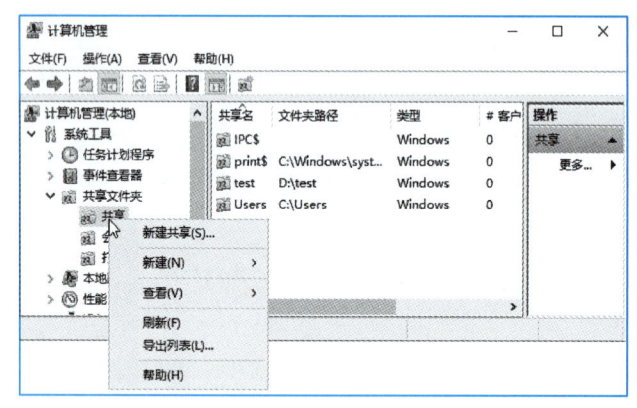

图 4-11 "新建共享"命令

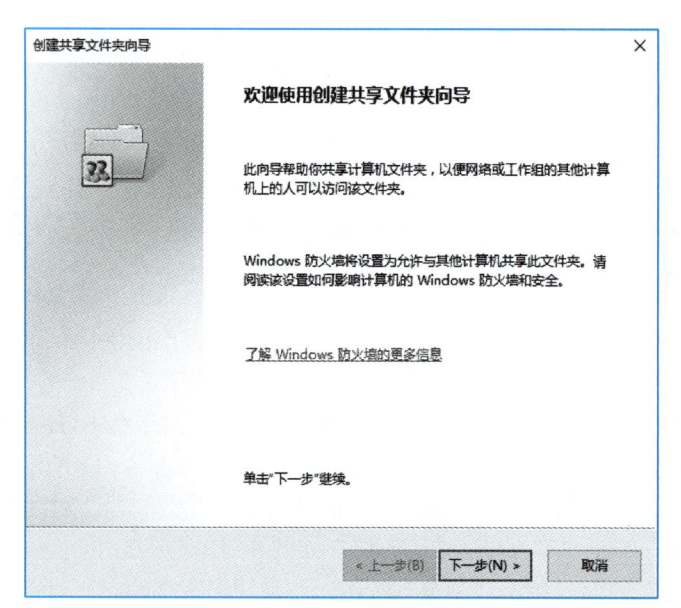

图 4-12 "创建共享文件夹向导"对话框

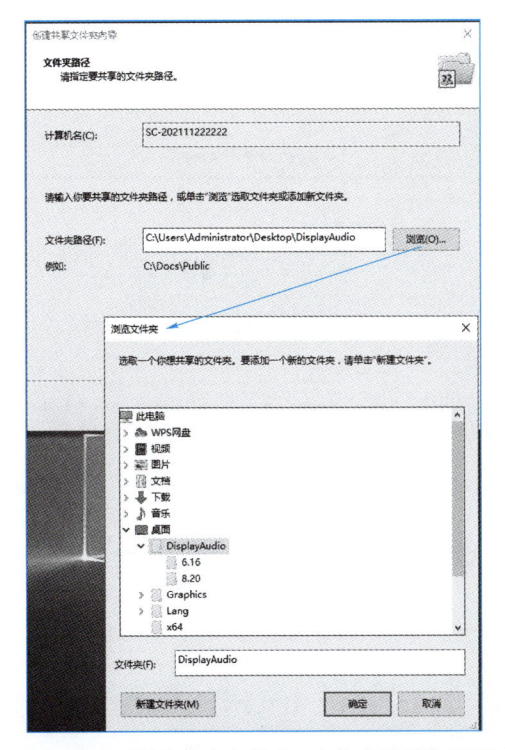

图 4-13 "创建共享文件夹–文件夹路径"界面

单击"确定"按钮,打开如图 4-14 所示"创建共享文件夹向导–名称、描述和设置"界面,依次填写"共享名""描述"等辅助信息。

步骤 5:单击"下一步"按钮,打开如图 4-15 所示的"创建共享文件夹向导–共享文件夹的权限"界面,设置查看文件夹人员的访问权限。

步骤 6:单击"完成"按钮,打开如图 4-16 所示的"创建共享文件夹向导–共享成功"界面,可检查设置内容是否正确,如果正确则单击下方的"完成"按钮则可。

图 4-14 "创建共享文件夹向导–名称、描述和设置"界面

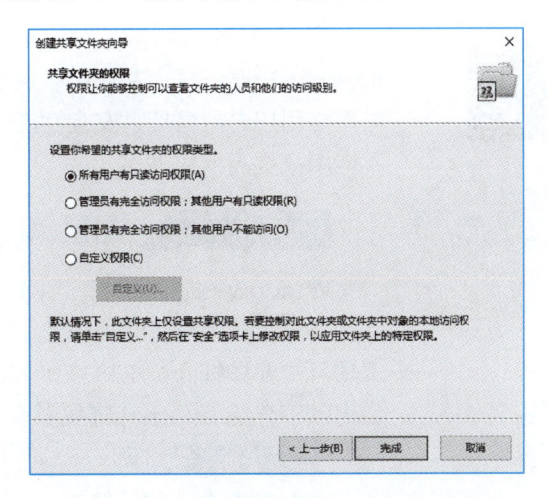

图 4-15 "创建共享文件夹向导–共享文件夹的权限"界面

图 4-16　共享成功

任务 4-3　认识和配置 Internet 连接共享

任务 4-3-1　认识 Internet 连接共享

Internet 连接共享（Internet Connection Share，ICS）是 Windows 操作系统内置的一个多机共享接入 Internet 的工具，其设置简单、使用方便。在计算机（直接连接到 Internet 的计算机）上设置"允许其他网络用户通过此计算机的 Internet 连接来连接"，然后在客户机上运行 Internet 连接向导即可。

启用连接共享并设置好 Internet 选项后，网络上的计算机就像直接与 Internet 相连一样，并且可以在不设任何代理的情况下访问 Internet。但不能对网络用户进行管理，安全性能较差，如果用户数目比较多，则网速会变慢，不能用来提高网络速度。

任务 4-3-2　配置 Internet 连接共享

Windows 提供的共享上网方式有 ICS 和 NAT 两种。ICS 功能比较简单，设置容易、费用小，适用于家庭网络环境；NAT 则适合于公司办公网络环境。本项目主要详细介绍 ICS 在家庭网络中的应用。

以下介绍 Internet 连接共享（简称 ICS）的实现过程：

1. 做好准备工作

（1）启用 ICS 的计算机

如果采用 DSL 或 Cable Modem 接入，还需要一块额外的网卡，即启用 ICS 的计算机需要安装两块网卡：一块用于连接内部网络，另一块用于连接接入设备。如果采用 Modem 或 ISDN 适配器则只需进行正确的安装和设置即可。

（2）配置 ICS，必须具有 Administrators 组权限

2. 启动 ICS

如果主机是 Windows 10 操作系统，则需找到需共享的网络，打开如图 4-17 所示的"WLAN 状态"对话框，单击"属性"按钮，打开"WLAN 属性"对话框，选择"共享"选项卡，在该选项卡中选中"Internet 连接共享"下的"允许其他网络用户通过此计算机的 Internet 连接来连接"复选框（如果允许其他计算机控制网络可选中"允许其他网络用户控制或禁用共享的 Internet 连接"复选框。在通常情况下，一般不允许其他网络用户控制或禁用共享的 Internet 连接），单击"确定"按钮，完成 Windows 下的共享上网。

微课
启动 ICS

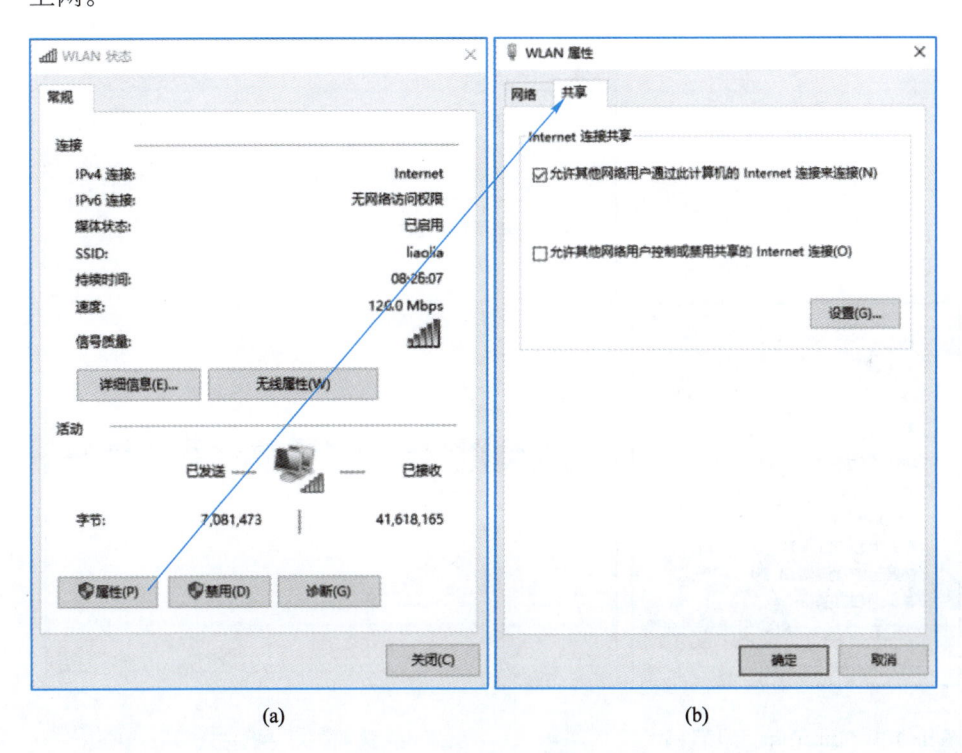

(a)　　　　　　　　　　(b)

图 4-17　设置共享上网

注意：启用 Internet 连接共享后，在 192.168.0.0 的网络中，系统会自动把 ICS 服务器局域网网卡地址配置为 192.168.0.1。

3. 客户机设置

本任务的客户机是指共享 Internet 连接的其他计算机。

（1）IP 设置

配置为与 192.168.0.1 在同一个网段，网关为 192.168.0.1，DNS 为 61.187.98.3（与当地 ISP 提供的保持一致）。

（2）IE 浏览器设置

打开 IE 浏览器，在菜单栏选择"工具"→"Internet 选项"命令，如图 4-18 所示。

在打开的"Internet 选项"对话框中，选择"连接"选项卡，如图 4-19 所示。

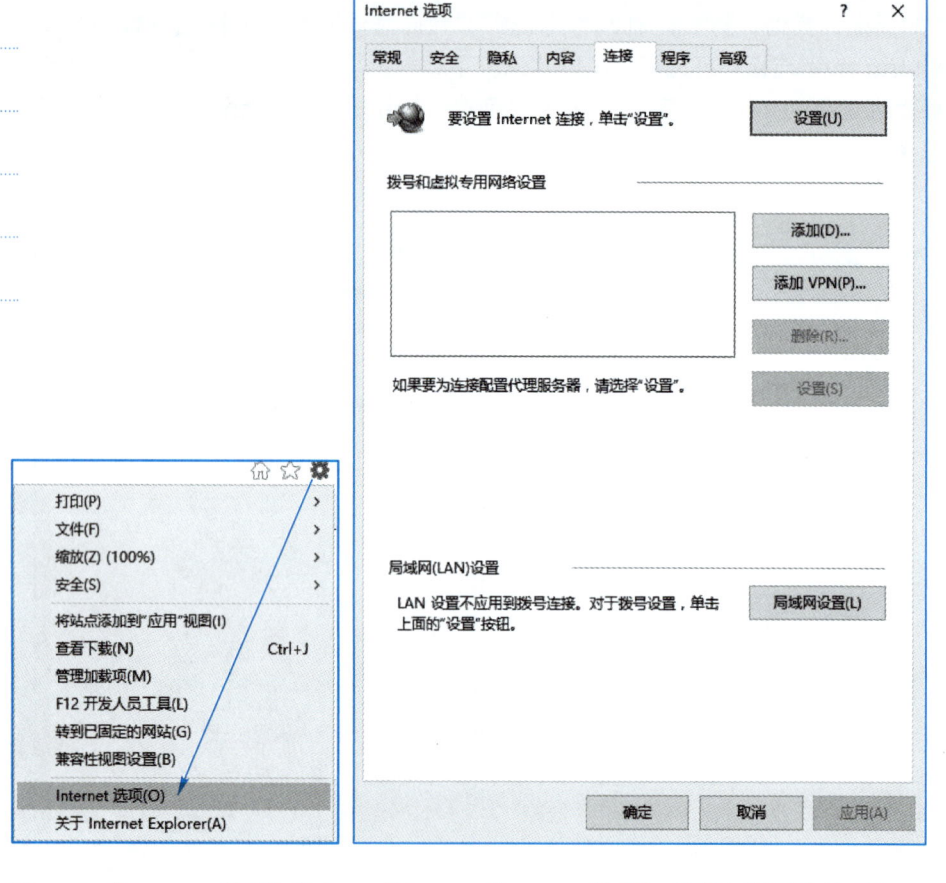

图 4-18 "Internet 选项"命令　　图 4-19 "Internet 选项"对话框"连接"选项卡

单击"局域网设置"按钮，打开如图 4-20 所示的"局域网（LAN）设置"对话框，在"自动配置"栏中，取消选中"自动检测设置"和"使用自动配置脚本"复选框，在"代理服务器"栏中，取消选中"为 LAN 使用代理服务器（这些设置不用于拨号或 VPN 连接）"复选框，完成设置。

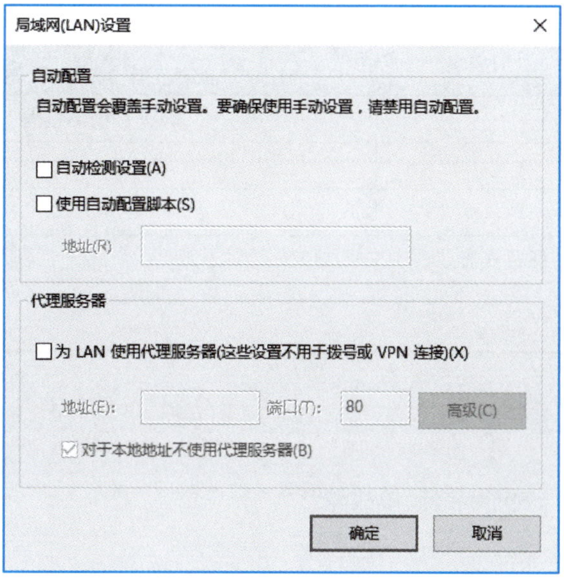

图 4-20 "局域网（LAN）设置"对话框

实施评价

家庭网络能实现家庭内部资源共享，简化数据交换的操作。计算机更新换代会使家庭中计算机有的配置高，有的配置低，为了节约成本，低配置的计算机还需要充分利用。通过网络来实现扫描仪、打印机等硬件设施的共享。

本项目的主要训练目标是让学习者学会充分利用已有设备，通过网络共享设备和文件，其实施小结见表 4-6。

表 4-6 任务实施情况小结

序号	知　识	技　能	态　度	重要程度	自我评价	老师评价
1	● 需求分析内容与目标 ● 拓扑结构 ● SOHO 网络	○ 与用户恰当沟通 ○ 准确完成需求分析 ○ 设计合理的拓扑结构	◎ 耐心解释 ◎ 细致分析、条理清楚	★★★		
2	● 共享的好处 ● 会话的含义 ● 访问共享文件的方式	○ 根据实际操作环境正确完成共享设置 ○ 熟练管理共享文件，避免非授权用户访问 ○ 成功共享文件	◎ 认真分析操作环境 ◎ 积极思考并努力解决问题	★★★★★		
3	● Internet 共享 ● 配置属性	○ 熟练配置 ICS	◎ 爱护设备 ◎ 在规定的时间内完成任务	★★★★		

续表

任务实施过程中已经解决的问题及其解决方法与过程	
问题描述	解决方法与过程
1.	
2.	
任务实施过程中未解决的主要问题	

任务拓展

拓展任务：处理网络简单故障

任务卡见表 4-7。

表 4-7　拓展任务的任务卡

任务编号	003-5	任务名称		处理简单故障	计划工时	45 min
任务描述							

在任务实施过程中，出现了如下现象，试分析其原因和解决办法。
（1）在"网络"或"资源管理器"中只能找到本机的计算机名
（2）在"网络"中可以看到别人的计算机名，别人却看不到自己的计算机名
（3）在"网络"中可以看到计算机名，却没有任何内容
（4）别人在"网络"中看到了自己的共享资源，却不能访问

任务分析

网络问题要根据实际现象，分析具体的环境，逐项尝试才能排除。
（1）分析是属于计算机网卡还是交换机的问题
（2）分析网络文件和打印机共享所需要的服务是否安装
（3）分析共享设置是否存在问题
（4）分析网络连通状况

1. 任务拓展完成过程提示

各现象的具体原因和解决办法见表 4-8。

表 4-8　各现象的具体原因和解决办法列表

问题现象	可能原因分析	解决办法
在"网络"或"资源管理器"中只能找到本机的计算机名	一般情况下，是因为网络通信错误，可能是网线断路、网卡接触不良、交换机接口有问题或接触不良	• 网线断路：更换网线或找到断点将其修复 • 网卡接触不良：拔出网卡，擦干净后重新插入 • 交换机接口接触不良：拔下网线换一个接口；如果交换机有问题，则更换交换机

续表

问题现象	可能原因分析	解决办法
在"网络"中能看到他人的计算机名,别人却看不到自己的计算机名	在网络上共享文件及其他资源信息,就必须安装相应的"服务器服务",该服务在"本地连接"属性中显示为"Microsoft 网络的文件和打印机共享""Microsoft 网络客户端"	在"本地连接属性"对话框中查看"此连接使用下列项目"中是否安装有"Microsoft 网络的文件和打印机共享"" Microsoft 网络客户端"项,如果没有安装,则可单击 "安装"按钮安装这两项
在"网络"中可以看到计算机名,却没有任何内容	能显示计算机名,说明网络连接和基本网络配置正常,问题可能出现在文件共享设置上	● 检查是否安装有"Microsoft 网络的文件和打印机共享"项 ● 检查共享设置
别人在"网络"中看到了自己的共享资源,却不能访问	● 网络连接是正常的,所看到的是即时网络现状,应从其他方面考虑 ● 实际网络连接不通畅	● 网络连接正常:"网络"用户访问本机共享资源的用户身份及访问权限。通常通过网络访问其他计算机资源是以 guest 用户访问的,因此应该查看 guest 用户前面的小图标,如果是红叉则表明被禁用了,单击鼠标右键,在弹出的快捷菜单中选择相应命令即可 ● 网络连接不正常:看到的共享资源是浏览器缓存中的内容,需要进一步检查

2. 任务拓展评价

任务拓展评价内容见表 4-9。

表 4-9 任务拓展评价表

任务编号	003-6	任务名称	查看网络整体拓扑与局部拓扑之间的关系		
任务完成方式	【 】小组协作完成		【 】个人独立完成		
任务拓展完成情况评价					
自我评价		小组评价		教师评价	
任务实施过程描述					
实施过程中遇到的问题及其解决办法、经验				没有解决的问题	

项目总结

本项目知识技能考核要点见表 4-10,思维导图如图 4-21 所示。

表 4-10 知识技能考核要点

任务		考核要点	考核目标	建议考核方式
4-1	4-1-1	● 用户调查分析报告	○ 学会设计调查分析内容,撰写调查分析报告	调查分析报告
	4-1-2	● 需求分析内容和目标	○ 学会需求分析和撰写需求分析报告	需求分析报告
	4-1-3	● 网络拓扑结构	○ 选择恰当的拓扑结构类型 ○ 设计正确的拓扑结构	拓扑结构图

续表

任务		考核要点	考核目标	建议考核方式
4-2	4-2-1	● 文件夹共享	○ 根据操作系统环境，熟练完成共享文件夹设置	操作过程截图 文件夹以个人姓名命名
	4-2-2	● 共享文件夹管理	○ 熟练管理共享文件夹，避免非授权用户访问	实际操作
	4-2-3	● 共享文件夹访问	○ 根据具体情况，使用恰当的方式访问共享文件夹	实际操作，能完成计算机间的文件共享
4-3	4-3-1	● ICS 及其作用	○ 掌握 ICS	提问及回答
	4-3-2	● 设置 ICS	○ 能正确配置，完成 Internet 连接共享	实际操作，实现共享访问网络

笔 记

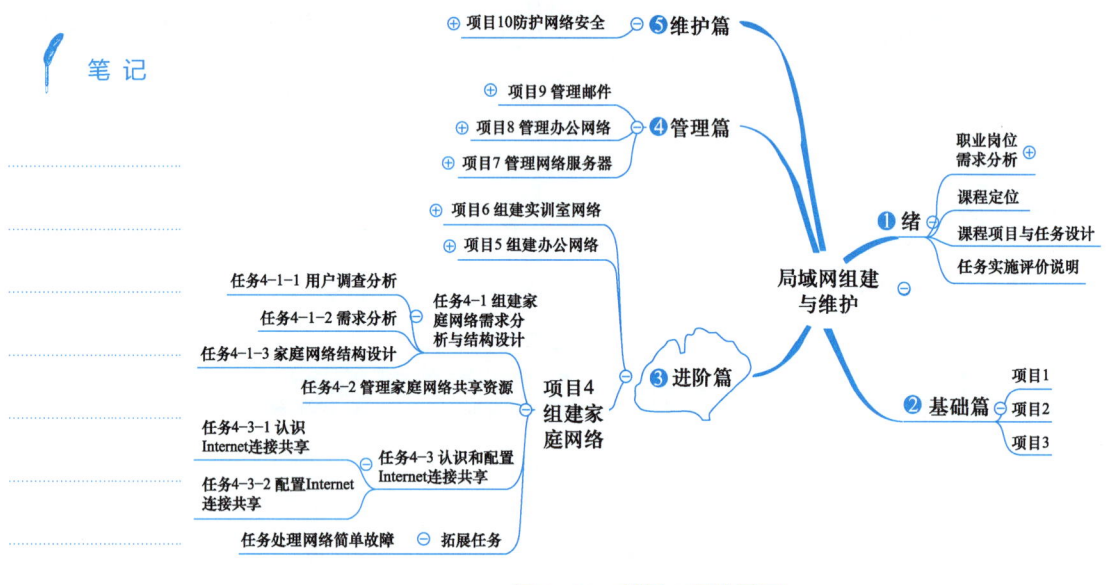

图 4-21　项目 4 思维导图

思考与练习

一、思考题

什么是本地打印机？什么是网络打印机？本地打印与网络打印有什么区别？

二、填空题

1. 在 Windows 中，不能直接共享_____，只能将某文件夹设为"共享文件夹"，一旦某个文件夹被设置为"共享文件夹"以后，其他用户才可以通过其他联网的计算机访问该文件夹下的_____或_____，因此可以通过将需要共享的文件复制或移动到共享文件夹，间接达到共享文件的目的。

2. 为了控制网络用户对共享文件夹的访问，应指定不同的_____。

3. 安装网络打印机就是将网络上的共享打印机与_____相连，安装网络打印机不需要额外的驱动程序，计算机将自动从_____的计算机上下载打印机驱动程序。

三、选择题

1. 关于 Windows 共享文件夹的说法中，正确的是_____。
   A. 在任何时候在文件菜单中可找到共享命令
   B. 设置为共享的文件夹无变化
   C. 设置为共享的文件夹图表下有一个箭头
   D. 设置为共享的文件夹图表下有一个上托的手掌

2. 要让别人能够浏览自己的文件却不能修改文件，一般将包含这些文件的文件夹共享属性的访问类型设置为_____。
   A. 隐藏　　　B. 完全　　　C. 只读　　　D. 不共享

3. 设置文件夹共享属性时，可以选择的访问类型有完全控制、根据密码访问和_____等。
   A. 共享　　　B. 只读　　　C. 不完全　　　D. 不共享

4. 为了保证系统安全，通常采用_____的格式。
   A. NTFS　　　B. FAT　　　C. FAT32　　　D. FAT16

5. 安装、配置和管理网络打印机是通过_____来进行的。
   A. 添加打印机向导　　　B. 添加设备向导
   C. 添加驱动程序向导　　　D. 添加网络向导

四、操作题

1. 建立一个"练习"共享文件夹，并将权限设置为"读取"，复制一篇文档，从另一台机器上对该文档进行读取、保存、删除等操作，观察结果。

2. 启动应用程序（如 Word），通过网络打印机打印一篇文档。

3. 添加硬件"HP LaserJet 6L"激光打印机，端口为"LPT1:"，不共享，不打印测试页，然后将打印机界面保存到工作文件夹中，命名为"Printer.JPG"。

项目 5　组建办公网络

组建办公网络

PPT

素养提升 5
5G 应用扬帆

政府、事业单位及公司各部门间需要进行高效的信息交换、资源共享，节约硬件和软件资源，实现无纸化办公，并为员工提供准确、可靠的信息服务，提高工作效率，降低运作和管理成本，建立节约型机制，这是所追求的管理模式。

一个部门有可能只有一间办公室，也可能有多间办公室，但每间办公室都可看作是一个小型局域网。小型办公局域网为基础，从而为大型办公局域网的组建奠定基础。

教学导航

知识目标	● 了解办公局域网的特点和组建原则 ● 了解办公局域网的基本安全机制 ● 熟悉 IP 地址概念、分类、分配原则、规划方法 ● 熟悉拓扑结构类型和特点、网络测试命令、服务器空间分配原则
技能目标	● 能判断用户调查报告表是否合理，用户需求分析是否准确 ● 能熟练完成办公局域网基本配置及常见安全措施设置 ● 熟练掌握实时交流软件的使用，能应用该软件进行沟通交流 ● 能为不同的用户分配合适的服务器空间
素养目标	● 通过案例分享或阅读设备选购方案等让学习者知道需要合理利用已有设备，遵循够用、适用、节约资源、节约成本的原则 ● 通过查看案例，学会认真分析任务目标，做好与用户沟通交流，了解用户需求，树立以客户需求为中心、从全局考虑、加强整体规划的意识
教学方法	项目教学法、分组教学法、案例教学法
考核成绩 A 等标准	● 正确判定计算机当前的配置情况和网络服务安装情况 ● 正确连接各硬件设备 ● 按要求正确设置网络安全机制 ● 拓扑结构图、用户调查表、用户需求分析合理 ● 工作时不大声喧哗，遵守纪律，与同组成员间协作愉快，配合完成整个工作任务，保持工作环境清洁，任务完成后自动整理、归还工具、关闭电源
评价方式	教师评价+小组评价
操作流程	实践任务分析→用户调查分析→拓扑结构确定，绘制拓扑结构图→选购设备→查看、配置计算机硬件→IP 地址规划→配置计算机机软件→连接网络硬件→配置网络→测试网络
准备工作	● 分组：每 2~3 个学生一组，自主选择 1 人为组长 ● 每组准备 2~3 台没有任何配置的但硬件设备齐全的计算机 ● 每组 1 台服务器、1 台交换机 ● 网线若干、水晶头若干、实时交流软件
课时建议	6 课时（含课堂任务拓展）

项目描述

某公司是一家小型信息技术有限责任公司,有员工 50 余人,办公用计算机 45 台。随着公司规模的不断扩大,单机资源无法共享,文件传输需要使用 U 盘等工具复制,效率低下。由于工作内容零散、人力资源有限、成本投入等诸多因素影响,公司力求高效、经济适用的办公环境,实现办公自动化,提高办公效率。

根据办公信息化、自动化的需求,为了提高各部门间的办公效率,促进信息交流,适应现代化办公的要求,降低硬件投入成本,需要组建一个办公局域网。

项目分解

任务 5-1 的任务卡见表 5-1。

表 5-1 任务 5-1 任务卡

任务编号	005-1	任务名称	组建办公局域网需求分析与结构设计	计划工时	45 min
工作情境描述					
本项目是针对一家小型信息技术公司,该公司覆盖 2 栋建筑物,有 45 台左右办公用计算机,都能连接 Internet。公司有多个部门,不同部门之间访问要有限制。公司有自己的内部网页与外部网站,还有 OA 系统					
操作任务描述					
组建网络前,首先应进行组建需求分析,设计合理的网络结构,然后考虑建筑物结构与办公应用要求。 (1)对办公网络、环境及建筑物情况进行详细了解,完成调查分析 (2)分析局域网组建需求,撰写需求分析报告 (3)设计网络结构,设计网络拓扑结构					
操作任务分析					
通过对项目进行具体分析后,了解目前状况,首先应当完成需求分析,设计出网络结构。 (1)用户调查分析:可以面对面沟通或者电话沟通等方式详细了解网络情况,并做好记录,形成详细的调查分析报告 (2)撰写需求分析报告:在调查分析的基础上,获取网络组建所需的技术信息,形成需求分析报告,再次与用户沟通确认 (3)网络结构设计:按照用户需求,设计出网络结构,向用户详细阐述设计思想和设计目的,征得用户同意,在必要的情况下需要进行修改					

任务 5-2 的任务卡见表 5-2。

表 5-2 任务 5-2 任务卡

任务编号	005-2	任务名称	连接与配置办公局域网	计划工时	135 min
工作情境描述					
该信息技术有限公司规模不大,组建内部网络尽可能在达到性能的前提下节约成本,通过宽带接入,要求所有办公用机都能共享上网。文件和数据可在公司内部共享,通过 OA 传送数据。为了方便会议和交流等,需要实时通信					

续表

操作任务描述
就公司实际情况来看,既要完成内部通信,又要与 Internet 连接,还要共享资源,满足自动化办公需求,保证公司正常运转。每个用户的个人空间为 10 GB,公共空间为 500 GB。

操作任务分析
从描述信息可发现,所要构建的局域网是通过宽带共享上网,而且公司内部需要实现高效办公自动化。任务分解如下: (1)规划 IP 地址 (2)选购网络设备 (3)组建与配置网络 (4)实时交流软件安装与配置 (5)给每个用户分配 10 GB 个人专用空间,给所有用户分配 500 GB 公共空间 (6)网络测试

知识准备

【知识】结构化布线

结构化布线系统(Premises Distribution System,PDS)是指按标准、统一和简单的结构化方式编制和布置各种建筑物(或建筑群)内各种系统的通信线路,包括网络系统、电话系统、监控系统、电源系统、照明系统等。因此,综合布线系统是一种标准通用的信息传输系统。

结构化布线的各子系统如图 5-1 所示。

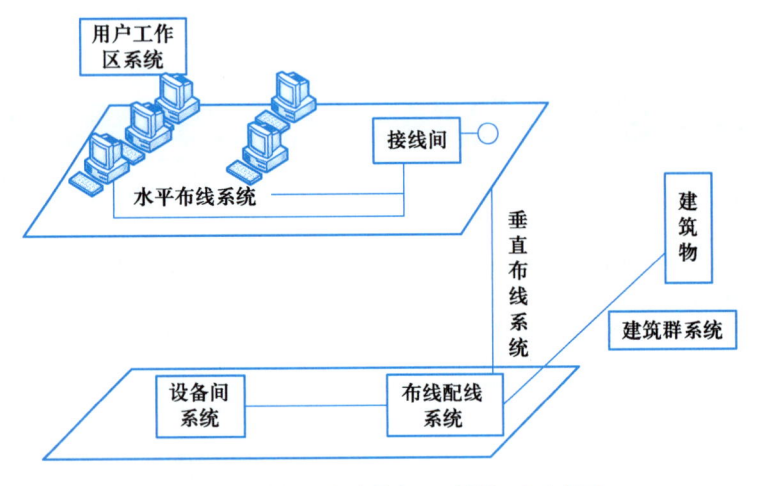

图 5-1 结构化布线的各子系统组成示意图

任务实施

任务实施流程见表 5-3。

表 5-3　任务实施流程

工具准备		
工具/材料/设备名称	数量与单位	说　　明
独立或集成网卡	1 块/台计算机	网卡接口与计算机插槽匹配
网卡驱动程序	1 个	与网卡匹配
螺钉旋具（十字+一字）	1 把/人	拧紧或拧松螺钉
打印机	1 台/组	共享打印机
计算机	3 台/组	
服务器	1 台/组	硬盘容量 1 TB，内存 1 GB，安装刻录机和 UPS

参考资料

1. 充分利用互联网上的海量资源
2. 拓扑结构
3. IP 地址分类、规划要求、划分方法
4. 需求分析报告、用户调查报告样本
5. Visio 软件的帮助文件或使用文档
6. 实时交流软件的使用教程
7. 服务器空间分配方法与目标
8. 材料和设备清单（空表）

实施流程

1. 阅读【知识准备】，如果不够，则查找参考资料学习相关知识
2. 了解项目背景
3. 分解并规划、布置任务，并让小组每个成员都知晓各自的任务、整体任务目标
4. 填写材料和设备清单，准备和领取实验工具与材料
5. 根据【任务实施】任务先后顺序与步骤完成具体安装或配置任务，在完成每个小任务后测试任务完成情况，保证任务 100% 完成
6. 选购网络设备
7. 连接网络硬件，组建并配置办公网络
8. 给不同的网络用户分配合适的服务器空间，并设置相应的使用权限
9. 待所有任务完成后，测试整体任务，最终能否实现计算机间的通信、OA 系统应用

任务 5-1　组建办公网络需求分析与结构设计

任务 5-1-1　用户调查分析

用户调查是需求分析的重要环节，可以直接与办公室主任、经理及成员进行面对面的调查，也可以通过电话或其他方式进行调查，填写表 5-4 的调查报告表。

表 5-4　调查报告表

调查内容	调查选项
	填写说明：在符合项后划 √
公司办公室地址	
公司网络覆盖情况	光纤网络（　　）　双绞线网络（　　） 其他_____
办公室设备情况 （填写数字）	共（　　）台计算机，其中便携式（　　）台，台式机（　　）台；打印机（　　）台； 其他办公设备_____ （　　）个办公室组成一个网络，最大通信距离为（　　）米，数据传输速率为（　　） 协商查看办公室物理布局图
已经选择或准备选择 的网络运营商是	中国电信（　　）；中国移动（　　）；中国联通（　　）；其他（　　） 说明：如为其他，请写明具体的运营商
目前已有连接设备	无线路由器（　　）；交换机（　　）；普通路由器（　　）；没有（　　）；其他（　　） 说明：如为其他，请写明具体的设备名称及型号
连接设备的品牌	思科（　　）；TP-Link（　　）；D-Link（　　）；中兴（　　）；其他（　　） 说明：如为其他，请写明具体的设备品牌
有哪些网络安全要求	上网安全（　　）；信息安全（　　）
有哪些应用要求	共享访问 Internet（　　）；共享打印机（　　）；文件共享（　　）
公司规模（填写数字）	（　　）人，（有　　无　　）大规模扩展计划
是否同意以上内容	情况属实（　　） 说明：调查人和被调查人签名确认

任务 5-1-2　需求分析

组建办公局域网，首先应详细分析要办公局域网的需求，然后根据不同公司和企业性质、规模大小等条件差异，确定网络组建要求。

1. 组网原则

设计人员在设计过程中首先要确定设计目标，根据具体情况，办公局域网中计算机网络的规划、设置和实施中需要遵循的原则如下：

① 功能性：满足用户需求的网络功能。

② 开放性、可扩展性：要求采用开放的技术和标准选择主流的操作系统及应用软件，保障系统能够适应公司未来几年的业务发展需求，便于网络的扩展和公司的结构变更等。

③ 可管理性：系统中应提供尽量多的管理方式和管理工具，便于系统管理员在任何位置都能方便地管理整个系统。

④ 高稳定性与可靠性：系统的运行应具有高稳定性，保障全天 24 小时的高性能无故障运行。

2. 组网需求分析

根据公司实际情况分析，该网络的具体需求如下：

步骤 1：辨别目标和约束，获悉组网相关信息。

① 目前办公局域网主要覆盖两栋建筑物，办公室数目不多。
② 与 Internet 的连接采用电信网络，电信的接口已经安装在办公室的墙壁上，可以使用。
③ 该公司有 45 台计算机、1 台打印机、1 个光纤猫（没有路由功能）及对应的连接线。
④ 为了保证办公室整齐划一，同时方便网络和电源连接，办公桌尽量沿墙摆放。
⑤ 公司申请的是 8 Mbit 宽带接入，即接入 Internet 的速率为 8 Mbit/s。
⑥ 公司目前没有招聘新员工计划，但业务扩展后可能会增加员工。
⑦ 在价格浮动不到 8% 的情况下，在确保网络性能的情况下，要保证能随时上网。
⑧ 该局域网中的计算机主要用于办公之需，不需要经常移动。

步骤 2：明确用户功能要求，了解局域网基本应用。

（1）共享上网、共享硬件设备

① 如果打印机、传真机、扫描仪等硬件设备都可以通过局域网共享，供网络中所有用户共同使用，则可以节省大量硬件设备投资。
② 整个办公网络只用 1 个账号上网，则可免去申请网络账号的费用。

（2）文件集中管理及共享资源

① 出于安全考虑，要求把工作类的文件集中存放在网络中的一台服务器上集中管理。一方面便于查看、管理和备份，另一方面也减少了数据丢失、损坏的概率，提高了数据安全性。
② 为了保证应用程序、通知、政策法规、技术资料等传输快捷和方便，提供给多人在需要的时候使用，可以共享这些资料。

（3）用户因业务等上网的时间可能比较集中。
（4）根据公司业务发展和公司规模的变化，公司网络规模需要扩展。
（5）该办公室的所有计算机都通过电信接口上网。
（6）公司能够给每个员工分配一定数量的私有空间，用于备份数据。
（7）公司能够给所有员工分配一定数量的公用空间，用于备份数据。

步骤 3：从技术角度来分析网络的功能能否满足用户需要。

① 局域网连接方式。因为主要应用于办公室内的办公，移动性不强，因此放弃无线组网的方法，而采用有线连接的方式。
② 技术选择。通常使用的解决方案有 3 种，见表 5-5。

方案 1：选择一台性能较好的计算机作为服务器，安装两块网卡（一块网卡连接 Internet，另一块网卡连接交换机），然后安装一个代理软件（如 WinGate），其他计算机连到交换机上，通过这台服务器上网。

方案 2：选择一台路由器连接 Internet 和交换机，将所有计算机连接在交换机上，通过路由器上网。

方案 3：使用带路由功能的光纤猫连接 Internet 和交换机，所有计算机连接在交换机上，通过带路由功能的光纤猫上网。

表 5-5 上网方式

方案	方案 1	方案 2	方案 3
接入 Internet 方式	光纤上网		
互联设备	代理服务器+交换机	路由器+交换机	带路由功能的光纤猫+交换机
上网情况	代理服务器关机的情况下，不能上网	随时能上网	随时能上网
成本	如果没有现成的计算机则需要购买新计算机来做代理服务器，在有计算机的情况下成本较低	购买小型路由器	购买带路由功能的光纤猫

> **笔记**

通过比较 3 种方案中增加设备情况，以及通过查询增加设备的价格和性能可发现，购买一个小型路由器只需 100 元左右，增加费用不超过总费用的 8%，且性能可得到提高。如果购买带路由功能的光纤猫，一方面，其性能没有单独的路由器好，另一方面会造成已购买的不带路由功能的设备闲置。如果采用代理服务器的方式，则需要购买计算机，增加成本较高，且当代理服务器关闭时，会造成不能上网，不是很方便。因此，选用第 2 种方案。

③ 设备选择。采用第 2 种组建方案，也就意味着局域网中的主要设备是路由器和交换机。这些设备在技术上具有先进性、通用性、可扩展性、可升级性，同时便于管理、维护。

考虑设备兼容性、稳定性和转发速率，在满足性能指标和成本因素的情况下，尽量选择同一品牌的交换机和路由器。目前公司拥有 45 台计算机，可以选择 48 口的交换机。

因目前智能手机、便携式计算机使用广泛，在核心交换机上需要考虑连接无线控制器，办公室内要连接无线 AP，在此不做详细描述，在无线部分再做探讨。

步骤 4：拓扑结构需求分析。

该局域网需连接的设备总量不超过 50 台，覆盖两栋楼，为方便计算机的增加和删除，选择星形拓扑结构或混合型拓扑结构，以便于组建和管理网络。

步骤 5：网络扩展性。

设计网络时，应保证网络在 3~5 年内不落后，一方面，应考虑交换机有剩余的端口，另一方面，在墙内预理网线和墙上安装信息插座时要考虑扩展性，避免在布线工程完成后因扩展而需走明线，这样不但会影响办公室的布局和美观，还会留下安全隐患。

整理上述需求，撰写需求分析报告，并交给公司的经理或负责人确认。

任务 5-1-3 办公网络结构设计

该局域网的结构很简单，可使用 Visio 软件完成拓扑结构图的绘制（拓扑结构图的绘制步骤参照基础篇项目 1）。设计并绘制了如图 5-2 所示的局域网拓扑结构图。

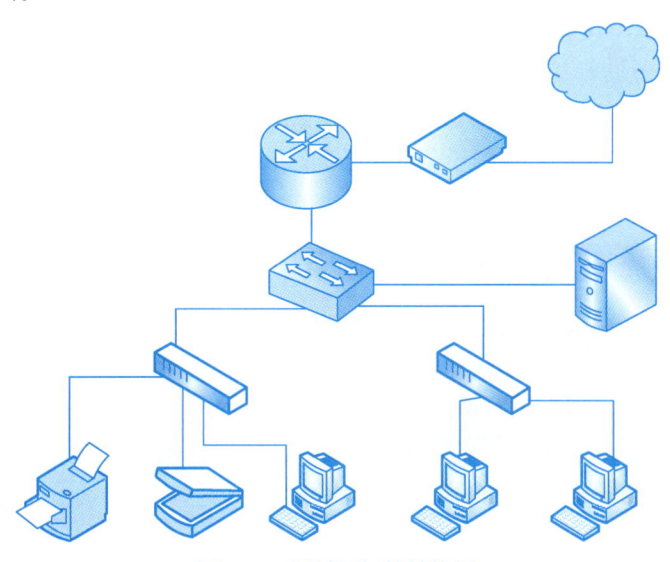

图 5-2 局域网拓扑结构图

本公司内部网络使用交换机连接,每栋楼放置一台 48 口的交换机,每栋楼中的服务器和计算机终端都连接到交换机上。

任务 5-2 连接与配置办公网络

任务 5-2-1 规划办公网络 IP 地址

规划 IP 地址分配是一个结构化过程,应妥善规划和记录网络内部地址的分配才能防止地址重复、控制访问、监控安全和性能。需要规划地址主机包括用户使用的终端设备、服务器和外围设备的 IP 地址,以及可以从 Internet 访问的主机及中间设备的 IP 地址。

在基于 TCP/IP 的网络中,每台设备都需要以 IP 地址来标识网络位置,因此,在设计规划网络方案时,首先要为网上所有设备包括服务器、客户机、打印服务器等分配唯一合法的 IP 地址,这就是 IP 地址规划。组建办公局域网要用到两种 IP 地址:一种为合法 IP 地址(广域网端口地址),另一种为私有 IP 地址(与本地网络点相连的网关地址)。本项目中,整个办公网的 IP 地址段为 192.168.0.1 ~ 192.168.0.254,办公网通过路由器连接到 Internet,路由器的 IP 地址为 192.168.0.1。

首先需要考虑如下几个方面。

(1) **准备连接到网络的设备是否多于 ISP 为该网络分配的公有地址数**

目前需要连接的计算机有 45 台,通信服务器 1 台(用于提供共享连接,使局域网工作站能共享 Internet),打印服务器每栋楼 1 台(安放在办公大楼一楼,便于公共打印),文件服务器 1 台(用于存放公司的所有文件)。因此,本办公局域网需连接的终端设备有 48 台。申请了 1 个公有地址，公有地址数少于连接的网络设备，需要为内部网络中的设备分配私有地址。

（2）是否需要从本地网络外部访问这些设备

本地网络需要查询信息、联系业务，就需要保持与互联网通畅。

（3）分配了私有地址的设备需要访问 Internet，网络能否提供网络地址转换（NAT）服务

任务 5-2-2　选购办公网络设备

根据需求分析，并对办公室实地勘察后，以一个大办公室为例，绘制物理布局图。

步骤 1：绘制物理布局图。

① 分析：该办公室的尺寸是 5 m×10 m，有一扇门，沿墙摆放 14 台计算机。

② 绘制的拓扑布局图如图 5-3 所示。

步骤 2：选购网络设备。

（1）交换机选购

在该局域网的组建中，需连接 45 台计算机，3 台服务器，还需一个端口连接路由器，网络需要覆盖两栋建筑物。根据交换机的端口数和价格，决定选择两台 48 口的交换机，既满足了当前的连接要求，又为以后的发展预留了空间，若以后有扩展，只需要把网线插入交换机其余端口就行。

另外，整个局域网规模不大，功能需求不多，可选择比较流行、性能较好的 TP-LINK TL-SG5452 产品，其外观结构如图 5-4 所示。

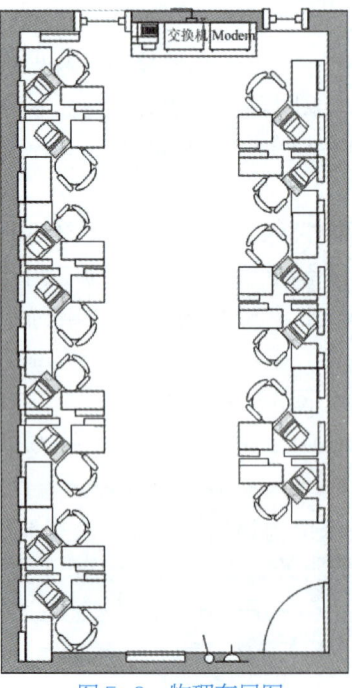

图 5-3　物理布局图　　　　图 5-4　交换机产品外观图

该产品具体参数见表 5-6。

表 5-6　产品参数列表

参数	应用类型	背板带宽/Gbit/s	传输速率/Mbit/s	固定端口数	网络报价/元	端口描述	传输模式	功能特性
值	网管交换机	48	10/100/1000	52	2879~3033	48 个 10/100/1000 Mbit/s RJ45 端口，4 个独立的千兆 SFP 光纤口	全双工/半双工自适应	支持 VLAN、网络管理、安全管理

（2）路由器选购

路由器是直接连接内网和外网的桥梁，由于采用的是宽带接入，就需要购买支持宽带接入的路由器。目前市场上大部分路由器都支持 xDSL 接入（包含 ADSL 宽带接入），因此只需要考虑路由器的性能和功能，可采用 TP-LINK 路由器。该路由器的外观结构如图 5-5 所示。

该路由器提供 4 个 10/100 Mbit/s 以太网端口和 1 个广域网端口，内置 AC 功能，可统一管理 TP-LINK 企业 AP，上网行为管理，规范员工网络使用，Web/Radius 等多种认证方式，管控上网权限，支持设置 MAC 地址过滤黑白名单、访问控制列表，保障内外网安全。

图 5-5　路由器产品外观结构图

（3）布线介质选择

在该局域网中连接的是普通办公用户，可使用普通的双绞线。网络设备摆放在办公室中心，连接计算机的网线不用很长，用户可根据实际情况选择。

楼内综合布线的垂直子系统采用多模光纤，每层楼到一层机房用两条 12 芯室内多模光纤。建筑之间通过两条 12 芯的室外单模光纤连接。要求所有信息点接入网络，关闭目前不用的信息点。

（4）机柜

在摆放路由器和交换机的位置安装一个便于散热的柜子，将路由器和交换机摆放在里面，便于散热和查线，因为如果散热困难、温度较高，则很容易造成网络的不稳定。

任务 5-2-3　组建与配置办公网络

局域网一般由网络硬件和网络软件两大部分组成。网络硬件主要包括网络服务器、工作站、外设、路由器以及网间互连线路等。网络软件主要是指网络操作系统和满足特定应用要求的网络应用软件。

1. 组建网络（硬件连接）

网络设备购置好后，只要将各个设备连接起来就构成了一个网络。

（1）连接光纤猫与 Internet

根据拓扑结构图，将宽带设备附带的 LINE 线接入电信接口。

（2）连接光纤猫与路由器

将宽带设备附带的网线一端接入宽带设备的 Ethernet 口，另一端接入路由器的 WAN 口，并把光纤猫接上电源，暂不开启电源。

（3）连接路由器与交换机

将交换机连接到路由器的 LAN 口。

（4）连接交换机与计算机

把计算机全部接入交换机的各个端口，在连接时，做好连接标记，以备今后故障检测与定位。

2. 配置网络

（1）设置宽带拨号（详见基础篇项目 2 的设置）

（2）设置路由器的路由功能

步骤 1：打开一台主机，将其 TCP/IP 属性按如图 5-6 所示设置。

图 5-6　TCP/IP 属性设置

步骤 2：打开浏览器，在浏览器的地址栏中输入http://192.168.0.1（管理地址，查看设备上的标识获取），如图 5-7 所示。

图 5-7　地址输入示意图

步骤 3：按 Enter 键，打开如图 5-8 所示的路由器登录界面，输入用户名和密码。

图 5-8　输入用户名和密码

> 注意：192.168.0.1 是路由器基于 Web 管理方式的默认地址（具体的地址信息可查看设备说明书）。其默认用户名和密码都为 admin。当忘记了登录用户名和密码时，可以将路由器复位，采用默认用户名和密码登录进去后再修改密码，然后保存设置。

步骤 4：单击"登录"按钮，打开路由器管理页面，打开如图 5-9 所示的路由设置向导。

图 5-9　连接方式选择界面

按照设置向导和实际需求逐项（网络状态、设备管理、应用管理等）进行设置，如图 5-10 所示。

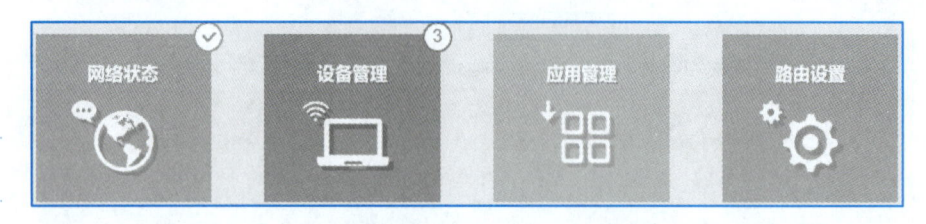

图 5-10　设置向导界面

（3）个人计算机 TCP/IP 属性设置

TCP/IP 属性的详细设置过程参见基础篇的项目 1。

将局域网内每台计算机的 IP 地址和 DNS 服务器地址设置为自动获取，如图 5-11 所示。

图 5-11　TCP/IP 属性设置—自动获取 IP 地址和 DNS 服务器地址

任务 5-2-4　安装与配置办公网络实时交流软件

在公司日常办公的过程中，企业决策部门需要通过网络迅速地将有关决定和文件发送给各相关部门，各部门的报表等资料需要及时反馈给决策部门，公司内部信息沟通要求可靠、快捷。例如，办公室网络的项目组需要分配任务、协商解决问题等，但又不可能随时召集员工现场开会，可以通过 Microsoft NetMeeting 来实现网络中各计算机之间的通信，当然也可以通过 Internet 连接远程用户，就好像面对面一起讨论问题一样。

1. Microsoft NetMeeting 软件

Microsoft NetMeeting 为全球用户提供的一种通过 Internet 进行交谈、召开会议、工作以及共享程序的全新方式。

（1）Microsoft NetMeeting 的功能

① 通过 Internet 或 Intranet 向用户发送呼叫，与用户交谈。

② 被呼叫的用户与其他用户共享同一应用程序。

③ 在联机会议中使用白板画图。

④ 检查快速拨号列表，看看哪些朋友已经登录。

⑤ 在自己的 Web 页上创建呼叫链接，向参加会议的每位用户发送文件。

（2）使用 NetMeeting 进行视频交流需准备的条件

① 1 台能上网的计算机。

② 1 个麦克风（简称 MIC，如果没有就无法将自己说的话传出去）。

③ 1 个摄像头（简称 CAM，如果没有就无法将自己的影像传出去）。

④ 1 对音箱（如果没有就无法听到对方说的话）。

摄像头拍摄的视频信息可以通过 Internet 传送到对方的屏幕上。NetMeeting 是 Internet Explorer 的套件之一，如果没有安装 NetMeeting，则可到网上下载安装。

2. Microsoft NetMeeting 软件安装

一些公司禁止使用 QQ 等聊天工具，给大家网上沟通增加了障碍，此时可以使用微软系统附带的 NetMeeting 软件。具体安装步骤如下。

步骤 1：检测是否安装有 NetMeeting 软件。

按 Win+R 组合键，打开"运行"对话框，在对话框中输入"conf"，然后单击该对话框中的"确定"按钮。如果弹出"NetMeeting"的对话框，说明该软件已经安装。如果弹出"Windows 找不到文件'conf'"的提示对话框，则说明系统中没有安装该软件。如果没有安装该软件，则需进入步骤 2，完成软件安装。如果已经安装，则进入步骤 3 进行软件设置。

步骤 2：安装软件。

在其官网下载 NetMeeting 软件，双击打开安装文件，进入软件安装界面，根据向导提示一步步操作，直到看到"NetMeeting 已成功安装"的界面，整个安装过程完成。

步骤 3：设置软件。

① 在"运行"对话框中输入"conf"，然后单击该对话框中的"确定"按钮，打开如图 5-12 所示的"NetMeeting"对话框。

② 单击"下一步"按钮，打开如图 5-13 所示的界面，要求填写个人信息，在各对应的文本框中输入要求的内容。

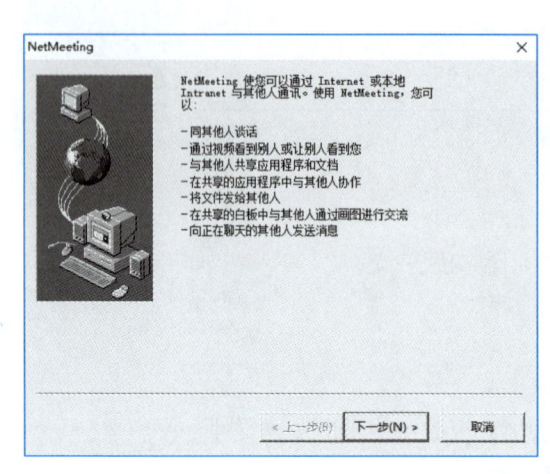

图 5-12 "NetMeeting"对话框 　　　　　　图 5-13 个人信息输入界面

　　③ 输入完毕后,单击"下一步"按钮,打开如图 5-14 所示的界面,在该界面设置 NetMeeting 的目录服务器。另外在服务器中选择是否隐身。

　　④ 单击"下一步"按钮,打开如图 5-15 所示的界面,这里只是设置使用的网络。可根据网络连接的实际情况选择,一般办公室网络都会采用局域网连接,当然也有的小型公司是采用电信的宽带接入。

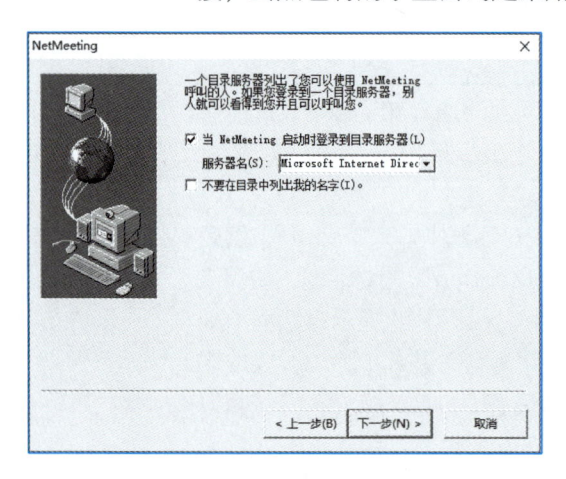

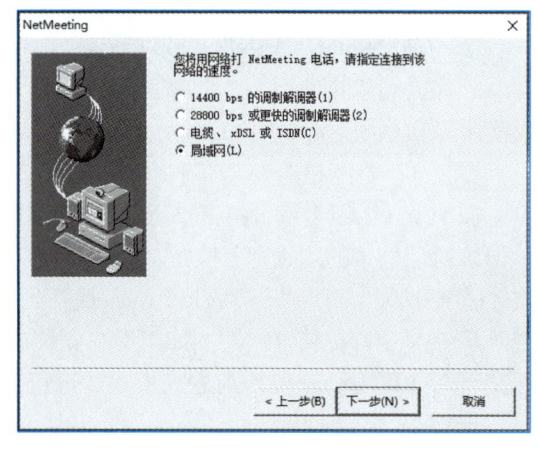

图 5-14 设定目录服务器界面 　　　　　　图 5-15 设置网络界面

　　⑤ 单击"下一步"按钮,打开如图 5-16 所示的界面,设定主要的视频捕获设备。

　　⑥ 单击"下一步"按钮,打开如图 5-17 所示的界面,以确定是否在桌面和快捷启动栏设置快捷方式,根据个人使用习惯选择即可。

　　⑦ 单击"下一步"按钮,打开如图 5-18 所示的音频调节向导界面,根据提示信息进行相应操作即可。

　　⑧ 单击"下一步"按钮,打开如图 5-19 所示的音量调节界面,选择音频设备后并调节音量。

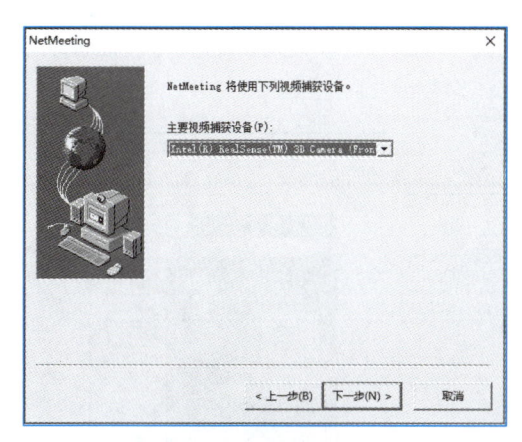

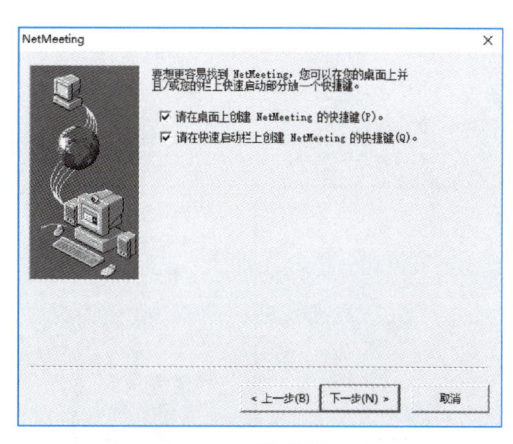

图 5-16　视频捕获设备界面　　　　　　图 5-17　设置快捷键方式界面

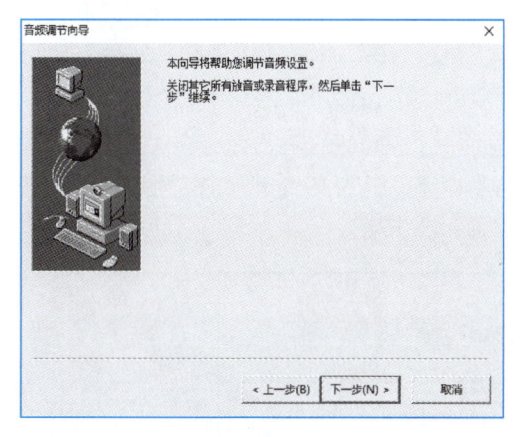

图 5-18　音频调节向导界面　　　　　　图 5-19　音量调节界面

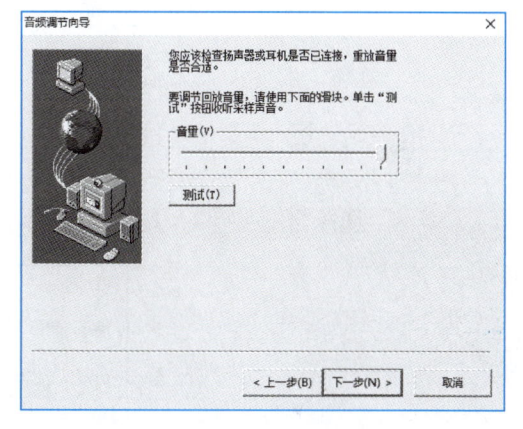

⑨ 单击"下一步"按钮，打开如图 5-20 所示的录音音量调节界面，可根据需要调节录音音量。

⑩ 单击"下一步"按钮，直到整个向导完成，则该软件设置完毕。打开如图 5-21 所示的软件工作界面。

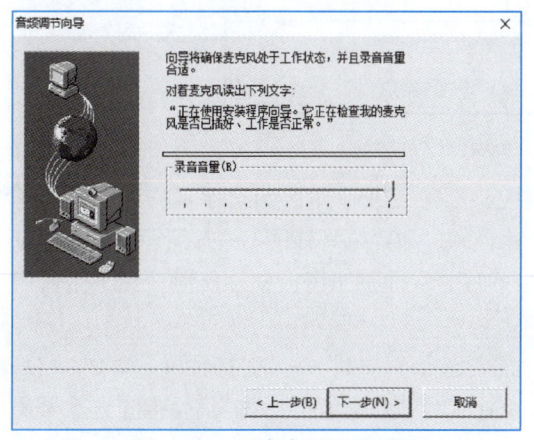

图 5-20　录音音量调节界面　　　　图 5-21　NetMeeting 软件工作界面

⑪ 在该界面中，可以使用工具中的选项，实现呼叫、主持会议等功能。选择"呼叫"菜单项，弹出如图 5-22 所示的下拉菜单。

图 5-22　NetMeeting 软件"呼叫"菜单项

⑫ 在菜单中选择"新呼叫"命令，打开如图 5-23 所示的"发出呼叫"对话框，在"到"组合框中输入需要呼叫计算机的 IP 地址，在"使用"组合框中选择合适的呼叫方式，然后单击"呼叫"按钮。

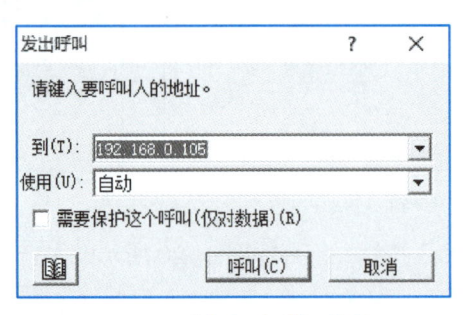

图 5-23　"发出呼叫"对话框

⑬ 单击"呼叫"按钮后，会打开如图 5-24 所示的正在等待响应的提示框。

图 5-24　正在等待响应

⑭ 如果呼叫的计算机产生响应，即可完成呼叫；如果呼叫的计算机未开机或无法连接网络（局域网或 Internet），则会打开如图 5-25 所示的提示框。

连接对方后，可以使用软件最下方的快捷按钮进行文件传输、文字传输和画板作图等操作。

⑮ 如果用户是会议主持者，则需要选择"呼叫"→"主持会议"命令，打开如图 5-26 所示的对话框，在该对话框中填写"会议名称"，如果不希望非与会成员参与进来，还可以设置会议密码，只有知道密码的成员才可以进入会议，从而保证

会议的安全性。还可以对呼叫方式和会议工具进行选择。如选中"只有您可以发出拨出呼叫"复选框，则会议成员必须由会议主持者来邀请，其他成员无权呼出。

图 5-25　呼叫不成功　　　　图 5-26　"主持会议"对话框

⑯ 各工具快捷方式如图 5-27 所示。

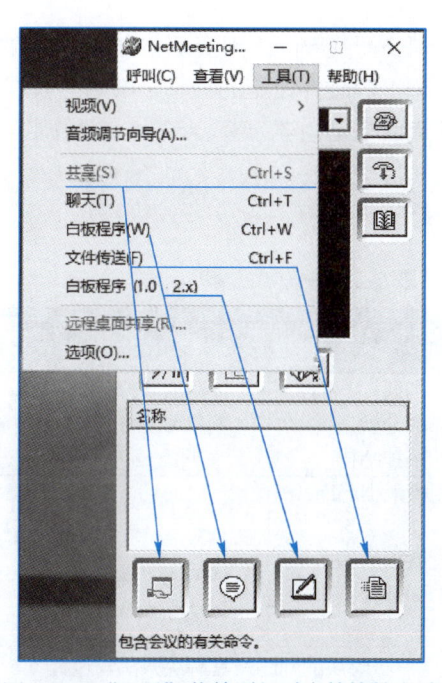

图 5-27　"工具"菜单项与对应的快捷方式

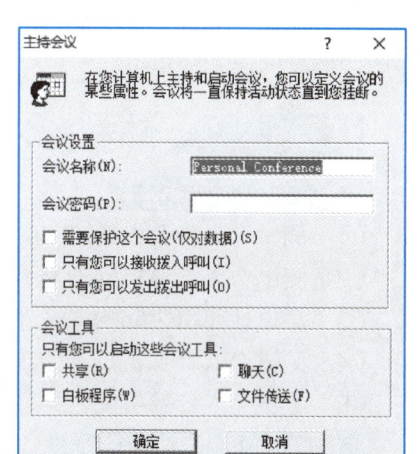

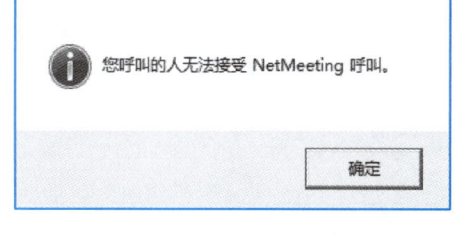

选择"工具"→"共享"菜单命令，可使 NetMeeting 的每个用户都可以直接操作该共享的文件或应用程序。在选择需要共享的文件和程序后，依次单击"共享"按钮、"允许控制"按钮，选中"自动接受控制请求"复选框，使得对方拥有请求控制权，在得到控制权后，用户就可以编辑、修改共享文件。

> **笔记**

在"共享"控制权使用完后,执行"控制"按钮,然后单击"释放控制"按钮,对方才能使用。

NetMeeting 除了能共享文件、应用程序外,还可以通过"远程桌面共享"让用户控制远程的计算机。

任务 5-2-5 测试办公网络

1. 测试网络连通性

(1)测试个人计算机 TCP/IP 安装是否正确
(2)测试个人计算机网卡是否工作正常
(3)测试计算机之间的连通性,个人计算机之间是否能相互访问
(4)测试个人计算机是否能正常上网
(5)测试个人计算机能否共享打印机服务

2. 实时交流软件应用测试

检查所安装的实时交流软件能否正常运行并能否实现实时交流。

实施评价

办公局域网能实现公司或部门内部资源共享,简化数据交换的操作。同时可以实现扫描仪、打印机等硬件设施的共享,节省办公成本。

本项目的主要训练目标是让学习者学会办公局域网结构设计、合理分配和使用 IP 地址。

任务实施情况小结见表 5-7。

表 5-7 任务实施情况小结

序号	知识	技能	态度	重要程度	自我评价	老师评价
1	● 需求分析内容与目标 ● 拓扑结构	○ 与用户恰当沟通 ○ 准确完成需求分析 ○ 设计合理的拓扑结构	◎ 耐心解释 ◎ 细致分析、条理清楚	★★★		
2	● 私有和公有 IP 地址 ● 实时交流软件 ● 网络设备的性能参数	○ 根据网络规模大小选择 IP 地址网段 ○ 熟练配置互联网络设备 ○ 成功安装和配置实时交流软件	◎ 认真分析操作环境 ◎ 积极思考并努力解决问题	★★★★★		
任务实施过程中已经解决的问题及其解决方法与过程							
问题描述			解决方法与过程			
1.						
2.						
任务实施过程中未解决的主要问题							

任务拓展

拓展任务　服务器空间分配

1. 任务拓展卡

任务拓展卡见表 5-8。

表 5-8　任务拓展的任务卡

任务编号	005-3	任务名称	动态分配同网段的两段地址	计划工时	45 min
任务描述					
要在一台服务器上动态分配 192.168.1.1 ~ 192.168.1.30，192.168.1.40 ~ 192.168.1.80 的地址，该如何设置动态分配的地址范围？为了便于资源共享和数据备份，局域网中专门使用了一台服务器，为每个员工分配 10 GB 的私有空间、500 GB 的公用空间。可通过磁盘配额来限定用户私有空间大小，但磁盘格式必须为 NTFS 格式					
任务分析					
该任务是在不同的资源需要不同存储空间的基础上，给员工一定的私有空间，用于存放个人的资料。另外，共同使用或需要保存备档的资料可存放在办公室的公共空间，以方便随时调阅，主要任务如下： （1）分配私有空间 （2）分配公共空间 （3）设定权限					

2. 拓展任务完成过程提示

（1）文件系统转换

步骤 1：查看文件系统格式，如为 FAT32 格式，则需转换为 NTFS 格式。

步骤 2：转换格式。

方式 1：

① 系统安装完成后，在"此电脑"窗口中，右击 F 驱动器，从弹出的快捷菜单中选择"格式化"命令，打开如图 5-28 所示"格式化"对话框。

② 在"文件系统"下拉列表中选择 NTFS 格式，然后单击"开始"按钮，即可将该分区格式化为 NTFS 格式。

方式 2：

① 按 Win+R 组合键，打开"运行"对话框，在其中输入"cmd"命令，单击"确定"按钮，进入 DOS 命令提示框。

② 转换到需要转换格式的磁盘下，在 DOS 提示符下输入"convert 卷标 /FS：NTFS"，按 Enter 键则可将文件系统转换为 NTFS 格式。

（2）分配私有空间

分配私有空间可以分两步来完成，首先创建一个私有空间，然后再限制空间的大小。下面创建 01 用户的私有空间。

步骤 1：在磁盘分区上创建一个文件夹，将其命名为 Backup01，用于存放用户 01 的所有数据，即 01 的私有空间。

微课
创建用户的私有空间

步骤 2：右击该文件夹，从弹出的快捷菜单中选择"共享"命令，设置文件夹共享，设置完成后，鼠标右击，在弹出的快捷菜单中选择"属性"命令，打开"Backup01 属性"对话框，单击"高级共享"按钮，打开如图 5-29 所示"高级共享"对话框。

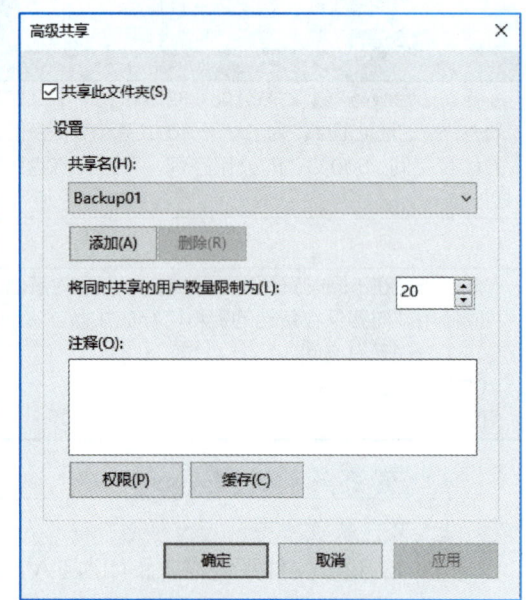

图 5-28 "格式化"对话框   图 5-29 "高级共享"对话框

步骤 3：单击"权限"按钮，设置只有 01 用户对 Backup 文件夹具有访问权限。

（3）限制私有空间大小

为用户分配完私有空间后，还需要对其使用的空间大小做限制，步骤如下。

步骤 1：打开"此电脑"窗口，右击 NTFS 格式的驱动器，从弹出的快捷菜单中选择"属性"命令，打开磁盘"属性"对话框。

步骤 2：选择"配额"选项卡，并选中"启用配额管理"和"拒绝将磁盘空间给超过配额限制的用户"复选框，如图 5-30 所示。

步骤 3：单击"配额项"按钮，打开如图 5-31 所示的配额项窗口。

步骤 4：选择"配额"→"新建配额项"菜单命令，打开"选择用户"对话框，选择需要限制磁盘空间的用户，连续单击"确定"按钮，打开如图 5-32 所示的对话框。

步骤 5：选中"将磁盘空间限制为"单选按钮，并设置合适的空间大小，如500 MB。单击"确定"按钮，将用户添加到"配额项"对话框中，这时，用户01只能完全控制该驱动器中的文件夹Backup01，且空间大小为500MB，当超过该限制时，将显示拒绝访问。

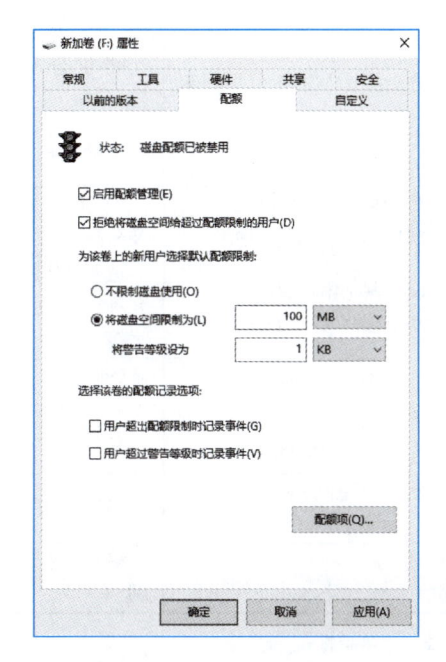

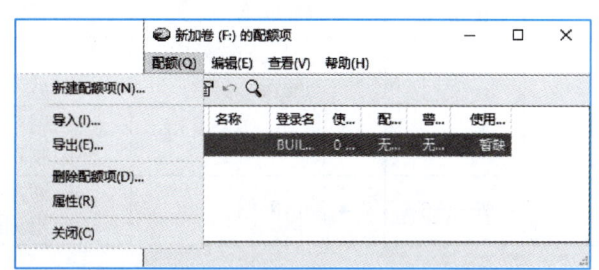

图 5-30 启用磁盘配额

图 5-31 配额项窗口

图 5-32 "添加新配额项"对话框

公用空间的分配方法相对于私有空间的分配方法要简单得多，只需要建立一个文件夹，并将其设置为完全共享即可，默认情况下，所有用户（Everyone）都具有完全控制权限。但是，该文件夹不要建立在经过磁盘配额（即分配私用空间）后的驱动器中，因为经过磁盘配额后，会限制用户完全控制磁盘空间的大小。

项目总结

本项目知识技能考核要点见表5-9，思维导图如图5-33所示。

表 5-9　知识技能考核要点

任务	考核要点		考核目标	建议考核方式
5-1	5-1-1	● 用户调查分析报告	○ 学会设计调查分析内容，撰写调查分析报告	调查分析报告
	5-1-2	● 需求分析内容和目标	○ 学会需求分析和撰写需求分析报告	需求分析报告
	5-1-3	● 网络拓扑结构	○ 选择恰当的拓扑结构类型 ○ 设计正确的拓扑结构	拓扑结构图
5-2	5-2-1	● IP 地址规划	○ 分清楚私有地址与公有地址 ○ 根据公司规模合理分配 IP 地址	IP 地址网段及分配方法
	5-2-2	● 选购网络设备	○ 熟悉网络设备品牌和参数 ○ 选择符合网络设计要求的设备	选购的设备名称、参数、型号等
	5-2-3	● 组建网络	○ 根据拓扑结构图连接好网络	实际操作
	5-2-4	● 实时交流软件安装与配置	○ 选择合适的实时交流软件 ○ 下载、安装、配置实时交流软件	安装截图
	5-2-5	● 磁盘配额	○ 给用户分配私有空间和公有空间 ○ 限制私有空间大小	设置结果
	5-2-6	● 测试网络	○ 连通性测试 ○ 应用测试	测试结果截图

笔 记

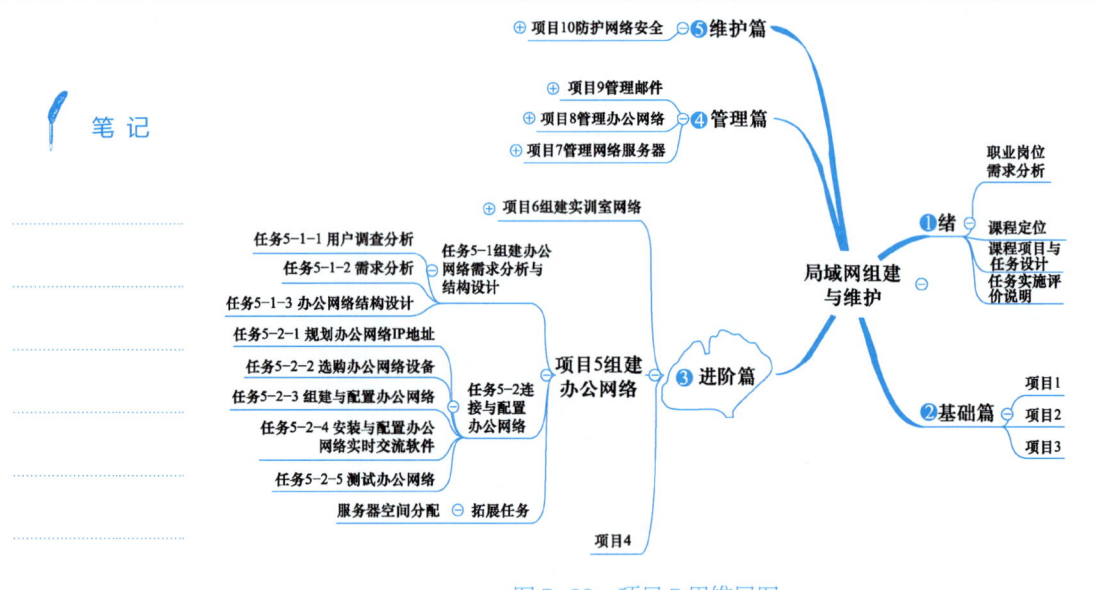

图 5-33　项目 5 思维导图

思考与练习

一、选择题

1. 下面关于以太网交换机部署方式的描述中，正确的是_____。

A. 如果通过专用端口对交换机进行级连,则要使用交叉双绞线
B. 同一品牌的交换机才能够使用级联模式连接
C. 把各个交换机连接到高速交换中心形成菊花链堆叠的连接模式
D. 多个交换机矩阵堆叠后可当成一个交换机使用和管理

2. 关于 ADSL 接入技术,下面的论述中不正确的是_____。
   A. ADSL 采用不对称的传输技术　　　B. ADSL 采用了时分复用技术
   C. ADSL 的下行速率可达 8 Mbit/s　　D. ADSL 采用了频分复用技术

3. 仿真终端与交换机控制台端口_____。
   A. 通过 Internet 连接　　　　　　　B. 用 RS-232 电缆连接
   C. 用电话线连接　　　　　　　　　D. 通过局域网连接

4. 一个 8 口的 10BASE-T 集线器,每个端口的平均带宽是___(1)___。一个 8 口的 10BASE-T 交换机,一个端口通信的数据速率(半双工)最大可以达到___(2)___。
   (1) A. 10 Mbit/s　　B. 8 Mbit/s　　C. 2 Mbit/s　　D. 1.25 Mbit/s
   (2) A. 10 Mbit/s　　B. 8 Mbit/s　　C. 2 Mbit/s　　D. 1.25 Mbit/s

5. 阅读以下说明,回答[问题 1]~[问题 3]。
   某网络拓扑结构如图 5-34 所示,网络中心设在图书馆,均采用静态 IP 接入。
   【问题 1】由图 5-33 可见,图书馆与行政楼相距 350 米,图书馆与实训中心相距 650 米,均采用千兆连接,那么①处应选择的通信介质是___(1)___,②处应选择的通信介质是___(2)___,选择这两处介质的理由是___(3)___。

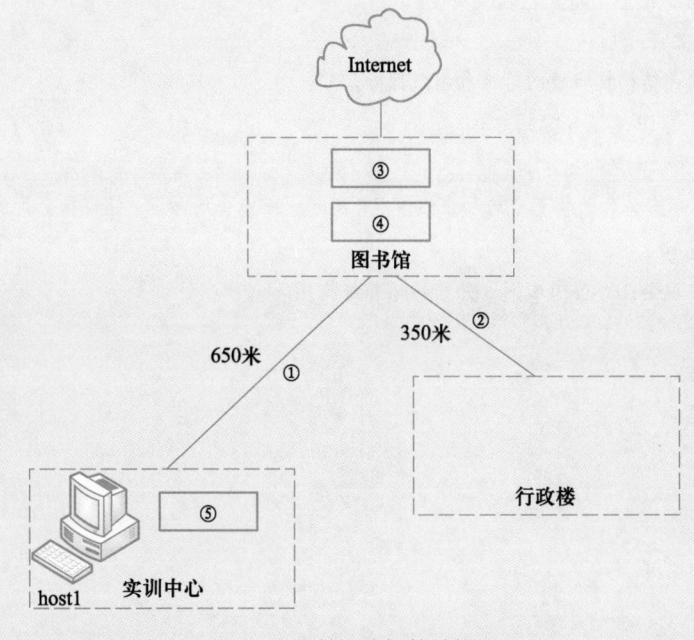

图 5-34　某网络拓扑结构图

(1)(2)备选答案(每种介质限选 1 次)
　　A. 单模光纤　　B. 多模光纤　　C. 同轴电缆　　D. 双绞线

【问题 2】从表 5-10 为图 5-33 中③④⑤选择合适的设备，填写设备名称（每个设备限选 1 次）。

表 5-10　某网络设备列表

设备类型	设备名称	数　　量
路由器	Router1	1
三层交换机	Switch1	1
二层交换机	Switch2	1

【问题 3】该网络在进行 IP 地址部署时，可供选择的地址块为 192.168.100.0/26，各部门计算机数量、图书馆的 IP 分配范围见表 5-11。要求各部门处于不同的网段，请将其中的＿＿＿（4）＿＿＿　＿＿＿（5）＿＿＿处空缺的主机地址和子网掩码写出来。

表 5-11　某网络 IP 地址设置表

部　　门	主机数量/台	可分配的地址范围	子网掩码
实训中心	30		
图书馆	10	192.168.100.1 ~（4）	（5）
行政楼	10		

为 host1 配置 Internet 协议属性参数。IP 地址＿＿＿（6）＿＿＿（给出一个有效地址即可），子网掩码＿＿＿（7）＿＿＿。

二、思考题

1. 简述结构化布线的标准和组成部分。
2. 简述 IP 地址分配原则。

三、操作题

1. 了解宿舍内的物理布局和布线情况，组建一个宿舍局域网，保证宿舍内的计算机能共享信息和上网。
2. 参观企业办公局域网，并绘制拓扑结构图。

项目 6　组建实训室网络

学校的实训室机房与办公、家庭、宾馆、餐厅等场所存在很大的区别：一是受众多，有计算机专业的学生，也有非计算机专业的学生；二是要符合现代信息技术教育的要求，上一节课需要使用 Windows 操作系统，下一节课却要使用 Linux 操作系统或者其他系统，使用环境相差大。同时，计算机专业的课程有网络的，也有软件的，还有多媒体的，等等。因此，应用需求与环境要求千差万别，不可能配置成一成不变的网络环境，既要保证机房的通用性，又要满足不同的专业需求。

素养提升 6
网络管理员职业守则

教学导航

知识目标	● 了解实训室网络与其他局域网的不同之处 ● 了解组建实训室网络的目标 ● 知道主要的网络测试方法 ● 知道 DHCP 的定义，掌握 DHCP 的作用与功能
技能目标	● 熟悉 DHCP 服务器的配置与维护 ● 熟练设置 Internet 连接共享 ● 熟练掌握远程管理实训室计算机 ● 能根据实际情况完成相应的需求分析
素养目标	● 通过实训室局域网使用，了解网络安全的必要性，树立安全观念，培养安全意识 ● 认真分析任务目标，做好整体规划，树立全局观念 ● 从实际出发，实事求是，有效利用已有资源，不浪费
教学方法	项目教学法、分组教学法、理论实践一体化、实物教学法
考核成绩 A 等标准	● 正确判定计算机当前的配置情况和网络器服务安装情况 ● 在规定时间内完成 DHCP 服务器的安装，并能在局域网能实现动态地址分配 ● 各项目组的任务都在规定的时间内完成，达到任务书的要求 ● 工作时不大声喧哗，遵守纪律，与同组成员间协作愉快，配合完成整个工作任务，保持工作环境清洁，任务完成后自动整理、归还工具、关闭电源
评价方式	教师评价+小组评价+个人评价
操作流程	任务分析→查看、配置计算机硬件、软件→连接网络硬件→配置网络→测试验收
准备工作	● 分组：每 2~3 个学生一组，自主选举 1 人担任组长 ● 给每组准备 2~3 台没有任何配置的但硬件设备齐全的计算机，让学生将这些计算机组成一个简单网络 ● 系统盘 1 个/组
课时建议	8 课时（含课堂任务拓展）

项目描述

某实训室的计算机已使用 5 年，其中一批计算机反应速度慢，时常出现问题，需要不断维修。因此，学校决定新建一个机房，将旧机房中仍然可用的计算机作为其他机房的备用机器，机房通过原有的交换机与 Internet 连接。

新机房供网络专业使用，但在机房紧张的时候也需要能完成计算机基础应用的实习实训。为了防止病毒交叉感染，新机房的计算机封闭了 U 盘接口，所有课堂训练和拓展训练的练习及教师布置作业都通过服务器上传和下发。如果出现问题，整个实训室的计算机能够快速恢复使用。

项目分解

任务 6-1 的任务卡见表 6-1。

表 6-1　任务 6-1 任务卡

任务编号	006-1	任务名称	组建实训室网络需求分析与结构设计	计划工时	45 min
工作情境描述					
某实训室需要更新设备，充分利用性能还不错的旧计算机和交换机，在需要的时候，整个实训室的计算机都共享上网。这个实训室分配给网络专业使用，需完成局域网组建、服务配置与管理等实验，另外 Linux、Windows 系统等课程都安排在该实训室上					
操作任务描述					
组建网络，首先应进行组建需求分析，设计合理的网络结构，然后还要充分考虑实际情况。 （1）对实训室网络组建的要求、必要性和目标进行详细了解，完成调查分析 （2）分析局域网组建需求，撰写需求分析报告 （3）设计网络结构，设计网络拓扑结构					
操作任务分析					
通过对项目进行具体分析后，了解了目前的情况，首先应当完成需求分析，设计好网络结构。 （1）用户调查分析：详细了解实训室位置、空间、网络连接、设备使用等情况，并做好记载，形成详细的调查分析报告 （2）撰写需求分析报告：在调查分析的基础上，获取网络组建所需的技术信息，形成需求分析报告，再次与用户沟通确认 （3）网络结构设计：按照用户需求，设计出网络结构，向用户详细阐述实训室局域网设计思想和设计目的，征得用户同意，有必要的情况需要进行修改					

任务 6-2 的任务卡见表 6-2。

表 6-2　任务 6-2 任务卡

任务编号	006-2	任务名称	连接和配置实训室局域网	计划工时	270 min
工作情境描述					
完成用户需求调查和结构设计后，就按照拓扑结构图和实训室物理布局连接好网络。首先是物理连接，通过传输介质将所有需要的设备连接起来。网线已经连接到该实训室，实训室内具体设置要求如下： （1）教师将实训指导书和实训要求文档存放到服务器上，学生共享服务器下载文件 （2）平均每天有 3 个班级在此实训室上课，有的需要 Windows 10 系统，有的需要 Windows Server 2019 或 Linux 系统，甚至需要同时运行多个系统 （3）每个班上课的环境都是全新的，不要把上次课的操作结果保留在操作计算机上 （4）为了避免 IP 地址冲突和地址不够用的问题，实训室内实现动态地址分配 （5）晚上，实训室需要开设第二课堂，允许学生上网					

续表

操作任务描述
实训室设备连接和配置包括如下几项任务： （1）学生通过服务器上传和下载文件 （2）在该实训室中，需要使用的操作系统比较多，不可能每次上课的时候都重新安装，因此每台计算机都应该有多个操作系统，或者安装有不同操作系统的虚拟机 （3）组建小型网络需要多台计算机，但有可能设备不够 （4）实训室设备比较多，每次都手动配置 IP 地址工作量比较大，动态分配可以减少工作量；管理员不在实训室的时候也可以管理实训室的服务器 （5）在需要的时候，每台计算机都要上网，在不必要的时候，网络要关闭，以免影响上课 （6）每个人的操作都有可能生成一些文件，为了节约存储空间、避免文件交叉感染，不要让这些文件存留在计算机上
操作任务分析
实训室机房的网络不同于办公室网络，一是使用的人员变化频繁，二是不同班级的学生对设备环境有不同的需求，三是操作结果不能影响其他班级的上课，具体任务分解如下： （1）配置 DHCP 服务器 （2）远程管理实训室网络 （3）共享上网

知识准备

【知识1】 动态主机配置协议

动态主机配置协议（Dynamic Host Configuration Protocol，DHCP）是基于 C/S 模式的，能将 IP 地址动态分配给网络主机，解决网络中主机数目较多或变化比较大时手动配置的困难，用于减少网络客户机 IP 地址配置的复杂度和管理开销。

【知识2】 DHCP 租约

DHCP 服务器向客户机出租的 IP 地址一般都有一个租约期限，期满后 DHCP 服务器便收回出租的 IP 地址。如果客户机要延长 IP 地址租约，就必须更新其 IP 地址租约。DHCP 客户机启动或 IP 地址租约期限过半时，都会自动向 DHCP 服务器发送更新其 IP 地址租约的信息。

任务实施

任务实施流程见表 6-3。

表 6-3　任务实施流程

1. 工具与材料准备		
工具/材料名称（型号与规格）/条件	数量与单位	说　　明
网线	若干根	连接网络设备

续表

1. 工具与材料准备		
工具/材料名称（型号与规格）/条件	数量与单位	说　明
台式计算机	2 台/组	便于分组与任务实施
服务器	1 台/组	存储文件
虚拟机	1 台/组	安装好不同的操作系统
还原卡	1 块/台	

2. 参考资料或资讯准备

1. 调查分析报告样本
2. 需求分析报告样本
3. DHCP 服务器的安装说明
4. 操作系统安装需准备的条件
5. 材料和工具清单（空表）
6. 服务器设备说明书
7. Internet 共享设置说明

3. 实施任务

1. 教师完成相应说明与引导，准备好本次任务完成所需要的工具、材料和环境，然后布置任务
2. 学习者根据布置的任务内容，阅读【知识准备】，如果不够，则利用网络查找资料学习相关知识
3. 学习者规划需完成的任务（需求分析与结构设计—连接与配置网络—设置 Internet 连接共享—配置 DHCP 服务器—远程管理服务），做好分工，明确小组长和每个成员的任务
4. 填写材料和工具清单，到教师或负责人那儿领取，准备好工具与材料
5. 根据【任务实施】的先后顺序与步骤完成具体安装或配置任务，在完成每个小任务后测试任务完成情况，保证任务 100% 完成
6. 待所有任务完成后，测试整体任务是否成功，上交任务实施过程结果（如分析报告、测试结果图等），分析报告请按照正规格式书写
7. 归还工具和材料，将工具摆放整齐；清理工作台，将所有设备恢复原位
8. 关闭电源，摆放好桌椅

任务 6-1　组建实训室局域网需求分析与结构设计

任务 6-1-1　用户调查分析

用户调查是需求分析的重要环节，可以直接与用户进行面对面的调查，也可以通过电话或其他方式进行调查，填写调查报告表（表 6-4）。

表 6-4　调查报告表

调查内容	调查选项
填写说明：在符合项后划 √	
实训室名称	
实训室网络接入情况	是(　　) 光纤网络(　　) 双绞线网络(　　)

续表

调查内容	调查选项
填写说明：在符合项后划 √	
实训室的计算机数量（填写数字）	共（　　　）台，是（　　　）型号的
实训室的主要功能	
使用该实训室的专业、课程及主要训练内容	
互联设备的品牌	请填写设备的型号等具体内容
有哪些网络安全要求	上网安全（　　　），信息安全（　　　）
有哪些应用要求	共享访问 Internet（　　　），远程管理（　　　），自动获取 IP 地址（　　　）
是否同意以上内容	情况属实（　　　） 说明：调查人和被调查人签名确认

任务 6-1-2　需求分析

实训室与办公室区别很大，如果是通用机房，一般侧重于计算机基础操作及应用，对操作系统的需求多，以满足不同专业、不同应用的需求；对应用软件的需求多，如 Office、Winrar 等。如果是专业机房，就需要满足专业需求，如网络专业的机房，侧重于网络组建与配置。由于网络专业的设备都非常昂贵，因此希望学习者在刚接触或不熟练的时候使用模拟软件、仿真软件熟悉命令和工作界面，等到练熟了才使用真实机器，有利于保护真实设备。

步骤 1：辨别目标和约束。

① 该局域网位于一个实训室，不涉及其他房间，是通用实训室。

② 已经从校园网拉了一根网线连接该实训室。

③ 该实训室有 48 台计算机，在上课时避免学生进度不一样或者开小差，整个实训室的计算机都由教师统一控制。

④ 需要一台服务器存放文件。

⑤ 为了减轻管理员的工作强度，希望能动态获取 IP 地址。

⑥ 实训室中所有计算机在需要的时候都能够上网。

⑦ 上一节课的操作结果不能影响下一节课。

⑧ 课程与课程之间所需的操作系统不同，即有可能这堂课需要 Windows 2003 系统，而下一堂课则需要 Linux 系统或者其他操作系统。

⑨ 该局域网的计算机主要用于上课之需，基本不需要移动。

步骤 2：明确用户功能要求。

① 实训室的所有计算机都通过代理服务器共享上网。

② 为了节约资源，学生的练习如能通过电子文档完成的，就不再使用纸质形式，既方便保管又方便查询。教师需要分发给学生的文件和资料及学生需上交的资料都存放在固定位置，以方便学生随时访问和查询。

步骤3：分析技术目标和约束。

① 局域网连接方式：因为网络主要应用于实训室上课，移动性不强，因此不考虑无线连接方式，直接有线连接即可。

② 技术选择：为了节约成本，不考虑购买专门的服务器，选一台性能较好的计算机作为服务器。安装两块网卡，一块网卡连接校园网，另一块网卡连接实训室的交换机。然后安装一个代理软件（如 WinGate），其他所有计算机都连接到交换机上，通过这台服务器上网。

③ 设备分析：局域网中的主要设备是代理服务器、交换机、计算机。

步骤4：拓扑结构需求分析。

根据项目情况，设备和信息插座全部处于同一个房间，物理范围不大。只有 48 台计算机，规模不大。同时考虑维护和管理的方便性，可选择星形拓扑结构。

步骤5：网络发展需求——扩展性。在本设计中主要考虑交换机的扩展能力。

任务 6-1-3　实训室网络结构设计

综合需求分析和实训室结构，选择星形拓扑结构。实训室网络拓扑结构如图 6-1 所示。拓扑结构图的绘制请参照基础篇的项目 1。

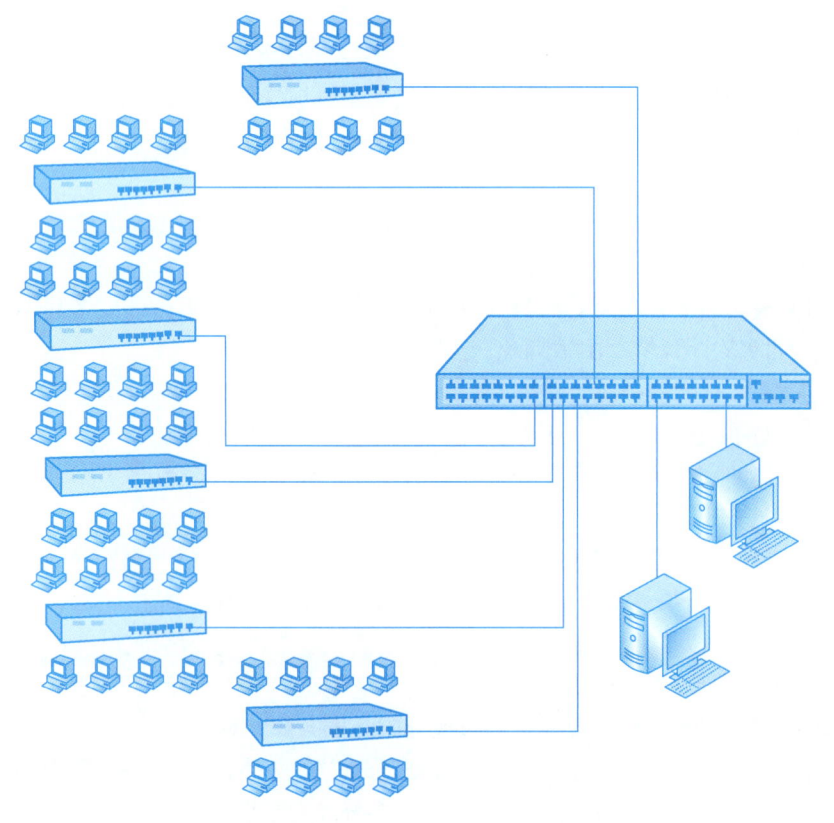

图 6-1　实训室网络拓扑结构图

任务 6-2　连接与配置实训室网络

根据拓扑结构图连接各硬件设备，组成一个实训室局域网。

任务 6-2-1　选购并安装网络硬件设备及相应软件

选购网络硬件设备，首先应了解需注意的几个问题。该局域网中主要的设备是交换机，应充分考虑设备的扩充能力和技术升级。

（1）明确需要哪些网络设备

根据需求分析，确定所构建的网络需要哪类网络设备，包括连接类的和网络接口卡等。网络连接类的设备有路由器和交换机等。

（2）对比分析网络设备

针对选择的网络设备类型，对不同厂家的同种类型的设备进行对比分析，应考虑产品的质量、兼容性、厂家的售后服务及其他用户对该类产品的评价等。

（3）尽量选择同一厂商的设备

不同厂商的设备可能会造成网管上的不统一，甚至出现不兼容等现象。另外，在技术服务等方面存在许多不同，因此应尽量选择同一厂商的设备。

步骤 1：交换机选购。

层次确定：选购的交换机用于实训室连接计算机和服务器，因此可以使用中低端产品，二层交换机即可。

应用要求：不同的网络应用决定着所需设备的性能。性能越高的交换机价格也就越高，因此，不要盲目追求高性能，而应当根据网络应用、数据流量等诸多因素，选择最适合网络应用的、最具性价比的交换机。实训室网络的应用不仅仅是数据通信，还包括语音和视频。选择性能较好的二层交换机就能满足要求。

端口要求：对端口的选择包括两方面，一是端口数量，二是端口类型。在选择端口数量时，应当掌握两个基本原则：一是保持端口适当冗余，根据接入计算机的数量确定端口，并为未来接入的用户预留适当数量的端口；二是高密度。由于交换机之间的互联会导致端口的浪费，因此应当尽量选择 24 或 48 口的交换机。

交换机的端口有 3 种类型，即光纤端口、双绞线端口和 GBIC 或 SFP 插槽。为了增加连接的灵活性，适应更加复杂的网络环境，光纤端口已经逐渐被 GBIC 或 SFP 插槽所取代。工作组交换机用于连接普通计算机，因此可以选用双绞线端口。本项目中可选用 3 台 24 口的交换机，也可选择 1 台 24 口的和 6 台 8 口的交换机，或者更多其他的组合。

步骤 2：操作系统选择。

在实训室中，需要进行不同的实训，可能需要的操作系统不一样，常用的包括 Windows 10、Windows Server 2019、Linux。在计算机内存满足的情况下，可在同一台计算机上不同的分区中安装不同的操作系统，不过要注意安装的顺序，以免高版本的文件覆盖低版本的文件，导致只剩下最后安装的操作系统。一般在作为服务器的计算机或专用服务器上安装 Windows Server 2019 或者 Linux。

如果计算机的性能较好，也可以考虑在计算机上安装虚拟软件，在一台真实计算机上虚拟出若干台装有不同操作系统的计算机，有利于大型网络的组建，减少成本的投入。

任务 6-2-2 设置 Internet 连接共享

实训室局域网络中计算机较多，在未连接 Internet 时，局域网内可以通过 TCP/IP 实现内部访问。但如果需要连接 Internet，就应该给每台计算机配置 1 个公用 IP 地址，申请独立的外网 IP 地址不仅需要支付费用，而且 IPv4 的 IP 地址非常匮乏。为了节省 IP 地址和减少成本支出，可选用代理服务器来解决。

1. 环境准备

① 硬件环境：一台可正常连接 Internet 的计算机作为服务器（2 GB 以上的内存，硬盘容量越大越好）；普通计算机。

② 软件环境：Windows Server 2019 操作系统；TCP/IP；WinGate 服务器软件。

2. 任务要求

① 在 Windows Server 2019 系统中安装 WinGate 服务器。

② 配置 WinGate 服务器。

3. 配置 Internet 连接共享

WinGate 软件的版本很多，可到 www.wingate.cn 网站上下载。本实训使用目前的最新版本 9.4.1。

> 注意：该软件只适用于 64 位的系统；如果出现不能下载的情况，可根据视频操作将该网站加入到浏览器的"可信站点"中，就可以解决不能下载的问题。

（1）WinGate 服务器的安装

① 双击 WinGate 安装文件，打开协议界面，选中"I agree to the terms of this license agreement"单选按钮，如图 6-2 所示。

② 选择 WinGate 的安装类型。如果在网络的其他计算机上没有发现 WinGate，安装程序会建议配置这台计算机为客户端和服务器。此项目选择"WinGate Service"服务器安装类型，如果在还没确定的情况下也要先选择"WinGate Service"，如图 6-3 所示。

③ 单击"Next"按钮，打开如图 6-4 所示的界面，选择合适的安装路径，单击"Next"按钮，直到安装完成。

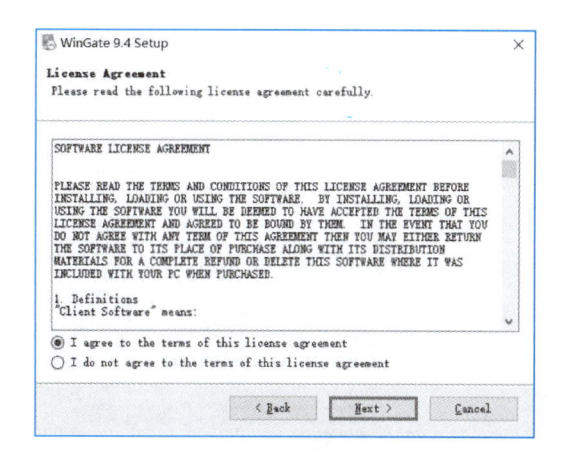

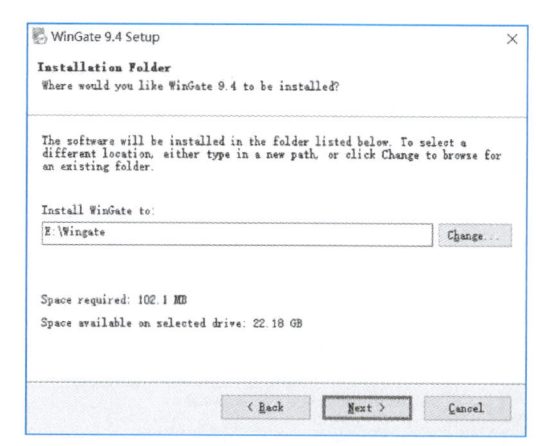

图 6-2　WinGate License Agreement 界面

图 6-3　选择安装路径

④ 安装完成后需要重启计算机，程序窗口如图 6-5 所示，表明 WinGate 已经安装。

在图 6-5 中可发现，其中起主要作用的是 WinGate Management，打开如图 6-6 所示的 WinGate Management 界面。

微课
重启后程序配置

图 6-4　选择安装类型

图 6-5　安装成功后"程序"的显示状态

图 6-6　WinGate Management 登录界面

单击"localhost"按钮,打开如图 6-7 所示的对话框。提示需要提供通行证。

单击"确定"按钮,打开如图 6-8 所示的证书激活对话框,选中推荐的"Online(recommended)"单选按钮。

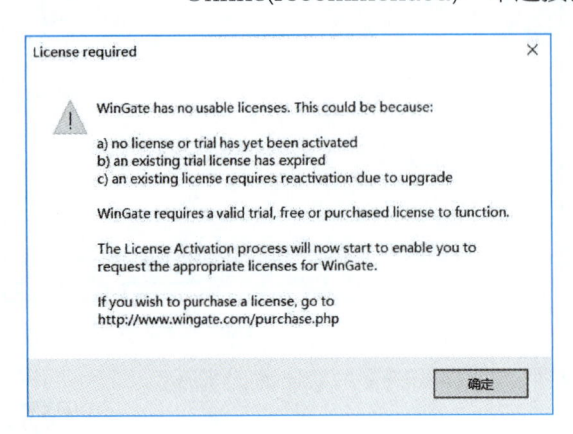

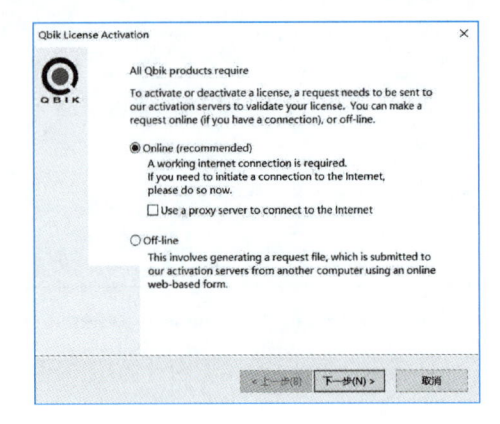

图 6-7 "License required"对话框

图 6-8 证书激活对话框

> **笔记** 单击"下一步"按钮,选用 30 天的试用版,单击"下一步"按钮,跟着安装向导完成并重启,打开如图 6-9 所示的"WinGate Security"对话框,输入用户名和密码(可为空)。完成后会自动打开 WinGate 主界面。

图 6-9 "WinGate Security"对话框

(2) WinGate 服务器配置

WinGate 能提供 WWW、POP3、FTP、Telnet、SOCKS 等代理服务。默认情况下,各服务采用默认端口,如 WWW 用 80 端口、FTP 用 21 端口等。如果要对端口进行更改,则需手动修改设置。在"Services"选项卡中可配置所有服务,本项目以 WWW 服务配置为例。

选中"Services"项并单击,在右侧窗格中双击 WWW Proxy Server,打开如图 6-10 所示的"WWW Proxy Server 属性"对话框,以 Bindings、Connection 选项为例说明设置情况。

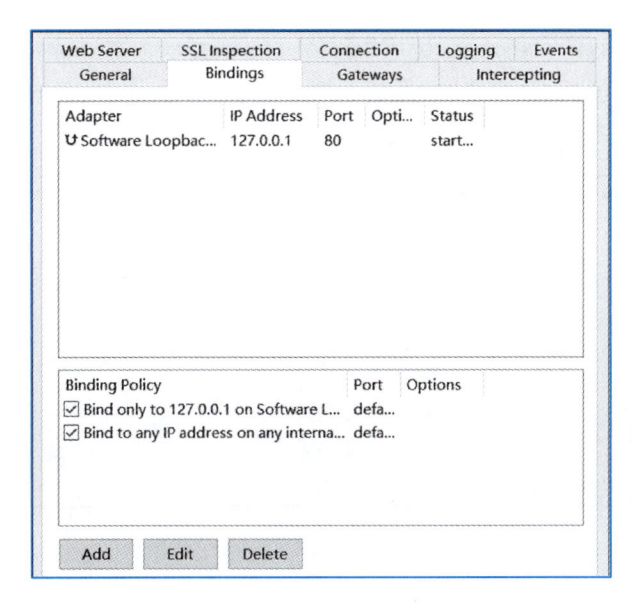

图 6-10 "WWW Proxy Server 属性"对话框

① "Bindings"选项卡：设置接收代理服务请求的网络接口，通常是代理服务器连接内部网络的接口。

② "Connection"选项卡：该选项卡界面如图 6-11 所示，默认为直接连接。除此之外还有"设置代理服务与 Internet 的连接方式、通过其他服务器级联、SOCK4 连接、SSL 连接"等。

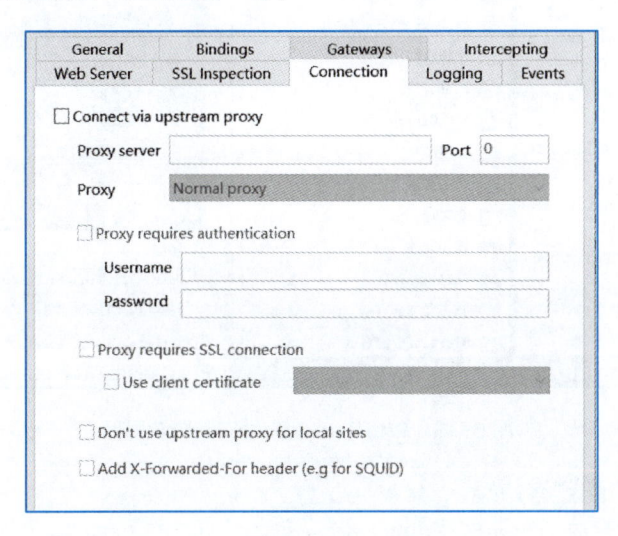

图 6-11 "Connection"选项配置图

（3）WinGate 客户端配置
配置方法 1：
步骤 1：安装客户端。
安装完服务器程序后，在 C:\Program Files\WinGate\Client 路径下找

微课
WinGate 客户端配置

到安装文件，双击安装，弹出客户端安装的系统要求，本项目中采用的软件只适合于 Windows XP 或 2003 系统，如图 6-12 所示。因此，将安装文件复制到需求的系统中，继续安装，直到安装完成。

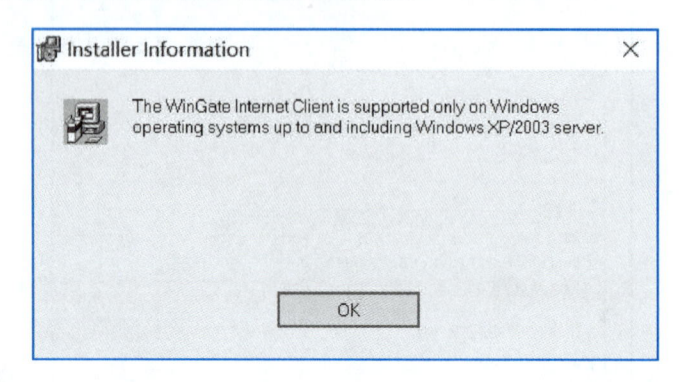

图 6-12 WinGate 客户端的安装类型选择

安装完成后，在程序窗口中显示如图 6-13 所示的菜单项。

图 6-13 WinGate 客户端安装成功界面

步骤 2：配置客户端。

① 打开如图 6-14 所示的 WinGate 客户端界面，进行客户端配置。

选择"WinGate Servers"选项卡，如图 6-15 所示。

如果局域网内只有一台 WinGate 服务器,则选中"Auto matically select which server"单选按钮自动搜寻服务器。如果有两个以上，则选中"Use server"单选按钮手动选择服务器。此时可单击"Add"按钮添加服务器，单击"Remove"按钮删除列表中的服务器，设置好后单击"OK"执行。

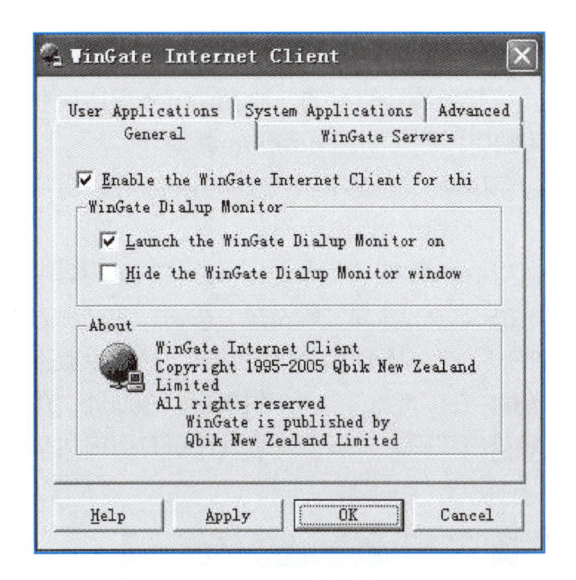

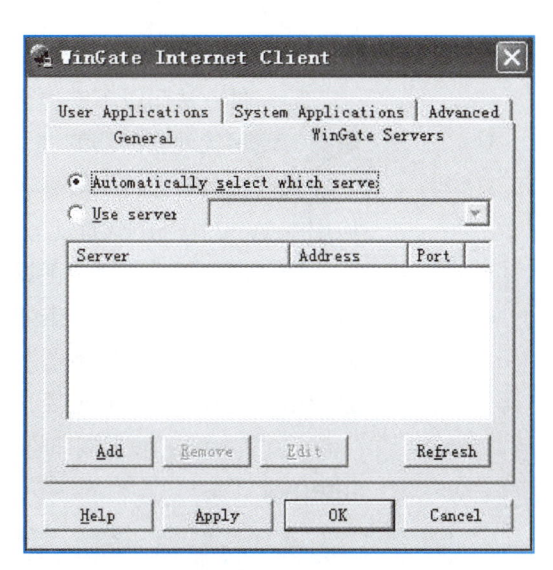

图 6-14　WinGate 客户端配置　　　　图 6-15　"WinGate Servers" 选项卡

② 选择 "User Applications" 选项卡，单击 "Add" 按钮，打开如图 6-16 所示的 "Application Scope" 对话框，可选择本地硬盘上的信息如何被访问。

"Local network access only"：使文件只能在局域网内被访问。

"Mixed access"：可使文件发到互联网，但不能从互联网上直接进入访问。

"Global access"：可使文件以任意形式访问（不论是互联网还是局域网）。

③ 选择 "Advanced" 选项卡，打开如图 6-17 所示的 "Reset Client" 界面，单击 "Reset Client" 按钮，这样，客户端就设置完成了。在重装网络硬件或其他程序、更改网络配置时使用，重新刷新与服务器的连接参数。

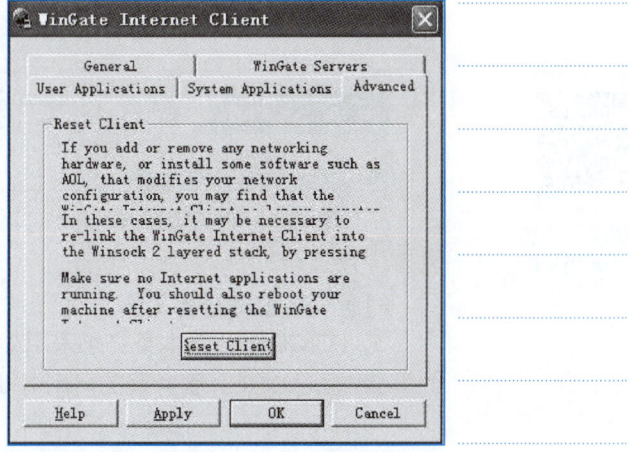

图 6-16　"Application Scope" 对话框　　　　图 6-17　"Advanced" 选项卡

配置方法 2：直接配置代理服务。

另一种方法可以不安装客户端，直接配置计算机的各种 Internet 程序代理服务，填写代理服务器的 IP 地址和端口，就可实现 Internet 共享。

代理服务的运行一般是透明的，用户根本感觉不到代理服务的存在。实际应用中 Web 服务的代理比较常见，下面以此为例说明配置过程。

启动浏览器后选择"工具"→"Internet 选项"命令，在打开的对话框中选择"连接"选项卡，单击如图 6-18 所示的"局域网设置"按钮，在打开的对话框中选中"代理服务器"栏中的"为 LAN 使用代理服务器（这些设置不会应用于拨号或 VPN 连接）"复选框，在"地址"文本框中输入 IP 地址，在"端口"文本框中输入端口号。然后单击"确定"按钮就可以让所有用户共享 Internet 了。

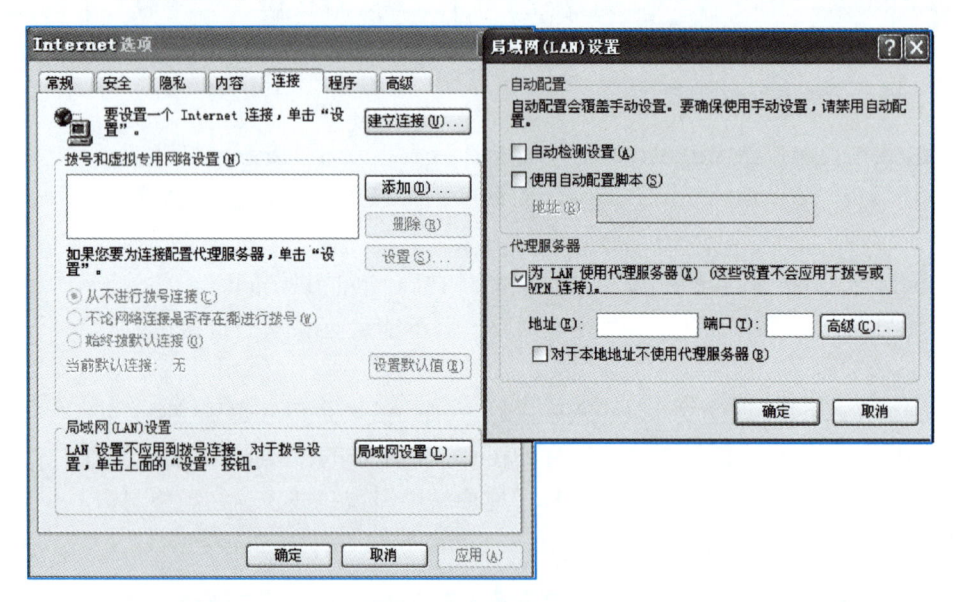

图 6-18　客户端设置

微课
安装 DHCP 服务器

任务 6-2-3　配置 DHCP 服务器

1. 安装 DHCP 服务器

本任务是在 Windows Server 2019 环境下完成。安装 DHCP 服务器的具体操作方式如下。

（1）安装前的准备工作

① DHCP 服务器本身必须采用静态的 IP 地址。

② 规划 DHCP 服务器的可用 IP 地址。

（2）安装 DHCP 服务器

可以通过启动"服务器管理器"或"初始化配置任务"应用程序，打开"添加角色"向导来安装 DHCP 服务器。安装 DHCP 服务器的具体操作步骤如下：

步骤 1：在服务器中选择"开始"→"服务器管理器"命令，打开"服务器管理器"窗口，单击"添加角色和功能"超链接，打开如图 6-19 所示的"添加角色和功能向导-选择服务器角色"界面，选中"DHCP 服务器"复选框。

步骤 2：单击"下一步"按钮，打开如图 6-20 所示界面，在此，对动态主机配置协议进行了简要介绍，不熟悉该协议的用户可以查看相关的信息。

步骤 3：单击"下一步"按钮，打开如图 6-21 所示的界面，在此显示 DHCP 服务器的相关配置信息。如果确认安装，则可以单击"安装"按钮，开始进入安装过程。

图 6-19 "添加角色和功能向导-选择服务器角色"界面

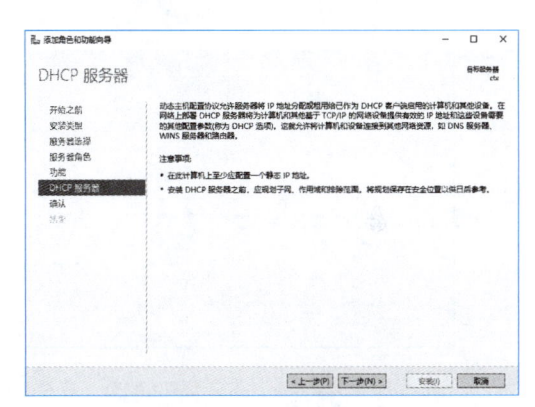

图 6-20 "添加角色和功能向导-DHCP 服务器"界面

步骤 4：等待安装完成，在 DHCP 服务器安装完成之后，可以看到如图 6-22 所示的提示信息。

图 6-21 "添加角色和功能向导-确认安装所选内容"界面

图 6-22 "添加角色和功能向导-安装进度"界面

步骤 5：单击"关闭"按钮，结束安装向导。

步骤 6：DHCP 服务器安装完成之后，在"服务器管理器"窗口的左侧区域可查看到当前服务器安装的角色类型，如果其中有刚刚安装的 DHCP 服务器，则表示 DHCP 服务器已经成功安装，如图 6-23 所示。

图 6-23　查看 DHCP 服务器是否安装

2．DHCP 服务器管理

（1）DHCP 服务器的启动与停止

打开"服务器管理器"窗口，单击右侧的"转到 DHCP 服务器"超链接，打开如图 6-24 所示的 DHCP，显示 DHCP 服务器的相关信息，鼠标右键，在弹出的快捷菜单中根据需求选择"启动服务"或"停止服务"命令，完成 DHCP 服务器的启动或停止。

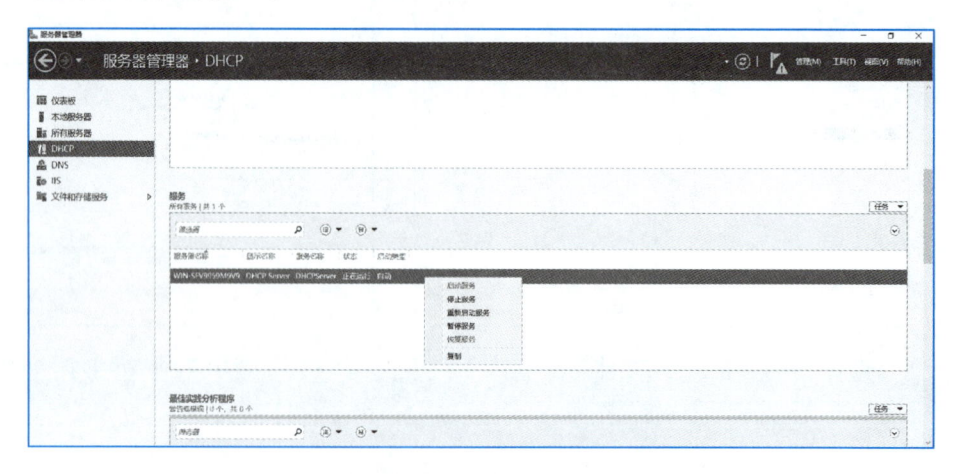

图 6-24　"服务器管理器"窗口中启动服务或停止服务

(2)修改 DHCP 服务器的配置

修改 DHCP 服务器配置的具体操作步骤如下：

步骤 1：单击左下角的"开始"按钮，选择"Windows 管理工具"→"DHCP"命令，打开"DHCP"窗口，在左侧窗格中选择"IPv4"选项，右击，弹出快捷菜单如图 6-25 所示。

微课
配置 DHCP 服务器

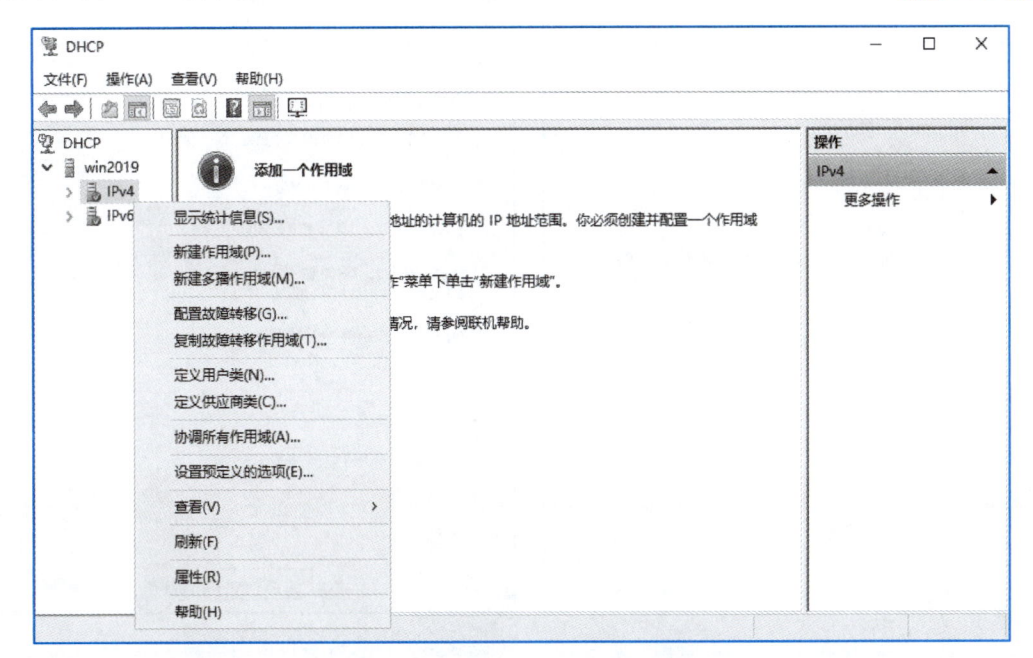

图 6-25 鼠标右击"IPv4"选项

步骤 2：选择"属性"命令，打开如图 6-26 所示的"IPv4 属性"对话框，在不同的选项卡中可以修改 DHCP 服务器的设置，各选项卡的设置如下：

① 常规"选项卡。

选择"常规"选项卡，如图 6-26 所示，其中各项参数含义如下。

"自动更新统计信息的时间间隔"复选框：可以设置按小时和分钟为单位，服务器自动更新统计信息。

"启用 DHCP 审核记录"复选框：DHCP 日志将记录服务器活动供管理员参考。

"显示 BOOTP 表文件夹"复选框：可以查看 Windows Server 2019 下建立的 DHCP 服务器的列表。

② "DNS"选项卡。

选择"DNS"选项卡，如图 6-27 所示，其中各参数含义如下。

"根据下面的设置启用 DNS 动态更新"复选框：表示 DNS 服务器上该客户端的 DNS 设置参数如何变化，其有两种方式。选中"仅在 DHCP 客户端请求时动态更新 DNS 记录"单选按钮，表示 DHCP 客户端主动请求时，DNS 服务器上的数据才进行更新；选中"始终动态更新 DNS 记录"单选按钮，表示 DNS 客户端的参数发生变化后，DNS 服务器的参数就发生变化，主要选项说明如下。

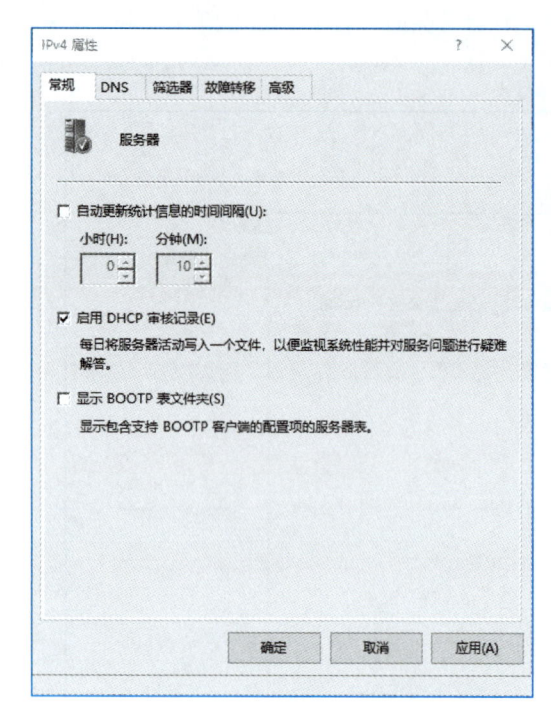

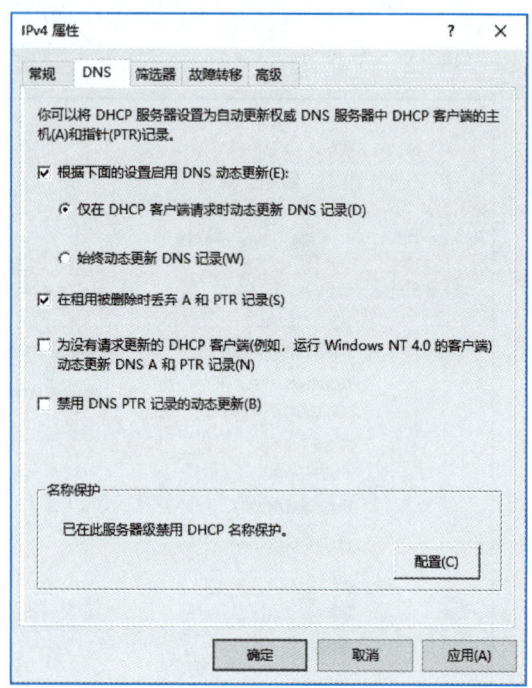

图 6-26 "IPv4 属性"对话框"常规"选项卡

图 6-27 "IPv4 属性"对话框"DNS"选项卡

"在租用被删除时丢弃 A 和 PTR 记录"复选框：表示 DHCP 客户端的租约失效后，其 DNS 参数也被丢弃。

"为没有请求更新的 DHCP 客户端（例如，运行 Windows NT 4.0 的客户端）动态更新 DNS A 和 PTR 记录"复选框：表示 DNS 服务器可以对非动态的 DHCP 客户端也能够执行更新。

③ "高级"选项卡。

选择"高级"选项卡，如图 6-28 所示，其中各项参数含义如下。

"冲突检测次数"输入框：用于设置 DHCP 服务器在给客户端分配 IP 地址之前，对该 IP 地址进行冲突检测的次数，最高为 5 次。

"审核日志文件路径"文本框：在此可以修改审核日志文件的存储路径。

"更改服务器连接的绑定"区域：如果需要更改 DHCP 服务器和网络连接的关系，单击"绑定"按钮，打开如图 6-29 所示的"绑定"对话框，从"连接和服务器绑定"列表框中选中绑定关系后单击"确定"按钮。

"DNS 动态更新注册凭据"区域：由于 DHCP 服务器给客户端分配 IP 地址，因此 DNS 服务器可以及时从 DHCP 服务器上获得客户端的信息。为了安全起见，可以设置 DHCP 服务器访问 DNS 服务器时的用户名和密码。单击"凭据"按钮，打开如图 6-30 所示的"DNS 动态更新凭据"对话框，在此可以设置 DHCP 服务器访问 DNS 服务器的参数。

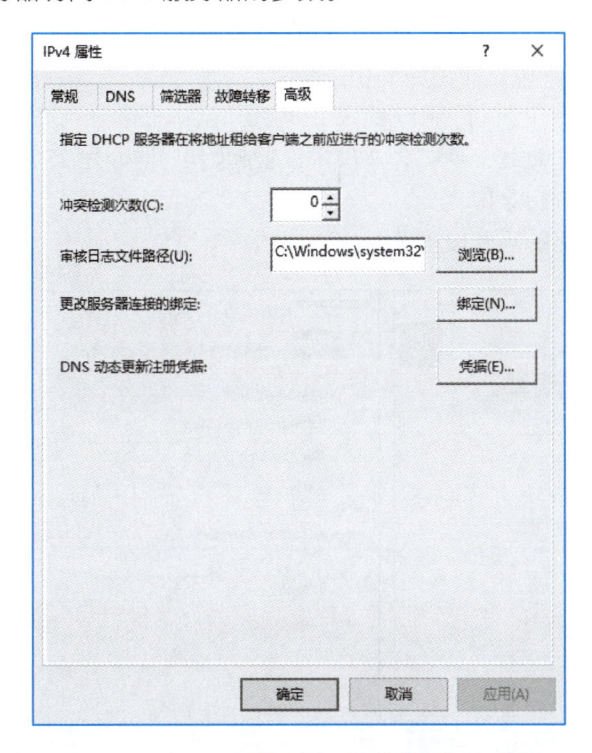

图 6-28 "IPv4 属性"对话框"高级"选项卡

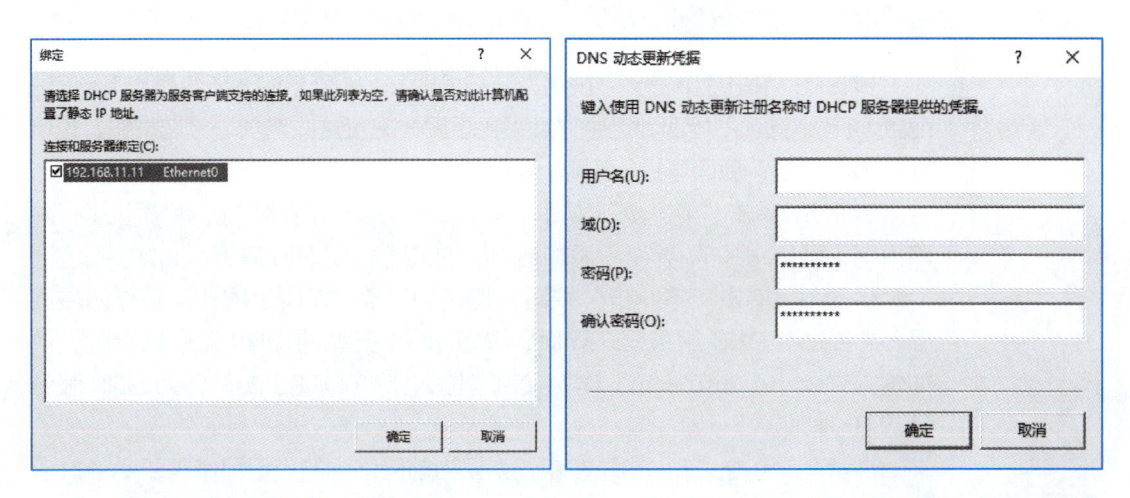

图 6-29 "绑定"对话框　　　　图 6-30 "DNS 动态更新凭据"对话框

3. 新建作用域

新建一个作用域的操作步骤如下：

步骤 1：打开如图 6-25 所示的"DHCP"窗口，鼠标右击"IPv4"选项，在弹出的快捷菜单中选择"新建作用域"命令。

微课
配置 DHCP 作用域

步骤 2：打开如图 6-31 所示的"新建作用域向导-作用域名称"界面，在"名称"文本框中输入 DHCP 服务器的名字。

步骤 3：单击"下一步"按钮，打开如图 6-32 所示"新建作用域向导-IP 地址范围"界面，设置作用域的相关参数。

① 在"起始 IP 地址"和"结束 IP 地址"文本框中分别输入作用域的起始 IP 地址和结束 IP 地址。例如，本例中设置起始 IP 地址为 192.168.1.50，结束 IP 地址为 192.168.1.249。

② 根据网络的需要设置子网掩码参数。

图 6-31 "新建作用域向导-作用域名称"界面   图 6-32 "新建作用域向导-IP 地址范围"界面

步骤 4：单击"下一步"按钮，打开如图 6-33 所示的"新建作用域向导-配置 DHCP 选项"界面，选中"是，我想现在配置这些选项"单选按钮，也可以不选择该项，后面再进行配置。

步骤 5：单击"下一步"按钮，打开如图 6-34 所示的"新建作用域向导-路由器（默认网关）"界面，添加路由器的 IP 地址，如 192.168.1.27。

步骤 6：单击"下一步"按钮，打开如图 6-35 所示的"新建作用域向导-域名称和 DNS 服务器"界面，设置 IPv4 类型的 DNS 服务器参数，例如输入"www.info.com"作为父域，输入"192.168.1.27"作为 DNS 服务器的 IP 地址。

步骤 7：单击"下一步"按钮，如果当前网络中的应用程序需要 WINS 服务，则选中"此网络上的应用程序需要 WINS"单选按钮，并且输入 WINS 服务器的 IP 地址。

步骤 8：单击"下一步"按钮，打开如图 6-36 所示的"新建作用域向导-激活作用域"界面，选中"是，我想现在激活此作用域"单选按钮。

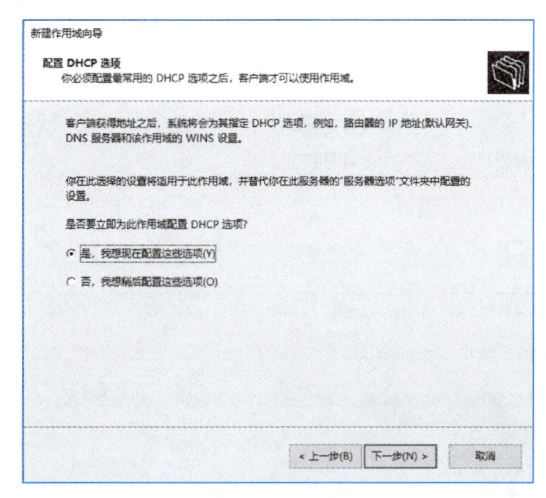

图 6-33 "新建作用域向导–配置 DHCP 选项"界面 　　图 6-34 "新建作用域向导–路由器（默认网关）"界面

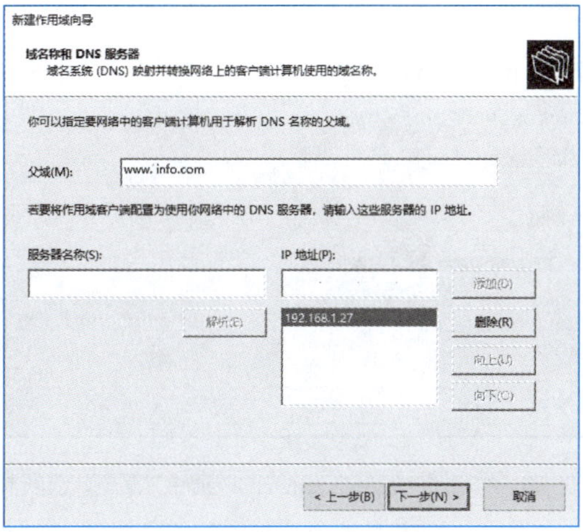

图 6-35 "新建作用域向导–域名称与 DNS 服务器"界面 　　图 6-36 "新建作用域向导–激活作用域"界面

步骤 9：单击"下一步"按钮，查看新建作用域信息，确认无误后单击"完成"按钮，则新建作用域完成。

4. 作用域配置

修改已建立好作用域的配置参数，具体操作步骤如下。

在 DHCP 管理窗口的左部目录树中右键单击"作用域[192.168.1.0]"，在弹出的快捷菜单中选择"属性"命令，打开如图 6-37 所示的"作用域[192.168.1.0]DHCP 属性"对话框。

和 DHCP 服务器的"配置"选项卡相似，作用域共有 3 个选项卡，其中"DNS"选项卡与"修改 DHCP 服务器的配置"相同，在此不再重复，不同选项卡如下：

① "常规"选项卡，具体参数如下：

"起始 IP 地址"和"结束 IP 地址"文本框：在此可以修改作用域分配的 IP 地址范围，但"子网掩码"是不可编辑的。

"DHCP 客户端的租用期限"区域：有两个单选按钮，"限制为"单选按钮设置期限；选中"无限制"单选按钮表示租约无期限限制。

"描述"文本框：可以修改作用域的描述。

② "DNS"选项卡，如图 6-38 所示。

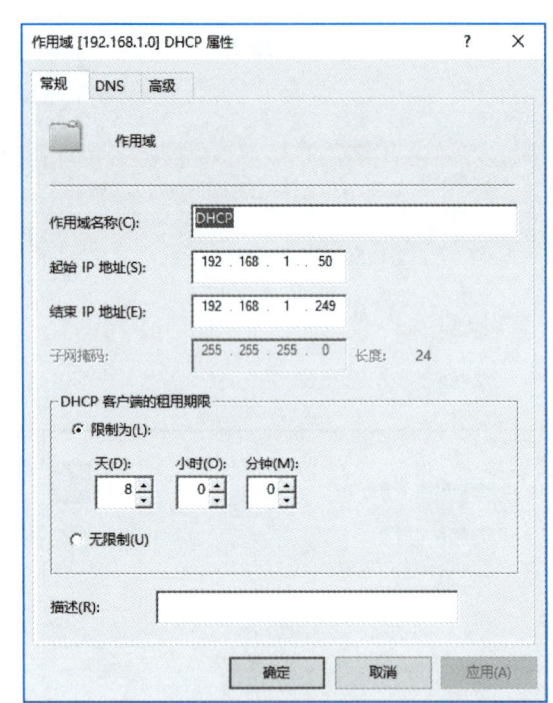

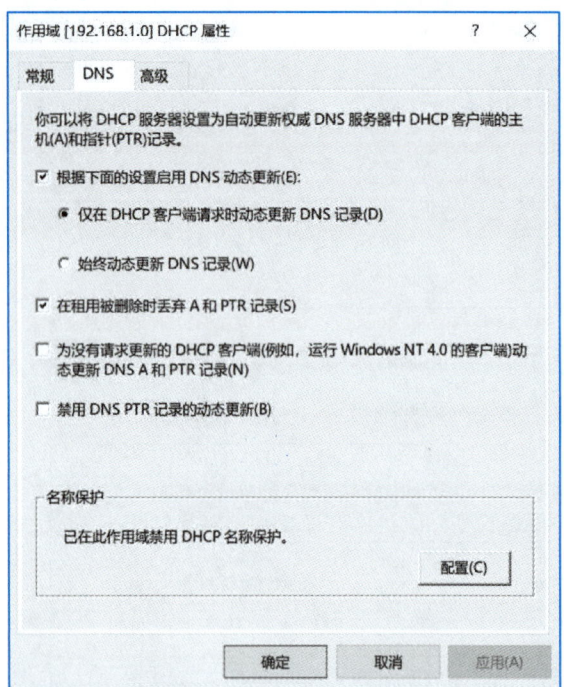

图 6-37　"作用域[192.168.1.0]DHCP 属性"对话框　　图 6-38　作用域[192.168.1.0]DHCP 属性"常规"选项卡

③ "高级"选项卡的设置，如图 6-39 所示，主要具体参数如下：

"为下列客户端动态分配 IP 地址"区域：有 3 个单选按钮，"DHCP"单选按钮表示为 DHCP 客户端分配 IP 地址；"BOOTP"单选按钮表示为 Windows NT 前的一些支持 BOOTP 的客户端分配 IP 地址；"两者"单选按钮支持多种类型的客户端。

"BOOTP 客户端的租用期限"区域：设置 BOOTP 客户端的租约期限，由于 BOOTP 最初被设计为无盘工作站，可以使用服务器的操作系统启动，现在已经很少使用，因此可以直接采用默认参数。

5. 修改作用域的地址池

修改已设置作用域的地址池，其操作步骤如下。

步骤 1：在 DHCP 管理窗口左侧目录树中右键单击"作用域 [192.168.1.0]DHCP"中的"地址池"选项，如图 6-40 所示。

图 6-39 "高级"选项卡

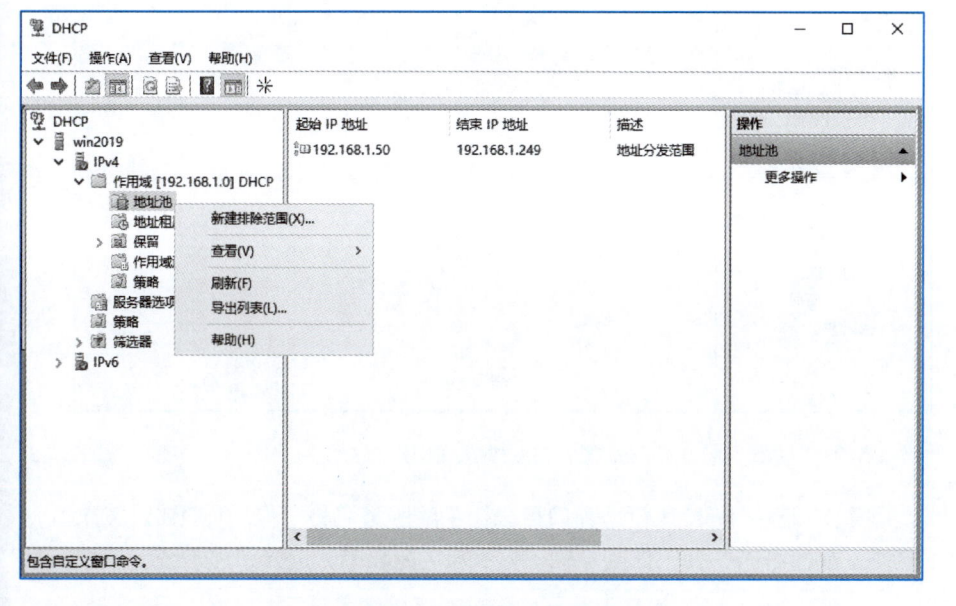

图 6-40 "地址池"右键菜单项

步骤 2：在弹出快捷菜单中选择"新建排除范围"命令，打开如图 6-41 所示的"添加排除"对话框，设置地址池中需要排除的 IP 地址范围。

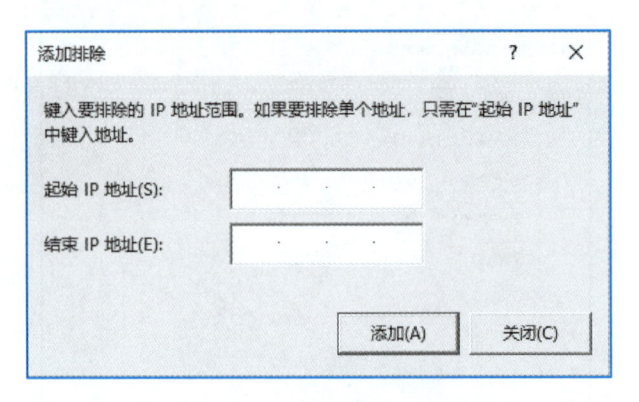

图 6-41 "添加排除"对话框

6. 显示 DHCP 客户端和服务器的统计信息

DHCP 客户端和服务器的统计信息显示步骤如下。

步骤 1：在 DHCP 管理窗口左侧目录树中选择"作用域[192.168.1.0] DHCP"→"地址租用"选项，可以查看已经分配给客户端的租约情况，如图 6-42 所示。如果服务器为客户端成功分配了 IP 地址，在"地址租用"列表栏下，就会显示客户端的 IP 地址、客户端名、租约截止日期和类型信息。

图 6-42 地址租用

步骤 2：选中 DHCP 管理窗口目录树中的服务名称"作用域[192.168.1.0] DHCP"，鼠标右击，弹出如图 6-43 所示的快捷菜单，选择"显示统计信息"命令。

步骤 3：在打开如图 6-44 所示的"作用域 192.168.1.0 统计"对话框中，其中显示了 DHCP 服务器的地址总计、使用中、可用 DHCP 客户端的数量等信息。

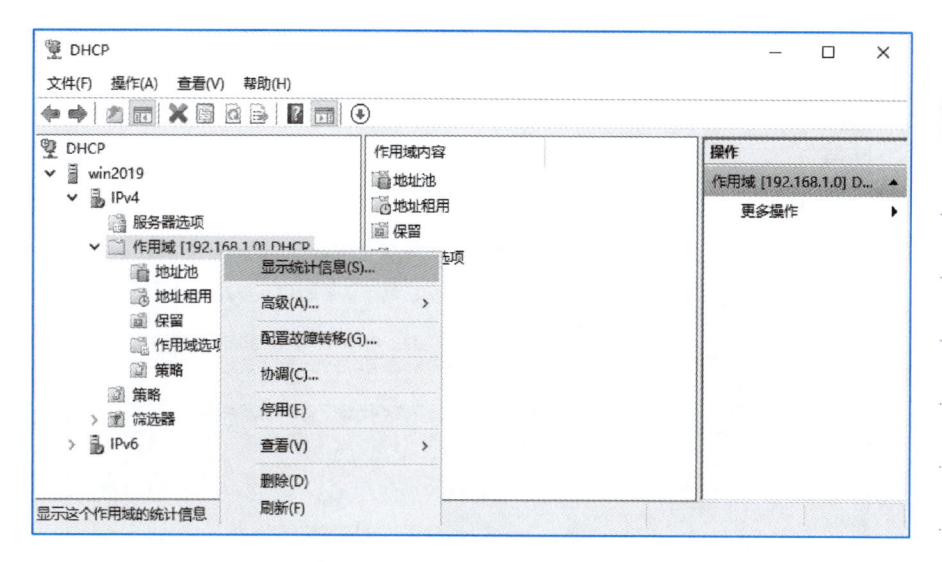

图 6-43 "显示统计信息"命令

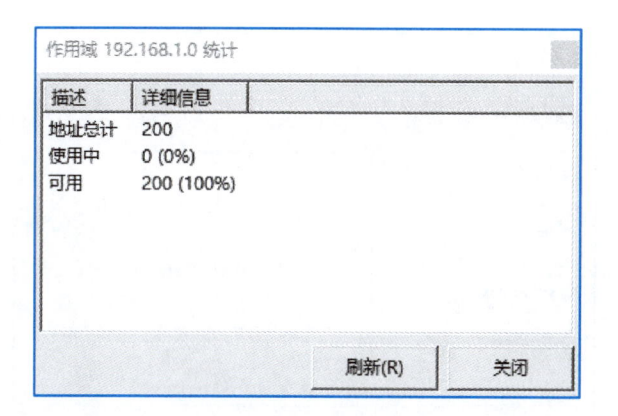

图 6-44 "作用域 192.168.1.0 统计"对话框

7. 建立保留 IP 地址

对于某些特殊的客户端，需要一直同一个 IP 地址，可以通过建立保留来为其分配固定的 IP 地址，具体操作步骤如下。

步骤 1：在 DHCP 管理窗口左侧目录树选择"作用域[192.168.1.0]DHCP"→"保留"选项，鼠标右击，在弹出的快捷菜单中选择"新建保留"命令，如图 6-45 所示。

步骤 2：打开如图 6-46 所示的"新建保留"对话框，在"保留名称"文本框中输入名称，在"IP 地址"文本框中输入保留的 IP 地址，在"MAC 地址"文本框中输入客户端网卡的 MAC 地址，完成设置后单击"添加"按钮。

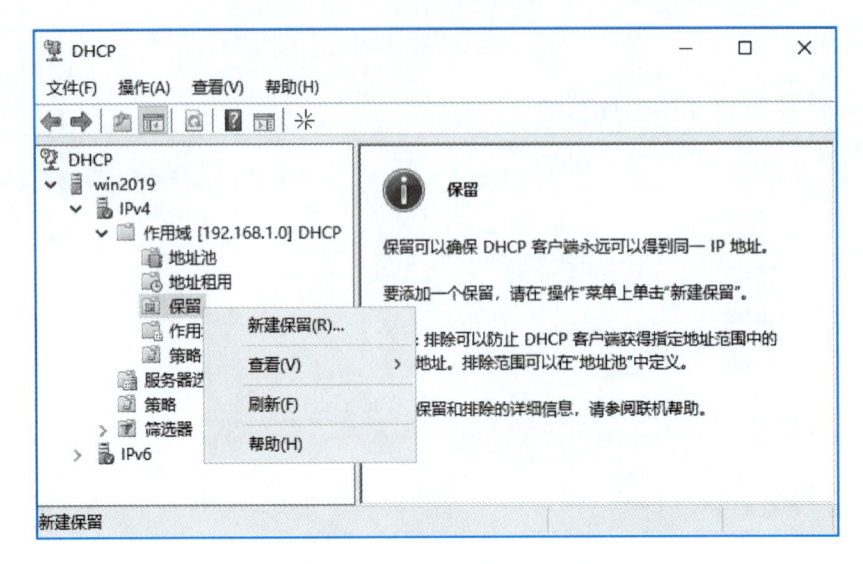

图 6-45 "新建保留"选项

图 6-46 "新建保留"对话框

8. DHCP 客户端配置

配置方式 1：

DHCP 客户端的操作系统有很多种类，如 Windows 7/10/Vista 或 Linux 等，以 Windows 10 客户端的设置为例说明其具体操作步骤。

步骤 1：在客户端计算机"控制面板"中双击"网络连接"图标，打开

"网络连接"窗口，列出所有可用的网络连接，鼠标右击"本地连接"，在弹出的快捷菜单中选择"属性"命令，打开如图 6-47 所示的"以太网属性"对话框。

图 6-47 "以太网属性"对话框

步骤 2：在"此连接使用下列项目"列表框中，选择"Internet 协议版本 4（TCP/IPv4）"选项，单击"属性"按钮，打开"Internet 协议（TCP/IP）属性"窗口，分别选中"自动获得 IP 地址"和"自动获得 DNS 服务器地址"单选按钮，然后单击"确定"按钮，保存对设置的修改即可。

配置方式 2：

在局域网中的任何一台 DHCP 客户端上，可以进入 DOS 命令提示符界面，利用 ipconfig 命令的相关操作查看 IP 地址的相关信息。

① 执行 C:\ipconfig/renew 可以更新 IP 地址。

各命令解析如下：

C:\>ipconfig/renew

Windows IP Configuration Ethernet adapter 本地连接：

    Connection-specific DNS Suffix .：

    IP Address............：192.168.1.50   /IP 地址

```
            Subnet Mask . . . . . . . . . . . : 255.255.255.0         /子网掩码
            Default Gateway . . . . . . . . . : 192.168.1.1          /默认网关
```
② 执行 C:\ipconfig/all 可以看到 IP 地址、WINS、DNS、域名是否正确。
```
C:\>ipconfig/all
Windows IP Configuration
    Host Name . . . . . . . : Win10                /主机名称
    Primary Dns Suffix   . . : cninfo.com          /主 DNS 后缀
    Node Type . . . . . . . . . . . : Hybrid      /节点类型：有 3 种类型，分别
```
是 Hybrid（混合）、Broadcast（广播）、Unkown（未知）
```
    IP Routing Enabled. . . . . . . . : No         /IP 路由启用
    WINS Proxy Enabled. . . . . . . . : No         /WINS 代理服务启用
    DNS Suffix Search List. . . . . . : info.com   /DNS 后缀搜索列表
```
③ 要释放地址使用 C:\ipconfig/release 命令。

实施评价

本项目的主要训练目标是让学习者学会复杂环境下（多操作系统）网络组建和应用，具体要求见表 6-5。

表 6-5　任务实施情况小结

序号	知　识	技　　能	态　度	重要程度	自我评价	老师评价
1	● 需求分析内容与目标 ● 拓扑结构	○ 与用户恰当沟通 ○ 准确完成需求分析 ○ 设计合理的拓扑结构	◎ 耐心解释 ◎ 细致分析、条理清楚	★★★		
2	● 代理服务器 ● DHCP 含义、特点、作用	○ 代理服务器配置 ○ DHCP 服务器配置	◎ 仔细规划地址 ◎ 积极思考并努力解决问题 ◎ 爱护设备	★★★ ★★		
任务实施过程中已经解决的问题及其解决方法与过程						
问题描述			解决方法与过程			
1.						
2.						
任务实施过程中未解决的主要问题						

任务拓展

拓展任务：动态分配同网段的两段地址

1. 任务拓展卡

任务拓展卡见表 6-6。

表 6-6 任务拓展的任务卡

任务编号	006-3	任务名称	动态分配同网段的两段地址	计划工时	45 min
任务描述					
要在一台服务器上动态分配 192.168.1.1 ~ 192.168.1.30，192.168.1.40 ~ 192.168.1.80 的地址，该如何设置动态分配的地址范围					
任务分析					
该任务是设置动态地址分配范围，与普通设置不同的是，该地址范围是同一网段但不连接的两段网络地址，而同一网段的地址不能同时添加两次，那么常用的添加方式不可能完成。发现，该两段地址只是中间有部分间隔，还是具有连续性的，可以分解为两个步骤完成： （1）添加 192.168.1.1 ~ 192.168.1.80 的地址 （2）排除 192.168.1.30 ~ 192.168.1.40					

2. 拓展任务完成过程提示

步骤 1：设置动态分配的地址范围，如图 6-48 所示。

步骤 2：添加排除在外的地址范围，如图 6-49 所示。

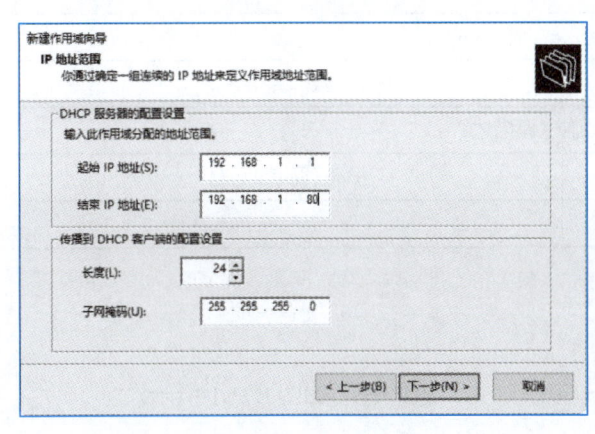

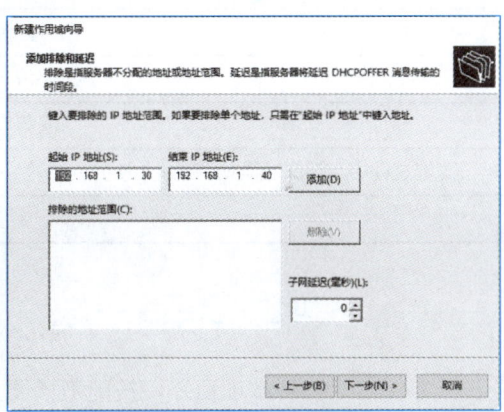

图 6-48 设置 IP 地址范围

图 6-49 "新建作用域向导–添加排除和延迟"界面 1

步骤 3：单击"添加"按钮，展开如图 6-50 所示的对话框。设置完成后就可以了。

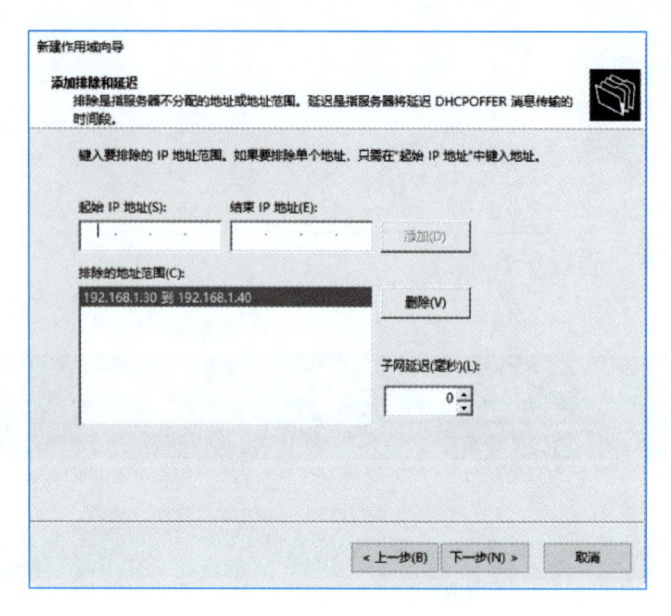

图 6-50 "新建作用域向导—添加排除和延迟"界面 2

3. 任务拓展评价

任务拓展评价内容见表 6-7。

表 6-7 任务拓展评价表

任务编号	006-3	任务名称	动态分配同网段的两段地址		
任务完成方式	【 】小组协作完成		【 】个人独立完成		
任务拓展完成情况评价				
自我评价		小组评价		教师评价	
任务实施过程描述				
实施过程中遇到的问题及其解决办法、经验				没有解决的问题	

项目总结

本项目知识技能考核要点见表 6-8，思维导图如图 6-51 所示。

表 6-8 知识技能考核要点

任务		考核要点	考核目标	建议考核方式
6-1	6-1-1	● 用户调查分析报告	○ 学会设计调查分析内容，撰写调查分析报告	调查分析报告
	6-1-2	● 需求分析内容和目标	○ 学会需求分析和撰写需求分析报告	需求分析报告

续表

任务		考核要点	考核目标	建议考核方式
6-1	6-1-3	● 网络拓扑结构	○ 选择恰当的拓扑结构类型 ○ 设计正确的拓扑结构	拓扑结构图
6-2	6-2-1	● 网络设备选购	○ 选购交换机	交换机名称和型号
	6-2-2	● Internet 共享设置	○ 代理服务器配置	实际操作
	6-2-3	● DHCP 服务器配置	○ DHCP 服务安装与配置	实际操作，能完成计算机间的文件共享

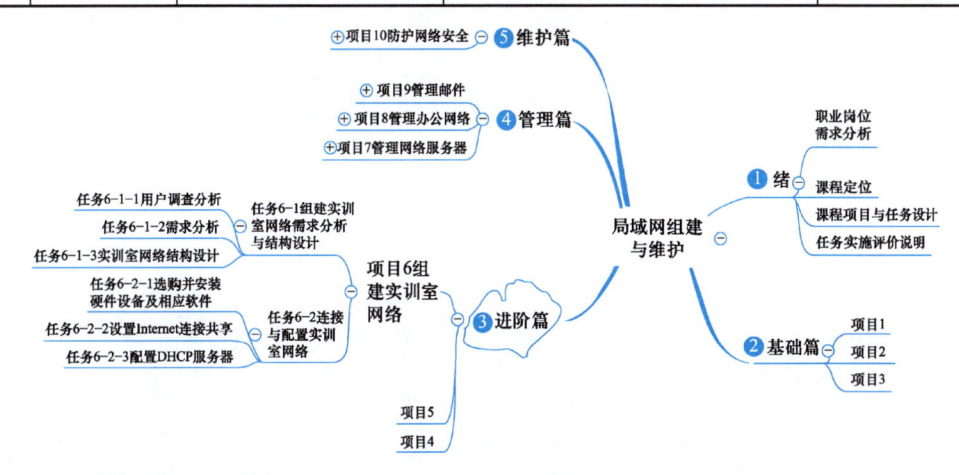

图 6-51　项目 6 思维导图

思考与练习

一、思考题

简述 DHCP 服务器为 DHCP 客户机分配 IP 地址的方式。

二、填空题

1. _____服务器能够为客户机动态分配 IP 地址。

2. _____就是 DHCP 客户机能够使用的 IP 地址范围。

3. DHCP 是_____的简称，用于网络中计算机_____，是一个简化主机 IP 地址分配管理的 TCP/IP 协议标准。

4. DHCP 服务器安装好后并不是立即就可以给 DHCP 客户端提供服务，它必须经过一个_____步骤。未经此步骤的 DHCP 服务器在接收到 DHCP 客户端索取 IP 地址的要求时，并不会给 DHCP 客户端分派 IP 地址。

三、选择题

1. 要实现动态 IP 地址分配，网络中至少要求有一台计算机的网络操作系统中安装_____。

A. DNS 服务器　B. DHCP 服务器　C. IIS 服务器　D. PDC 主域控制器
2. 下面_____属性 DHCP 服务器不可以在 DHCP 作用域中设定。
   A. IP 地址　　B. DNS 服务器　　C. 网关地址　　D. 计算机名
3. 使用"DHCP 服务器"功能的好处是_____。
   A. 降低 TCP/IP 网络的配置工作量
   B. 增加系统安全与依赖性
   C. 对那些经常变动位置的工作站 DHCP 能迅速更新位置信息
   D. 以上都是
4. DHCP 是动态主机配置协议，其作用是_____。
   A. 动态分配确定地址范围的地址　　　B. 动态分配所有的地址
   C. 把地址永久配置给主机　　　　　　D. 以上都不是
5. 下列关于 DHCP 的配置的描述中，错误的是_____。
   A. DHCP 服务器不需要配置固定的 IP 地址
   B. 如果网络中有较多可用的 IP 地址并且很少对配置进行更改，则可适当增加地址租约期限长度
   C. 释放地址租约的命令是 "ipconfig/release"
   D. 在管理界面中，作用域被激活后，DHCP 才可以为客户机分配 IP 地址
6. 以下关于 DHCP 技术特征的描述中，错误的是_____。
   A. DHCP 是一种用于简化主机 IP 地址配置管理的协议
   B. 在使用 DHCP 时，网路上至少有一台 Windows 2003 服务器上安装并配置了 DHCP 服务，其他要使用 DHCP 服务的客户机必须配置 IP 地址。
   C. DHCP 服务器可以为网络上启用了 DHCP 服务的客户端管理动态 IP 地址分配和其他相关环境配置工作
   D. DHCP 降低了重新配置计算机的难度，减少了工作量

四、操作题

1. 某单位使用 DHCP 服务器分配 IP 地址，配置 DHCP 服务器创建作用域的操作要求如下。
   （1）IP 地址范围为 192.168.1.1～192.168.1.255
   （2）服务器地址为 192.168.1.1
   （3）DHCP 客户端默认网关地址为 192.168.1.255
   （4）DNS 服务器地址为 192.168.1.88
2. 完成 1 个 DHCP 服务器配置，使其可以出租的 IP 地址为 192.168.0.1～192.168.0.100（但不含有 192.168.0.10～192.168.0.19 范围内的 IP 地址），另外，将 192.168.0.1 保留给 MAC 地址为 00-c0-9f-21-5c-06 的服务器。

第3篇 管理篇

【篇首语】

前面各篇中已经介绍了组建对等网络、家庭网络、办公网络、实训室网络的基本技能，网络中的计算机也由两台增加到几十台，由于规模逐渐增大，因此需要加强网络中数据的安全管理，提高网络管理技能。

管理篇的主要任务及在本书组织中的位置下图所示。

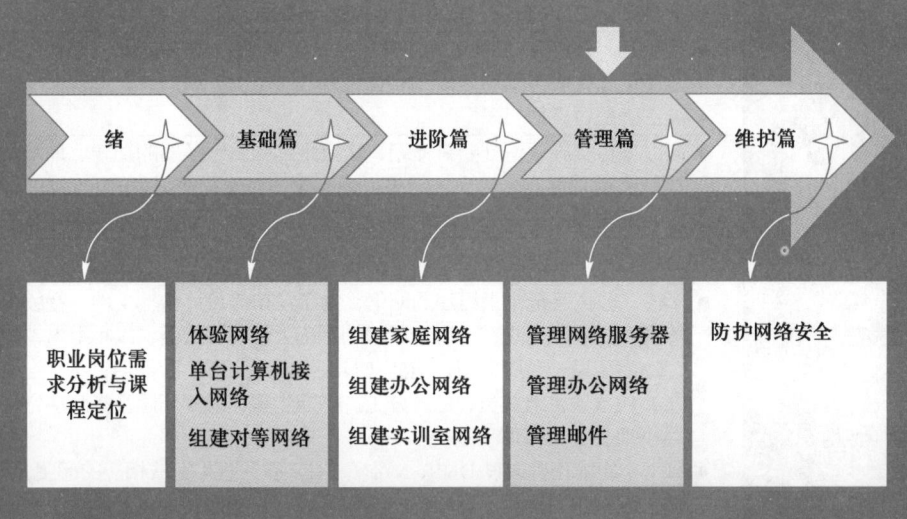

绪 → 基础篇 → 进阶篇 → 管理篇 → 维护篇

- 职业岗位需求分析与课程定位
- 体验网络 / 单台计算机接入网络 / 组建对等网络
- 组建家庭网络 / 组建办公网络 / 组建实训室网络
- 管理网络服务器 / 管理办公网络 / 管理邮件
- 防护网络安全

项目 7　管理网络服务器

服务器是局域网的重要设备之一。例如，公司要在网上公布信息，需要配置 Web 服务器；要传送文件，需要配置 FTP 服务器。对这些服务器的一般应用，可利用 Internet 信息服务（IIS）来配置，包括增加 Web、FTP 站点，设置访问权限等。除此之外，还需要域名解析的 DNS 服务器、管理邮件的邮件服务器、负责文件存储的文件服务器等。

当然，需要对网络中的服务器进行详细规划后才能合理利用，本项目将详细介绍各类服务器的配置与管理。

教学导航

知识目标	● 了解 DNS、FTP、WWW 服务器的含义、作用、工作原理、工作方式和组成 ● 熟悉各服务器安装前的准备工作 ● 学会分析 DNS 查询过程并熟悉其查询模式、解析方式
技能目标	● 能顺利、熟练完成 DNS、FTP、WWW 等服务器的安装、配置和管理 ● 能使用邮件服务器有效规划和管理邮件 ● 能正确配置虚拟目录
素养目标	● 通过项目实施认识到要有计划、认真规划网络服务器的功能、地址及其设置参数，否则就会前功尽弃，给实施带来很多问题，需要花费更多的时间来完成 ● 耐心细致操作，一个小的参数设置不对，就会导致整个服务器不能按要求实现
教学方法	讲练结合、问题式教学、启发式教学法
考核成绩 A 等标准	● 学校、公司甚至个人组建的网络，为了发布信息、传输文件、在线电影点播等都需要服务器。本项目是在小型局域网的基础上管理服务器，以小组为单位（2～3 人），每个小组架设一台服务器，包括 DNS、Web、FTP 服务器；每组上交一份实验实训报告，包含项目组成员、任务分工、搭建步骤、遇到问题及其解决方法、小组总结等，由小组长负责整理和上交 ● 每个小组能正确架设 DNS、Web、FTP 服务器和完成相应的配置，如架设 DNS 服务器，配置正向搜索区域和反向搜索区域，并能通过 NSLOOKUP 测试 DNS 服务器工作正常，读懂 NSLOOKUP 的屏幕信息；各服务器功能测试正常，如 FTP 服务器能完成文件的上传和下载；工作时不大声喧哗，遵守纪律，与同组成员间协作愉快，配合完成了整个工作任务，保持工作环境清洁，任务完成后自动整理、归还工具、恢复到原始工作状态，关闭电源
评价方式	教师评价+小组评价+个人评价。教师根据每组实际操作结果、实验实训报告、小组成员互相评价意见记录、个人心得体会、搭建过程中遇到的问题、解决办法等做出综合评价
操作流程	系统和资源准备→配置 Web 服务器→配置 FTP 服务器→配置 DNS 服务器
准备工作	Windows 操作系统安装盘、域名及 IP 地址、Web 和 FTP 的 IP 地址及默认文档文件名、Serv-U 软件
课时建议	12 课时（含课堂任务拓展）

项目描述

某公司为了满足信息化建设需求，及时对员工发布公司的决策和运营状况，需要配置服务器完成网页发布、文件传输、邮件发送，以实现公司与客户之间的正常通信，保证公司业务正常开展。

项目分解

任务 7-1 的任务卡见表 7-1。

表 7-1　任务 7-1 任务卡

任务编号	007-1	任务名称	配置 Web 服务器	计划工时	90 min
工作情境描述					
某公司的本月工作重点、出勤考核情况、生产进度以及一些规章制度等公司文件都在内部网站上发布，让每个员工了解公司的经营状况；同时该网站也是该公司的工作平台，所有的工作力求通过网络传递，逐步实现无纸化办公，建设节约型公司；另外，网站也是对外宣传的窗口，其内容需要不断丰富与更新					
操作任务描述					
根据工作情境描述发现，需要建立一个 Web 网站，通过网站发布公司信息，并不断更新网站内容，首先架设和配置一个 Web 服务器。 （1）安装 Web 服务器 （2）配置 Web 服务器 （3）进行 Web 服务器管理					
操作任务分析					
任务分解如下： （1）安装 Web 服务器 （2）配置和管理 Web 服务器					

任务 7-2 的任务卡见表 7-2 所示。

表 7-2　任务 7-2 任务卡

任务编号	007-2	任务名称	配置 FTP 服务器	计划工时	180 min
工作情境描述					
为了节约个人计算机空间及提高办公效率，蝴蝶软件公司决定在服务器上设立一些公用的文件夹（如共享软件），员工需要时直接到服务器上取就可以，大大节省网络搜索时间和网络资源；另外，有紧急任务时员工可以在家完成任务，然后传回公司，并且有时文件比较大，邮件的附件不能满足要求					
操作任务描述					
利用 Internet 信息服务（IIS）构建 Web 服务器，另外 IIS 集成了 FTP 服务器。因此，构建 FTP 服务器的工作要简单多了。主要是对 FTP 服务器进行配置和管理，另外还可用专门的 Serv-U 服务器软件来建立和配置 FTP 服务器					
操作任务分析					
要提高办公效率，并且方便办公，当文件太大不能用其他方式传送时，用 FTP 传送。具体任务分解如下： （1）架设 FTP 服务器 （2）配置和管理 FTP 服务器（配置默认站点；添加新的 FTP 站点；管理 FTP 站点，设置用户访问权限；设置拒绝不受欢迎用户的 IP 地址；分别设置 FTP 站点允许、拒绝用户上传文件；在一台服务器上配置多个 FTP 站点；测试） （3）用 Serv-U 建立和配置 FTP 服务器					

任务 7-3 的任务卡见表 7-3。

表 7-3　任务 7-3 任务卡

任务编号	007-3	任务名称	配置 DNS 服务器	计划工时	90 min
工作情境描述					
架设了 Web 服务器和 FTP 服务器后，文件的传输和下载非常方便，大大提高了办公效率，但是，蝴蝶软件公司的员工都发现了一个很大的问题，这些枯燥的数字实在难记，往往记错，有没有容易记忆的办法，或者说不要 IP 地址呢？					
操作任务描述					
计算机的记忆功能强，可以使用数字的 IP 地址（使用点分十进制法来表示）在网络上进行通信。而人虽然比较灵活，但面对一堆毫无意义的数据，非常枯燥难记，如果能够提供一种方法把 IP 地址转换为有意义的名称就会让工作更为简单而且容易记忆。					
操作任务分析					
要让网络能够正常通信，又能实现 IP 地址和有意义名称之间的相互转换，就需要有 DNS 服务器来完成这个工作。具体任务分解如下： （1）做好预备工作，架设 DNS 服务器 （2）配置和管理 DNS 服务器（创建正向区域；创建反向区域；添加主机记录和指针；给 Web 服务器创建别名；测试） （3）配置 DNS 客户端 （4）架设和配置好后再进行检测					

知识准备

【知识 1】 DNS 组成、地址解析方式及解析过程

1. DNS 组成

DNS 采用分层管理的方式管理着整个 Internet 上的主机名和 IP 地址，一个完整的域名空间应该包括根域、顶级域、二级域、子域和主机五部分，如图 7-1 所示。完整的域名书写是从最低层开始，写向最高层，如 www.tsinghua.edu.cn。

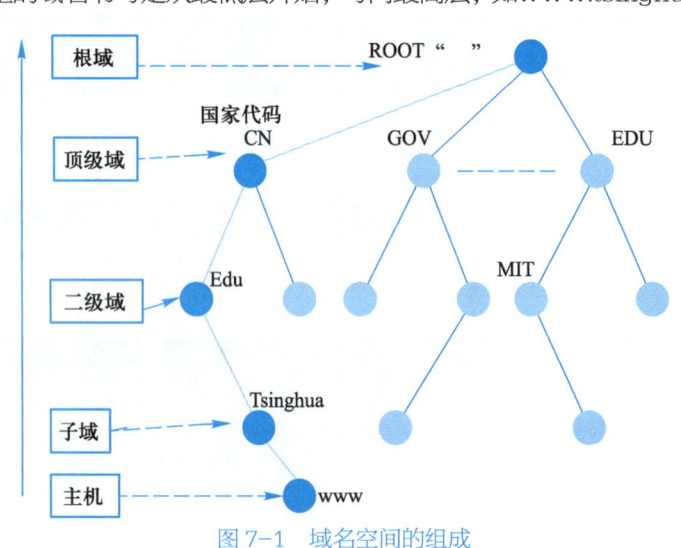

图 7-1　域名空间的组成

① 根域是域名空间的最高层，根名为空。
② 顶级域指示国家或主机所属单位的类型，见表 7-4。
③ 二级域表明顶级域内的特定组织。
④ 子域是各组织单位根据需要创建的名称。
⑤ 主机标识特定资源的名称，如 WWW 标识 Web 服务器、FTP 标识 FTP 服务器、SMTP 标识电子邮件发送器等。

表 7-4 顶 级 域 名

域名代码	含 义	地区代码	国家或地区
EDU	教育机构	CN	中国
COM	商业组织	AU	澳大利亚
GOV	政府部门	JP	日本
NET	网络支持中心	KR	韩国
MIL	军事部门	RU	俄罗斯
ORG	其他组织	UK	英国
INT	国际组织	DE	德国
Country Code	国家代码	CA	加拿大
FIRM	商业公司	BR	巴西
STORE	商品销售企业	FR	法国
WEB	与 WWW 相关的单位		
ARTS	文化和娱乐单位		
INFO	提供信息服务的单位		

2. DNS 的解析过程

蝴蝶软件公司网络内部的员工需要连接到www.tsinghua.com网站，以下具体分析域名解析过程。

（1）DNS 工作过程
① 客户机提出域名解析请求，并将该请求发送给本地的域名服务器。
② 当本地的域名服务器收到请求后，就先查询本地的缓存，如果有该记录项，则本地的域名服务器就把查询的结果直接返回。
③ 如果本地的缓存中没有该记录，则本地域名服务器就直接把请求发给根域名服务器，然后根域名服务器再返回给本地域名服务器一个所查询域(根的子域)的主域名服务器的地址。
④ 本地服务器再向上一步返回的域名服务器发送请求，然后接受请求的服务器查询自己的缓存，如果没有该记录，则返回相关的下级域名服务器的地址。
⑤ 重复第④步，直到找到正确的记录。

⑥ 本地域名服务器把返回的结果保存到缓存，以备下一次使用，同时还将结果返回给客户机。

(2) 解析

要与www.tsinghua.edu通信，首先需要获取该主机的IP地址，这就需要使用域名服务器。具体解析过程如图7-2所示，各步骤含义见表7-5。

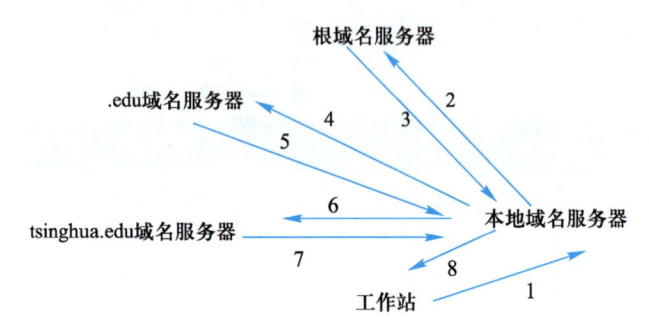

图 7-2 域名解析过程

表 7-5 域名解析过程

步骤	含 义
1	工作站向本地域名服务器查询www.tsinghua.edu 的IP地址，本地域名服务器先查询自己的数据库，没有发现相关记录
2	本地域名服务器向根域名服务器发出查询www.tsinghua.edu 的IP地址的请求
3	根域名服务器给本地域名服务器返回一个指针信息，指向.edu 域名服务器
4	本地域名服务器向.edu 域名服务器发出查询tsinghua.edu 的IP地址的请求
5	.edu 域名服务器给本地域名服务器返回一个指针信息，指向tsinghua.edu 域名服务器
6	本地域名服务器向tsinghua.edu 域名服务器发出查询www.tsinghua.edu 的IP地址的请求
7	tsinghua.edu 域名服务器给本地域名服务器返回www.tsinghua.edu 的IP地址，本地域名服务器将www.tsinghua.edu 的IP地址发送给解析器
8	解析器使用IP地址与www.tsinghua.edu 进行通信，返回主页信息

【知识2】 禁止非授权访问

管理员将文件传到FTP服务器上供下载，允许采用匿名访问方式访问。但这些文件需要保持更新，管理员需要有"写"的权限，但其他员工不允许随意修改，因此只有管理员才有"写"的权限，用户名为"w"，密码为"310b0WtT"，FTP服务器地址为192.168.0.20。

操作步骤：打开IE浏览器，在地址栏中输入ftp://w@192.168.0.20，打开如图7-3所示的界面，然后输入用户名和密码实现登录。

或者在地址栏中输入ftp://w:310b0WtT@192.168.0.20并按Enter键，如图7-4所示，则会直接登录服务器。

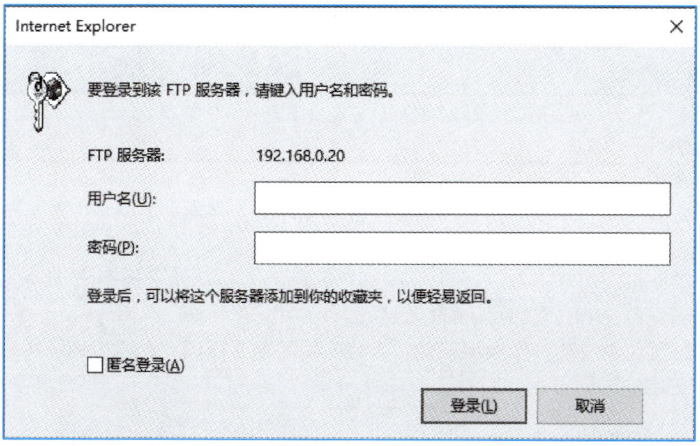

图 7-3　在地址栏中输入ftp://w@192.168.0.20登录界面

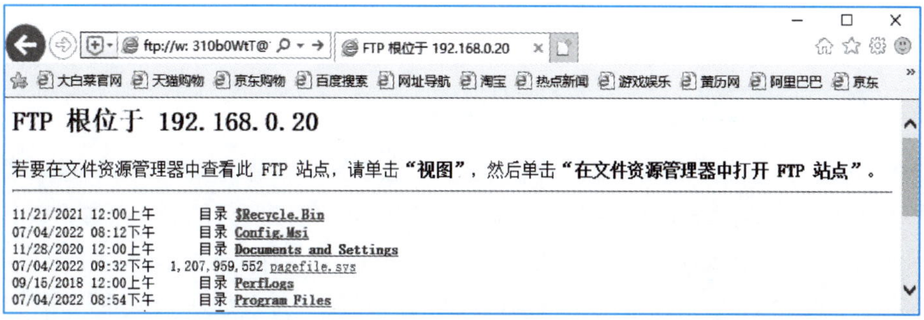

图 7-4　在地址栏中输入ftp://w:310b0WtT@192.168.0.20登录界面

任务实施

任务实施流程见表 7-6。

表 7-6　任务实施流程

工具准备		
工具/材料/设备名称	数量与单位	说　　明
系统盘	1 个/组	用于安装 IIS、DNS 服务器
Serv-U 软件	1 个/组	用于 FTP 服务器配置
参考资料		
1. IIS、FTP、WWW 服务的功能 2. Serv-U、虚拟目录说明 3. 服务安装所必需的条件 4. 用户、文件名称及其权限 5. DNS 服务安装说明或操作步骤 6. 实施计划		

实施流程
1. 阅读【知识准备】，如果不够，则利用网络查找参考资料学习相关知识
2. 认真阅读任务卡，明确任务
3. 填写材料和设备清单，准备和领取实验工具与材料
4. 根据【任务实施】任务先后顺序与步骤，完成具体安装或配置任务，在完成每个小任务后测试任务完成情况，保证任务 100% 完成
5. 检查服务器当前状态：工作是否正常
6. 按照操作步骤或操作说明配置 Web、FTP、DNS 服务器
7. 用实际应用检验服务器配置是否成功，如果不成功，查找出现问题的原因并查找故障解决办法。如配置 Web 服务器后，能否查看已创建的网页
8. 填写测试报告
9. 记录操作过程中出现的问题和解决办法，思考问题解决是否合适，有没有更好的办法

任务 7-1　配置 Web 服务器

任务 7-1-1　架设 Web 服务器

Web 服务器对性能要求较高，主要是考虑服务器的稳定性和以后数量的增长性。为了提高系统的稳定性，还是推荐使用高性能的服务器。在部署 Web 服务器之前，应做好以下准备。

① 设置 Web 服务器的 IP 地址为静态 IP 地址，并设置好 Web 服务器的子网掩码、网关等信息。

② 确定 Web 域名，这里设置域名为 tcbuu.edu.cn。

本项目主要介绍采用 Windows Server 2019 系统中的 IIS 集成功能来构建蝴蝶网络公司的内部网站。

在服务器上通过"服务器管理器"安装 Web 服务器，其安装步骤如下：

步骤 1：以管理员的身份登录服务器，依次单击"开始"→"控制面板"→"管理工具"，打开"服务器管理器"窗口，单击"服务器管理器"左侧的"角色"节点，然后再单击右侧的"添加角色"按钮，打开如图 7-5 所示的"添加角色和功能向导-选择服务器角色"界面，选中"Web 服务器(IIS)"复选框。

步骤 2：单击"下一步"按钮，打开如图 7-6 所示的"添加角色和功能向导-Web 服务器角色（IIS）"界面，该界面中有 Web 服务器的简单介绍。

步骤 3：单击"下一步"按钮，打开如图 7-7 所示"添加角色和功能向导-选择角色服务"界面，在该界面对 Web 服务器的角色进行选择。

图 7-5 "添加角色和功能向导–选择服务器角色"界面

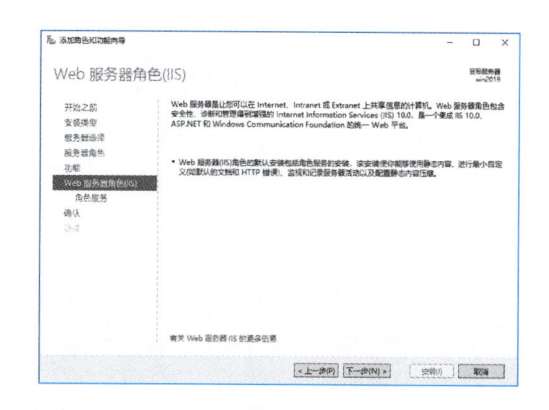

图 7-6 "添加角色和功能向导–Web 服务器角色（IIS）"界面

步骤 4：单击"下一步"按钮，打开如图 7-8 所示"添加角色和功能向导–确认安装所选内容"界面。

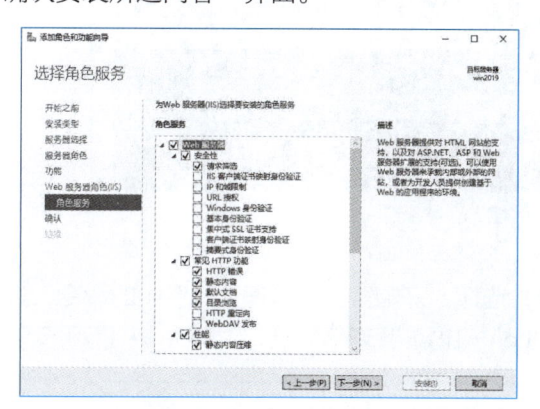

图 7-7 "添加角色和功能向导–选择角色服务"界面

图 7-8 "添加角色和功能向导–确认安装所选内容"界面

步骤 5：单击"安装"按钮开始安装 Web 服务器，安装完成后出现如图 7-9 所示的"添加角色和功能向导–安装进度"界面，最后单击"关闭"按钮完成 Web 服务器的安装。

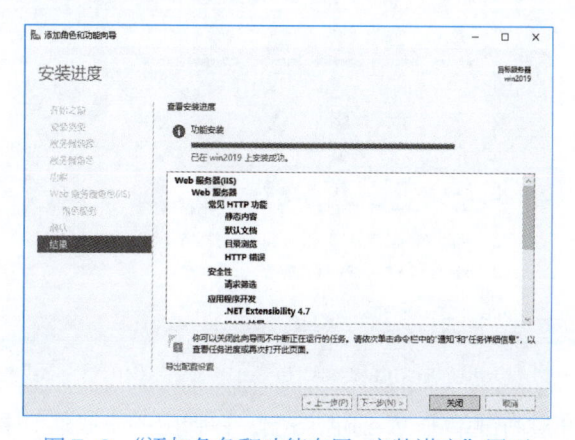

图 7-9 "添加角色和功能向导–安装进度"界面

任务 7-1-2 配置和管理 Web 服务器

1. 启动和停止 Web 服务

启动或停止 Web 服务，可以使用 net 命令、Web 控制台、服务控制台和服务器管理器 4 种常用方法。

（1）使用 net 命令

以管理员身份登录服务器，在 DOS 命令提示符下，输入命令"net stop w3svc"停止 Web 服务；输入命令"net start w3svc"启用 Web 服务，如图 7-10 所示。

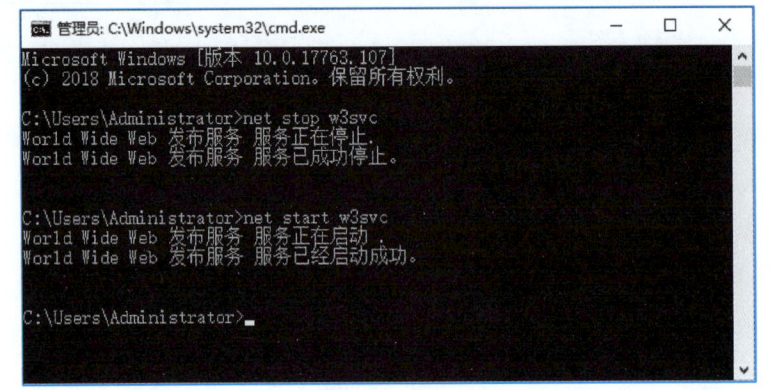

图 7-10　命令方式启动或停止 Web 服务

（2）使用 Web 控制台

以管理员的身份登录服务器，选择"开始"→"管理工具"中的命令，打开"Internet Information Services（IIS）管理器"窗口，如图 7-11 所示。

图 7-11　"Internet Information Services（IIS）管理器"窗口

管理员可通过右键单击 Web 服务器，在弹出的快捷菜单中选择"所有任务"→"启动"或"停止"命令来完成 Web 服务的启动或停止。

（3）使用服务控制台

以管理员的身份登录服务器，选择"开始"→"管理工具"中的命令，打开如图 7-12 所示的"服务"窗口。

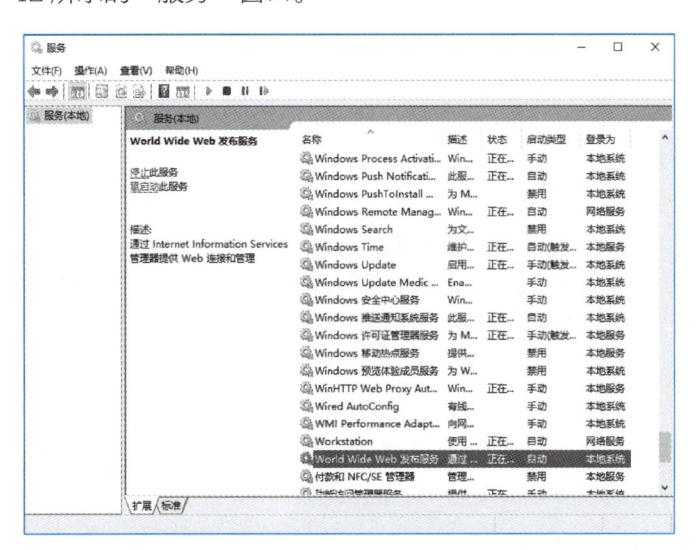

图 7-12 "服务"窗口

管理员可通过单击"停止""启动""重启动"等按钮来完成对 Web 服务器的操作。

（4）使用服务器管理器

以管理员的身份登录服务器，选择"开始"→"管理工具"中的命令，打开如图 7-13 所示"服务器管理器"窗口。管理员可通过单击"停止""启动""重新启动"等按钮来完成对 Web 服务器的操作。

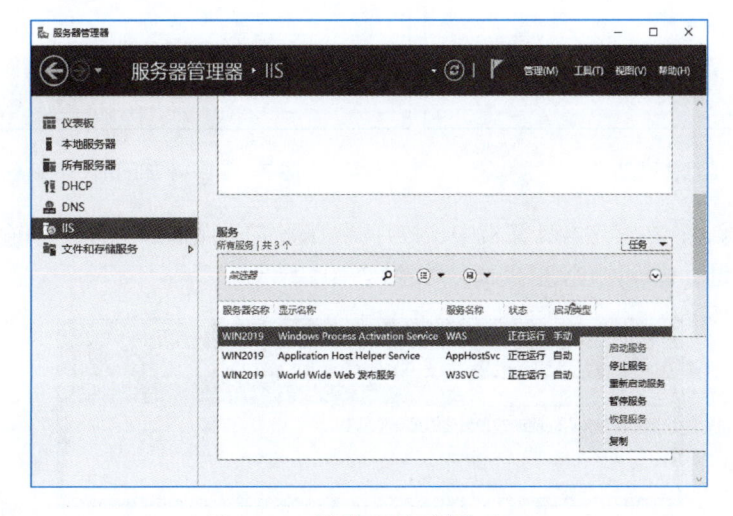

图 7-13 "服务器管理器"窗口

2. 创建使用 IP 地址访问的 Web 网站

在 Web 服务器上创建一个网站"shil",使得用户可以通过 IP 地址的方式访问该网站,具体操作步骤如下。

步骤 1:以管理员的身份登录服务器,打开"Internet Information Services(IIS)管理器"窗口,在控制台树中依次展开服务器和"网站"节点。可以看到有一个默认网站(Default Web Site)。右键单击网站"Default Web Site",在弹出的快捷菜单中选择"管理网站"→"停止"命令,将默认网站停止运行,如图 7-14 所示。

步骤 2:在 D 盘下创建网站存储目录"D:\web",并在该目录下创建一个网页文件 index.htm,网页文件可通过网页编辑软件自行创建。

步骤 3:在"Internet Information Services(IIS)管理器"窗口中展开服务器节点,右键单击"网站",在弹出的快捷菜单中选择"添加网站"命令,打开如图 7-15 所示的"添加网站"对话框。在该对话框中可以指定网站名称(shil)、应用程序池、网站内容目录(D:\web)、传递身份验证、网站类型(http)、IP 地址(10.2.1.15)、端口号(80)、主机名以及是否启动网站。设置好这些参数后,单击"确定"按钮,完成网站的创建。

图 7-14 停止默认网站   图 7-15 "添加网站"对话框

步骤 4:在客户端计算机中,打开浏览器,在浏览器的地址栏中输入网站的 IP 地址,访问刚创建的网站,如图 7-16 所示。

图 7-16 测试网站界面

3. 创建使用域名访问的 Web 网站

通过 IP 地址创建网站的方法虽然能完成网站的创建，但要记住这些 IP 地址非常痛苦，而且人们日常访问网站时，习惯于使用域名的方式访问。使用域名创建网站的具体步骤如下。

步骤 1：单击服务器左下角的"开始"按钮，在弹出的"开始"菜单中选择"Windows 管理工具"→"DNS"命令，如图 7-17 所示。

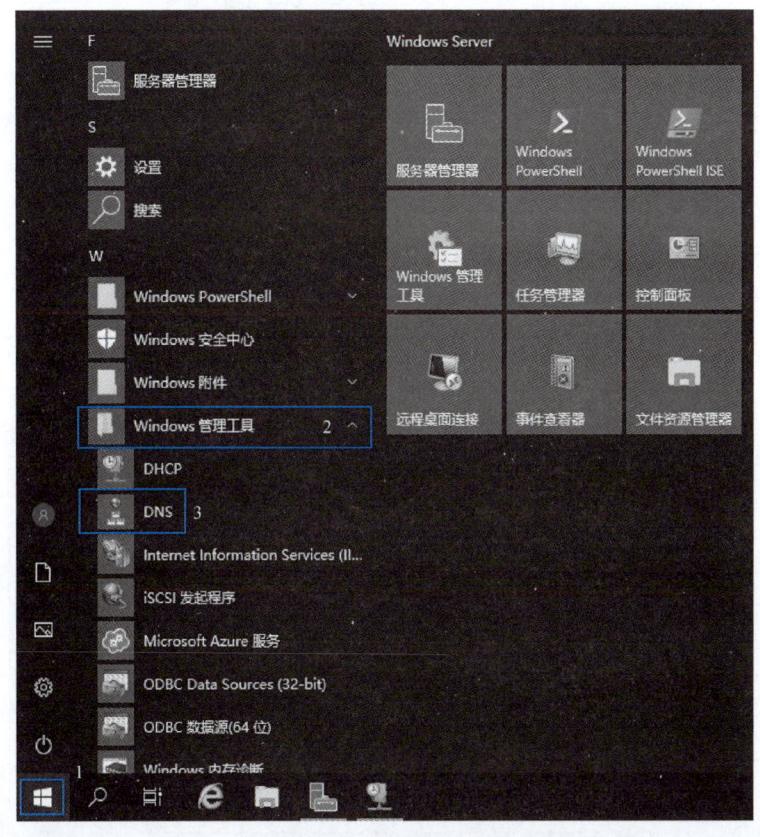

微课
使用不同的主机头名

图 7-17 "开始"菜单

步骤 2：打开如图 7-18 所示的"DNS 管理器"窗口，展开"正向查找区域"，单击鼠标右键，在弹出的快捷菜单中选择"新建区域"命令。

步骤 3：打开如图 7-19 所示的"新建区域向导-区域名称"界面（前面步骤与新建 DNS 区域保持一致），在"区域名称"文本框中输入区域名称，如"tc.cn"。

步骤 4：单击"下一步"按钮，根据安装向导的提示，完成正向查找区域的添加。

步骤 5：使用鼠标右击刚创建的正向查找区域，在弹出的快捷菜单中选择"新建主机"命令，打开如图 7-20 所示的"新建主机"对话框，设置参数具体如下。

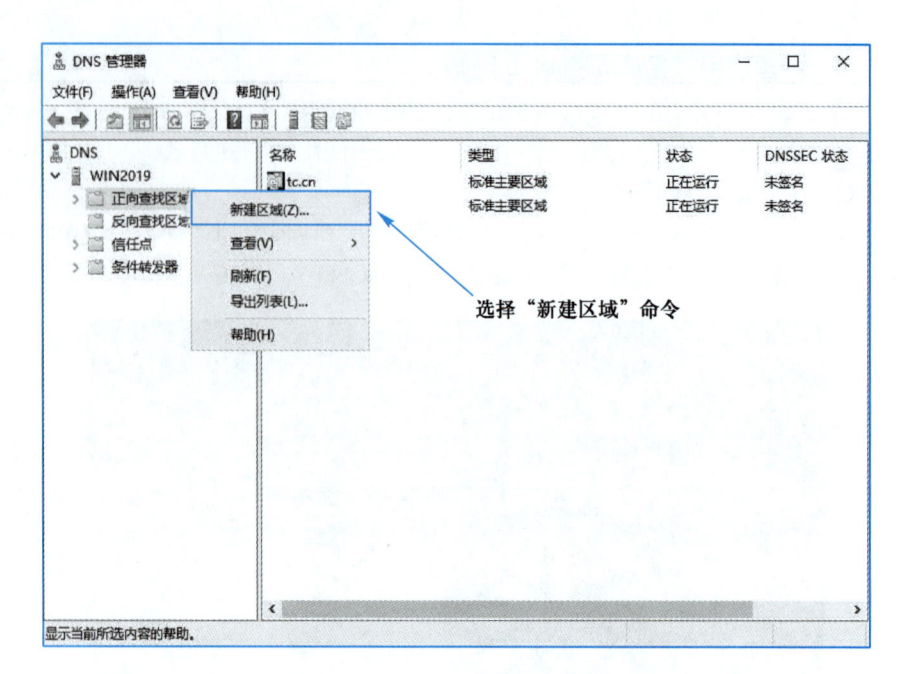

图 7-18 "DNS 管理器"窗口

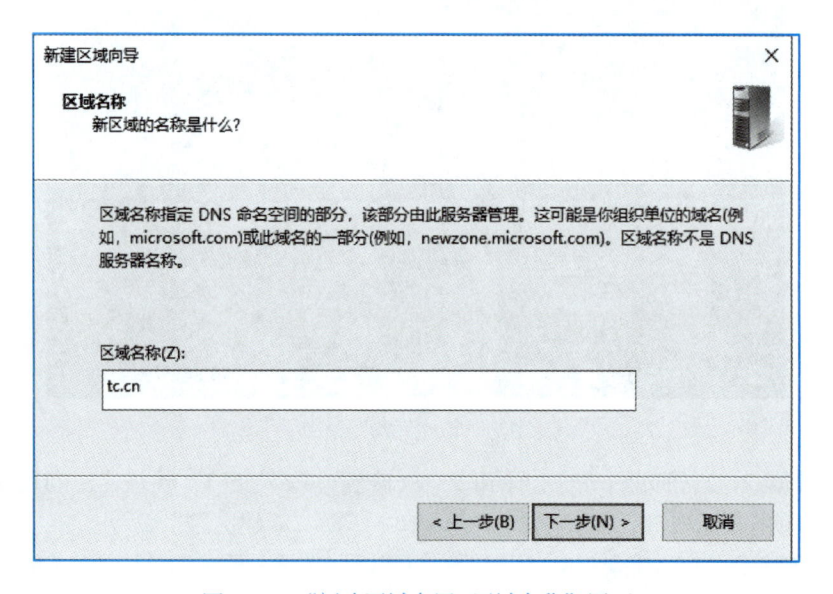

图 7-19 "新建区域向导-区域名称"界面

① 在"名称"文本框中（如果为空，则使用其父域名称）输入"windows2019"。

② 在"IP 地址"文本框中输入前面创建网站所用的 IP 地址，如 10.2.1.15。

步骤 6：单击"添加主机"按钮，主机添加成功。

图 7-20 "新建主机"对话框

步骤 7：在"DNS 管理器"界面中，使用鼠标右击刚创建的正向查找区域，如 tc.cn，在弹出的快捷菜单中选择"新建别名（CNAME）"命令，如图 7-21 所示。

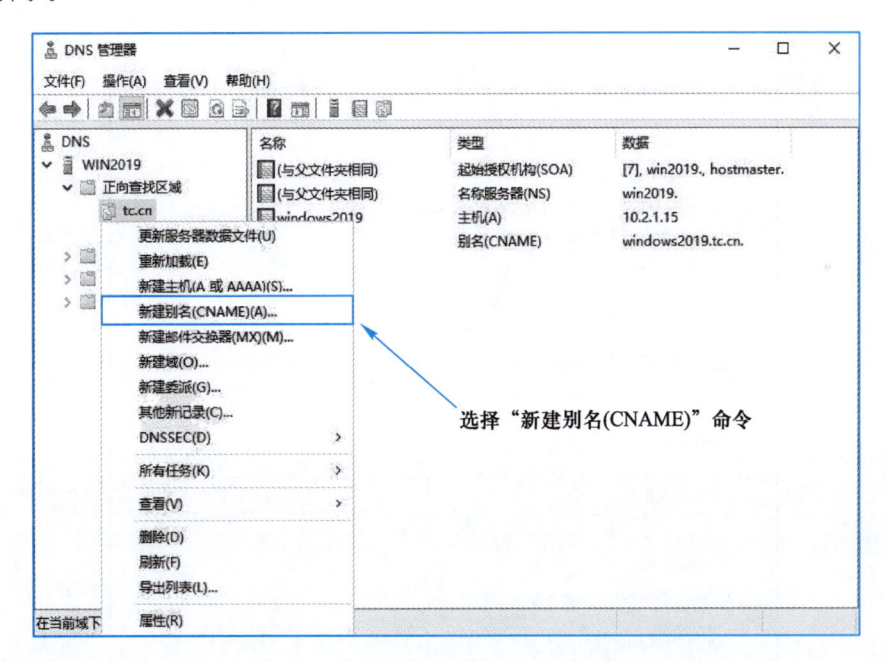

图 7-21 "DNS 管理器"界面中"新建别名"命令

步骤 8：打开如图 7-22 所示的"新建资源记录"对话框，在"别名（如果为空则使用父域）"文本框中输入"www"，在"目标主机的完成合格的域名（FQDN）"文本框中输入 Web 服务器所在主机的域名"windows2019.tc.cn"。

图 7-22 "新建资源记录"对话框

步骤 9：单击"确定"按钮，完成别名的设置。

步骤 10：在客户端（Windows 10）设置 DNS 服务器的 IP 地址为本地 Web 服务器的 IP 地址，如图 7-23 所示，DNS 服务器的地址与前面设置的地址保持一致。

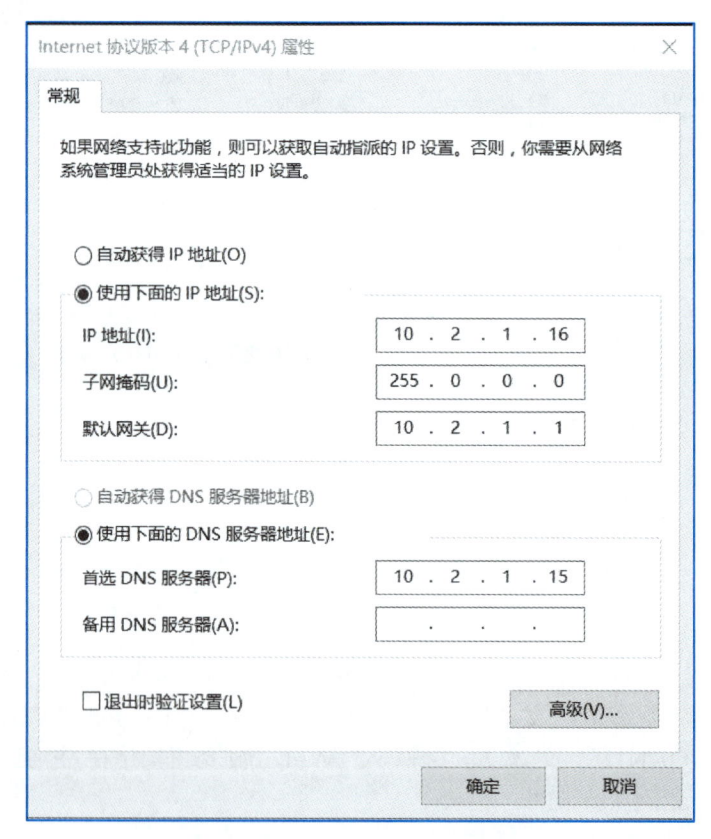

图 7-23　客户端 IP 地址配置对话框

步骤 11：在客户端通过 nslookup 命令测试是否能够解析刚刚创建的别名记录，如图 7-24 所示。

图 7-24　测试别名记录创建情况

步骤 12：打开客户端计算机的浏览器，在浏览器的地址栏中输入"www.tc.cn"并按 Enter 键，显示所创建的网站，如图 7-25 所示，说明测试网站创建成功。

图 7-25　测试网站创建情况

4. 重定向 Web 网站主目录

重定向是通过各种方法将各种网络请求重新确定方向转到其他网站。在网站的建设过程中，时常会遇到需要网页重定向的情况：例如，网站调整，需要改变网页目录结构，网页被转移到一个新地址；或者改变网页扩展名，如因应用需要把.php 改为.html 或.shtml，在这种情况下，如果不进行重定向，则用户收藏夹或搜索引擎数据库中的旧地址只能让访问客户得到一个 404 页面错误信息，访问流量白白丧失；再如某些注册了多个域名的网站，也需要通过重定向让访问这些域名的用户自动跳转到主站点等。

常用的重定向方式见表 7-7。

表 7-7　常用的重定向方式

重定向方式	说　　明
301 redirect	301 代表永久性转移（Permanently Moved），301 重定向是网页更改地址后对搜索引擎的最佳方法，只要不是暂时搬移的情况，都建议使用 301 重定向方式
302 redirect	302 代表暂时性转移（Temporarily Moved），在前些年，一些 Black Hat SEO 曾广泛应用这项技术进行作弊，目前，各大主流搜索引擎均加强了对此的打击力度
meta fresh	现已很少使用，该方式是通过网页中的 meta 指令，在特定时间后重定向到新的网页，如果延迟的时间太短（约 5 s 之内），会被判断为 spam

以将上面创建的网站重定向到"tc.edu.cn"为例具体说明重定向的详细操作步骤。

步骤 1：在"Internet Information Services（IIS）管理器"控制台中依次展开服务器和网站节点，单击"shil"，打开如图 7-26 所示的"Internet Information Services（IIS）管理器"界面。在"分组依据"中，找到"HTTP 重定向"图标。

步骤 2：双击"HTTP 重定向"图标，在弹出的如图 7-27 所示的界面中，选中"将请求重定向到此目标"复选框，在其下方的文本框中输入"http://tc.edu.cn"，单击"操作"窗格中的"应用"按钮完成设置。

图 7-26　"Internet Information Services（IIS）管理器"界面中的"HTTP 重定向"

步骤 3：在客户端输入"http://www.tc.edu.cn"时，Web 网站将重定向到"http://tc.edu.cn"。

5. 禁止某客户端访问网站的错误反馈设置

在需要禁止某客户端访问网站时，以禁止 IP 地址为 10.2.1.15 的客户端访问网站为例，具体操作步骤如下。

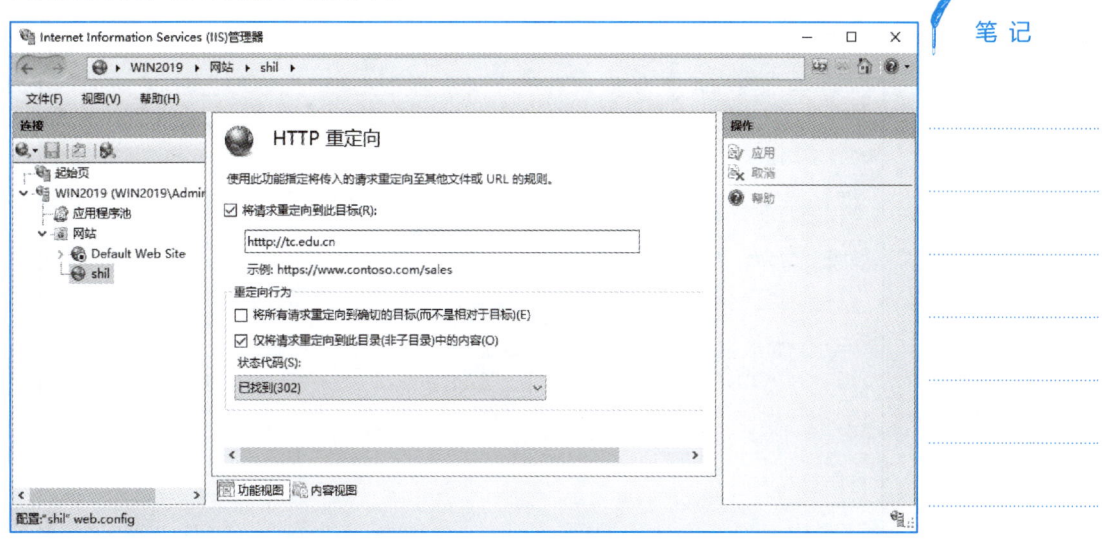

图 7-27 "Internet Information Services（IIS）管理器-HTTP 重定向"界面

步骤 1：在"Internet Information Services（IIS）管理器"控制台中依次展开服务器和"网站"节点，单击"shil"，在"分组依据"区域中，找到"IP 地址和域限制"，限制 IP 地址为"10.2.1.15"的计算机访问 Web 站点。

步骤 2：在"Internet Information Services（IIS）管理器"控制台中依次展开服务器和"网站"节点，单击"shil"，在"分组依据"区域中，找到如图 7-28 所示的"错误页"。

图 7-28 "Internet Information Services（IIS）管理器-shil 主页"错误页设置

步骤 3：双击"错误页"图标，打开如图 7-29 所示的"错误页"设置界面，可看到一些默认错误。

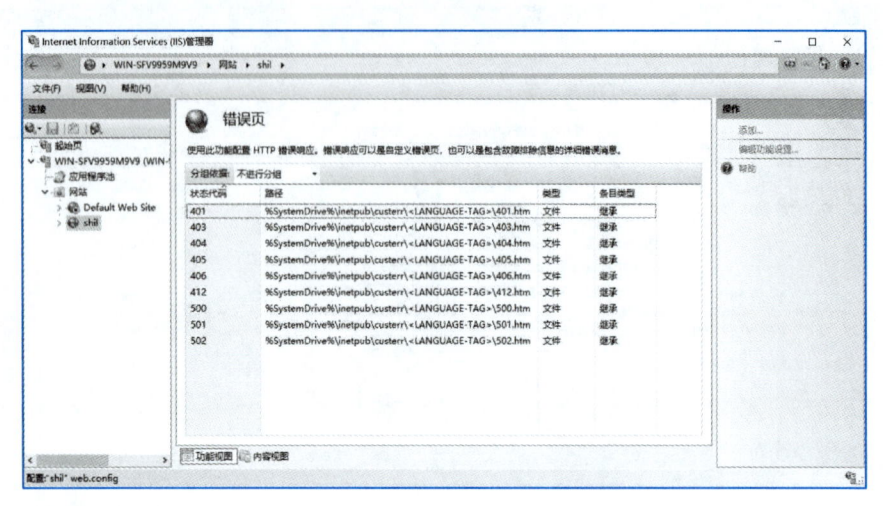

图 7-29 "Internet Information Services（IIS）管理器-错误页"设置界面

步骤 4：单击"添加"超链接，打开如图 7-30 所示的"添加自定义错误页"对话框，在"状态代码"文本框中输入"403"，在"响应操作"选项域中选中"将静态文件中的内容插入错误响应中"单选按钮，在"文件路径"文本框中输入静态文件路径，如"C:\inetpub\custerr\zh-CN\403.htm"，单击"确定"按钮完成设置。

图 7-30 "添加自定义错误页"对话框

步骤 5：在"10.2.1.15"计算机上访问网站，可看到如图 7-31 所示的错误信息。

图 7-31　验证设置的错误信息页

6. 创建 Web 网站虚拟目录

为 Web 网站创建虚拟目录"xuni"，其主目录为"D:\xuni"，具体步骤如下：

步骤 1：创建虚拟目录"D:\xuni"，在该目录下创建虚拟目录使用的网页文件"index.htm"。

步骤 2：在"Internet Information Services（IIS）管理器"控制台中展开服务器和"网站"节点，右键单击"shil"，在弹出的快捷菜单中选择"添加虚拟目录"命令，打开"添加虚拟目录"对话框。在该对话框中可以指定虚拟目录的别名和物理路径。这里将别名设置为"xuni"，物理路径设置为"D:\xuni"，如图 7-32 所示，单击"确定"按钮完成虚拟目录的创建。

微课
添加虚拟目录

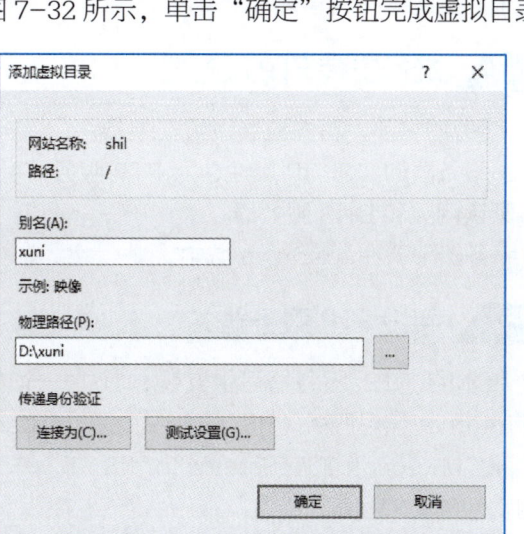

图 7-32　"添加虚拟目录"对话框

步骤 3：返回"Internet Information Services（IIS）管理器"界面，可以看到虚拟目录添加后的效果。如果某项前有虚拟目录 标识，则表明该项为虚拟目录。

步骤 4：访问虚拟目录。打开网页浏览器，在地址栏中输入"http://服务器 IP 地址或主机名/别名"，然后按 Enter 键，则可以看到目录结构和内容。本任务是在客户端 IE 浏览器的地址栏中输入"http://www.tc.edu.cn/xuni"并按 Enter 键，测试结果如图 7-33 所示。

图 7-33　测试虚拟目录是否设置成功

> 注意：虚拟目录可与原网站文件不在同一个文件夹中，甚至在不同的磁盘或不同的计算机上，但就像访问同一个文件夹一样方便。

配置 FTP 服务器

PPT

任务 7-2　配置 FTP 服务器

根据某软件公司的需求，可利用 IIS 集成的 FTP 服务来解决这类问题，其根据是：

① FTP 服务能提供比电子邮件附件更强大的文件传输服务。

② 前面建立的 Web 服务器采用的是 IIS 工具，FTP 服务器也可使用 IIS 工具建立，有利于后期的维护与管理。

任务 7-2-1　准备安装 FTP 服务器

在安装 FTP 服务器之前，首先应当设置安装条件：

① 设置 FTP 服务器的 TCP/IP 属性，为 FTP 服务器手动指定一个 IP 地址、子网掩码、默认网关和 DNS 服务器。

② 将 FTP 服务器部署在 tc.edu.cn 域中。

任务 7-2-2　架设 FTP 服务器

微课
安装 FTP 服务器

目前有两个版本的 FTP 服务器可供安装，其中一个内置在 Windows Server 2019 的 Internet 信息服务（IIS 7.5）中；另一个版本需从微软公司官方网站搜索关键词"Microsoft FTP Service for IIS 7.5"并下载该版本的安装文件，该版本的软件功能较强。

在服务器上通过"服务器管理器"安装 FTP 服务器，具体步骤如下。

步骤 1：以管理员身份登录服务器，选择"开始"→"管理工具"命令，打开"服务器管理器"界面，单击左侧窗格中的"IIS"节点，打开如图 7-34 所示的"服务器管理器-IIS"界面。

图 7-34 "服务器管理器-IIS"界面

步骤 2：在下方的"角色和功能"区域中单击"任务"右侧的下三角按钮，在弹出的下拉列表中选择"添加角色和功能"命令，打开如图 7-35 所示的"添加角色和功能向导-选择服务器角色"界面。

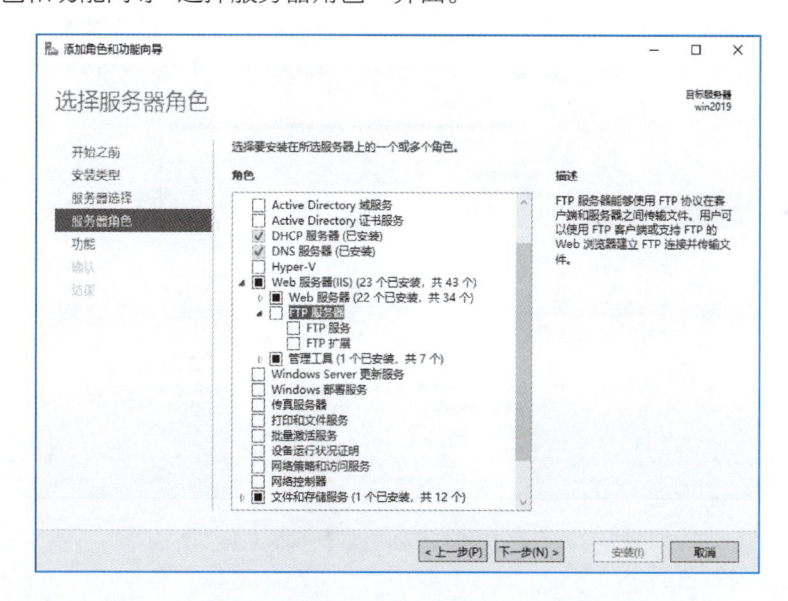

图 7-35 "添加角色和功能向导-选择服务器角色"界面

步骤 3：选中"FTP 服务器"复选框，单击"下一步"按钮。然后根据向导打开如图 7-36 所示的"添加角色和功能向导-确认安装所选内容"界面。

步骤 4：单击"安装"按钮，开始安装 FTP 服务器，如图 7-37 所示，安装完成后，单击"关闭"按钮完成 FTP 服务器的安装。

图 7-36 "添加角色和功能向导–确认安装所选内容"界面

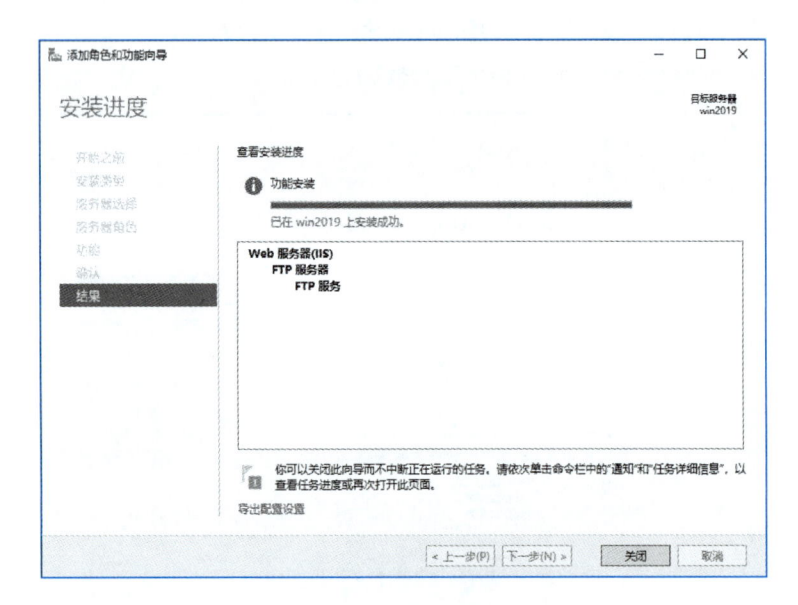

图 7-37 "添加角色和功能向导–安装进度"界面

任务 7-2-3　配置和管理 FTP 服务器

1. 启动和停止 FTP 服务

要启动或停止 FTP 服务，通常使用 net 命令、"IIS"控制台、"服务"控制台 3 种常用方法。本任务介绍使用 net 命令启动和停止 FTP 服务。

以管理员身份登录服务器，在命令提示符下，输入命令"net stop ftpsvc"可停止 FTP 服务，输入命令"net start ftpsvc"可启动 FTP 服务，如图 7-38 所示。

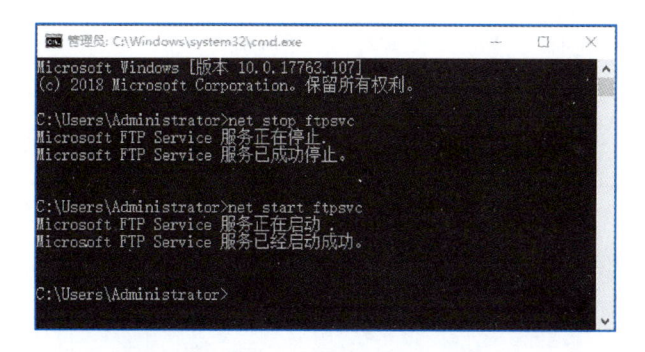

图 7-38 DOS 提示符命令使用

2. 创建 FTP 服务站点

步骤 1：依次展开"Internet Information Services（IIS）管理器"→"WIN 2019"→"网站"，在"网站"节点上右击，在弹出的快捷菜单中选择"添加 FTP 站点"命令，打开如图 7-39 所示的"添加 FTP 站点-站点信息"界面，在"FTP 站点名称"文本框中输入名称，如"存放软件"，在"内容目录"区域的"物理路径"文本框右侧单击"浏览"按钮，在打开的对话框中选择存放共享文件的存放路径，如"C:\soft"。

步骤 2：单击"下一步"按钮，打开如图 7-40 所示的"添加 FTP 站点-绑定和 SSL 设置"界面，输入服务器 IP 地址，如 192.168.1.220；在"端口"文本框中输入 FTP 服务使用端口，默认情况下为"21"；在"SSL"栏中选中"允许 SSL"单选按钮；在"SSL 证书"文本框右侧单击"选择"按钮，在打开的对话框中选择相关的 SSL 证书。

微课
创建 FTP 服务站点

图 7-39 "添加 FTP 站点-站点信息"界面 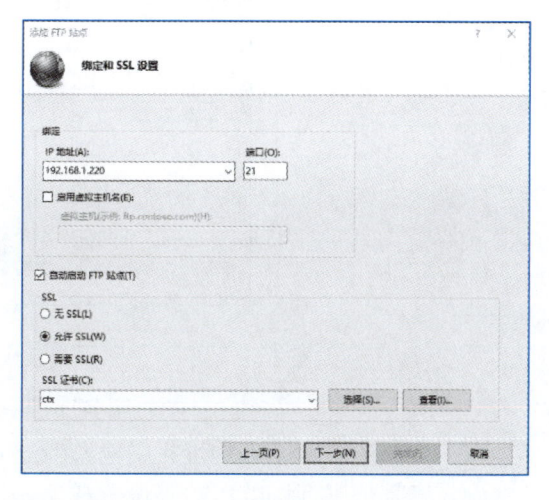   图 7-40 "添加 FTP 站点-绑定和 SSL 设置"界面

步骤 3：单击"下一步"按钮，打开如图 7-41 所示的"添加 FTP 站点-身份验证和授权信息"界面，在"身份验证"区域中选中"匿名"和"基本"复选框，在"授权"区域的"允许访问"下拉列表中选择"匿名用户"选项，

在"权限"区域选中"读取"和"写入"复选框。

图 7-41 "添加 FTP 站点-身份验证和授权信息"界面

步骤 4：单击"完成"按钮。此时将在"Internet Information Services（IIS）管理器"界面中显示新创建的名为"存放软件"的 FTP 站点，如图 7-42 所示。

图 7-42 "Internet Information Services（IIS）管理器"界面中显示创建的 FTP 站点图

步骤 5：FTP 服务器建立好后，测试是否能正常访问。打开 IE 或其他浏览器，在地址栏中输入 ftp://192.168.1.220 后按 Enter 键，如图 7-43 所示，说明 FTP 站点设置成功。该软件公司的员工就可以使用这个站点下载软件了。

3. 在 FTP 站点上创建虚拟目录

为 FTP 站点创建虚拟目录"ftpxu"，其主目录为"D:\xuni"，具体步骤如下。

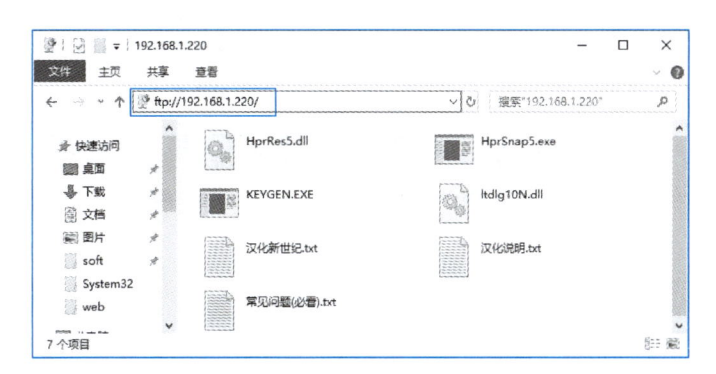

图 7-43 验证设置的 FTP 站点

步骤 1：创建虚拟目录"D:\xuni"，在该目录下创建虚拟目录使用的网页文件为"xu.txt"。

步骤 2：在"Internet Information Services（IIS）管理器"界面中展开服务器和"网站"节点，右击刚创建的站点"存放软件"，在弹出的快捷菜单中选择"添加虚拟目录"命令，打开如图 7-44 所示的"添加虚拟目录"对话框，在"别名"文本框中输入"ftpxu"，在"物理路径"文本框中选择存放文件的路径，如"D:\xuni"。

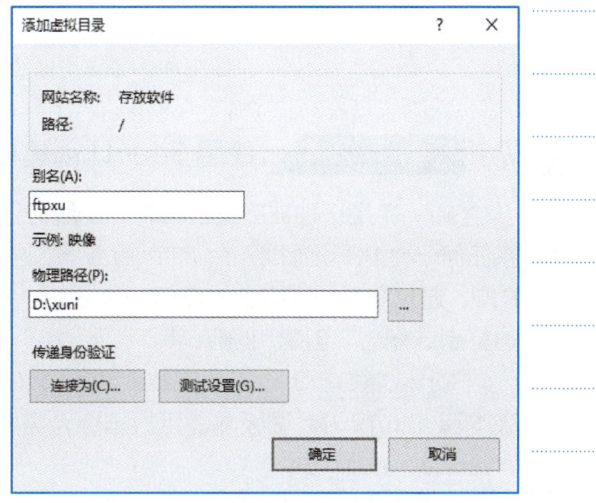

步骤 3：单击"确定"按钮，打开"完成安装"对话框，单击"确定"按钮完成 FTP 虚拟目录的配置，FTP 虚拟目录创建完成后，其效果如图 7-45 所示。

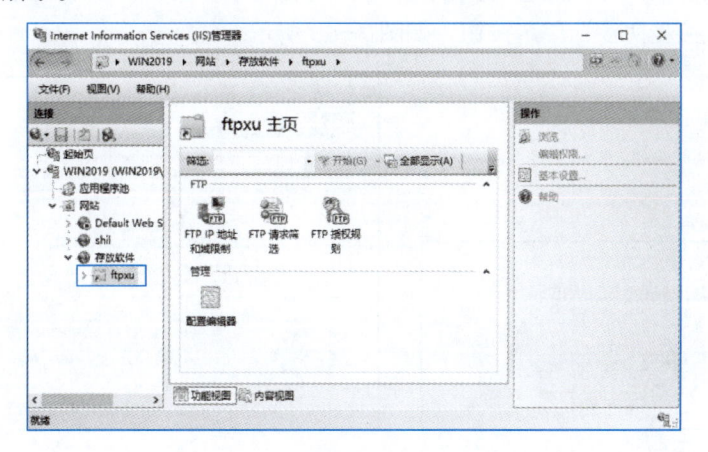

图 7-44 "添加虚拟目录"对话框

图 7-45 虚拟目录创建完成界面

步骤 4：虚拟目录创建完成后，在客户端计算机的浏览器中输入"ftp://10.2.1.15/ftpxu"并按 Enter 键，访问效果如图 7-46 所示。

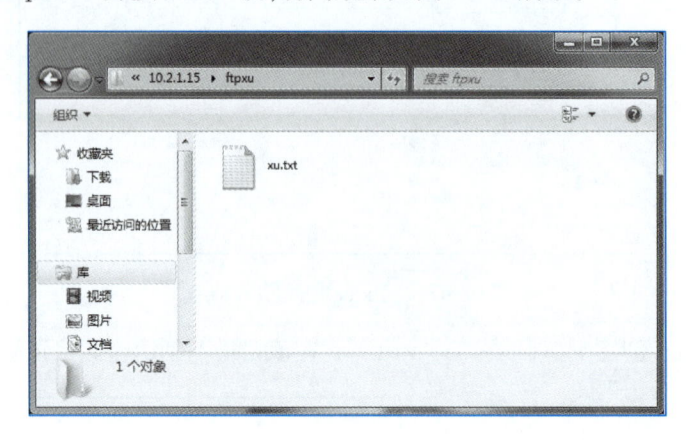

图 7-46　测试虚拟目录创建结果

微课
用 Serv-U 搭建 FTP 服务器

任务 7-2-4　使用 Serv-U 创建和配置 FTP 服务器

Serv-U 是一种被广泛应用的 FTP 服务器端软件，通过 Serv-U，用户能够将任何一台 PC 设置成一台 FTP 服务器，这样，用户或其他使用者就能够使用 FTP，通过在同一网络上的任何一台 PC 与 FTP 服务器连接，进行文件或目录的复制、移动、创建和删除等。

Serv-U 共有 3 个版本安装软件，即 Windows x64 版本、Linux 32 位版本和 Linux 64 位版本。可根据个人需要选择合适的版本，本项目中采用 Windows x64 版本。

1. 安装 Serv-U

步骤 1：双击已下载的安装程序 SERVU-Fulltrial-WINDOWS.exe（测试版），弹出如图 7-47 所示的"选择安装语言"对话框。

步骤 2：单击"确定"按钮，弹出"安装向导-Serv-U-许可协议"界面，选中"我接受协议"单选按钮，如图 7-48 所示。

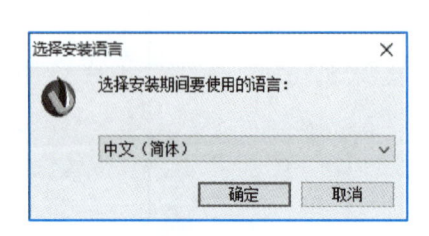

图 7-47　"选择安装语言"对话框 　　图 7-48　"安装向导-Serv-U-许可协议"界面

步骤 3：单击"下一步"按钮，弹出"安装向导–Serv-U–选择目标位置"界面，从中选择目标位置，如图 7-49 所示。

步骤 4：单击"下一步"按钮，弹出"安装向导–Serv-U–选择附加任务"界面，选中"创建桌面图标"等复选框，复选框的选择可根据个人使用习惯，如图 7-50 所示。

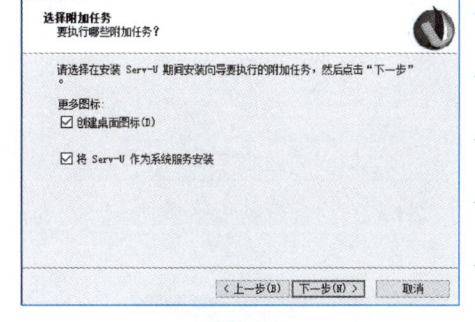

图 7-49 "安装向导–Serv-U–选择目标位置"界面

图 7-50 "安装向导–Serv-U–选择附加任务"界面

步骤 5：单击"下一步"按钮，弹出"安装向导–Serv-U–选择开始菜单文件夹"界面，单击"浏览"按钮，选择合适的文件夹，如图 7-51 所示。

步骤 6：单击"下一步"按钮，弹出"安装向导–Serv-U–准备安装"界面，如图 7-52 所示。

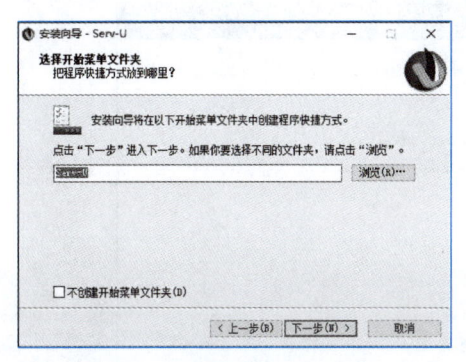

图 7-51 "安装向导–Serv-U–选择开始菜单文件夹"界面

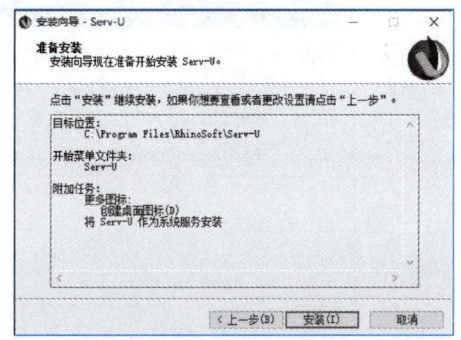

图 7-52 "安装向导–Serv-U–准备安装"界面

步骤 7：单击"安装"按钮，弹出"安装向导–Serv-U–正在安装"界面，如图 7-53 所示。

步骤 8：安装完成后，弹出"安装向导–Serv-U–完成 Serv-U 安装"界面，如图 7-54 所示。

桌面右下角显示 图标，则表明服务器已经联机。

2. 建立 FTP 服务器

软件安装完成后，首先要创建域（可以是经过 DNS 解析过的合法域名，一般用在公网上），例如，让用户使用域名 ftp.butterfly.com 访问，就可以绑定 ftp.butterfly.com 这个域。也可以设置用于用户管理的虚拟域，使用 IP 访问。

图 7-53 "安装向导–Serv-U-正在安装"界面

图 7-54 "安装向导–Serv-U-完成 Serv-U 安装"界面

步骤 1：单击"完成"按钮，弹出如图 7-55 所示的"Serv-U"对话框。

步骤 2：单击"是"按钮，弹出如图 7-56 所示的"域向导"对话框，选择"域详细信息"选项，输入域名信息，选中"启用域"复选框，否则需要手动启动。

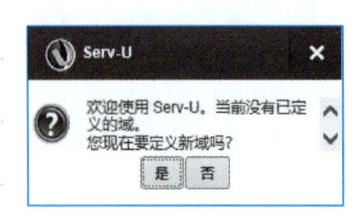

图 7-55 "Serv-U"对话框

图 7-56 "域向导"对话框

步骤 3：单击"下一步"按钮，弹出如图 7-57 所示的"域向导-Domain Type"界面，在其中选择域类型。从左至右第 1 个为文件传输域，第 2 个为文件共享域。如果只是使用 FTP 和 HTTP 功能传输文件，则可以取消选择文件共享域。默认情况下文件传输域和文件共享域都是开启的。

步骤 4：单击"下一步"按钮，打开如图 7-58 所示的"域向导–File Sharing"界面，如果上一步没有选择"File Sharing Domain"选项，则不会出现该界面。输入服务器 IP 地址和文件共享位置。

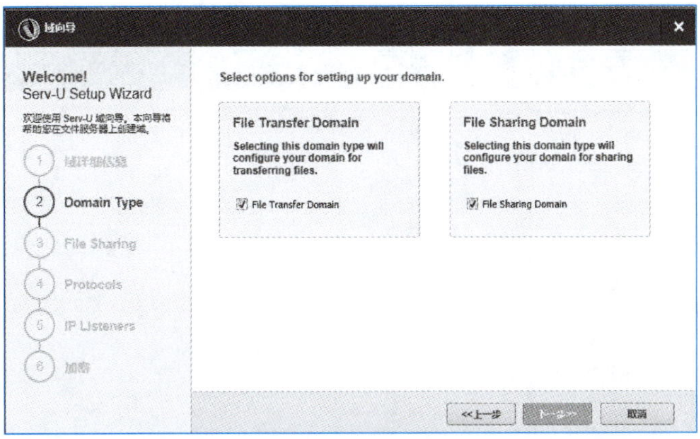

图 7-57 "域向导-Domain Type"界面

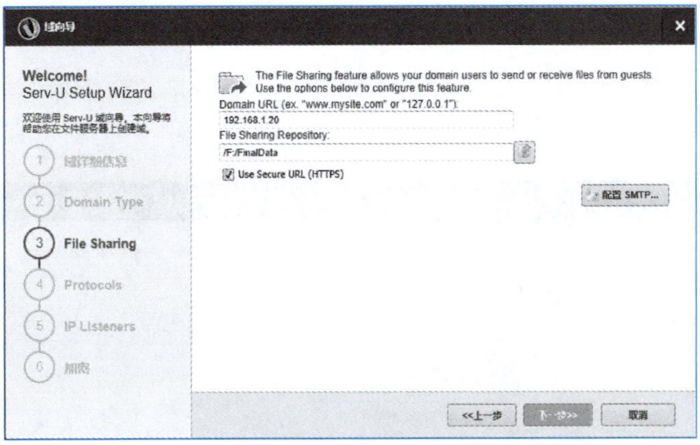

图 7-58 设置服务器的 IP 地址

步骤 5：单击"下一步"按钮，输入服务器的 IP 地址，如图 7-59 所示。填写 FTP 使用相关对外通信端口的信息，端口可以进行改动，本任务中保持默认值。

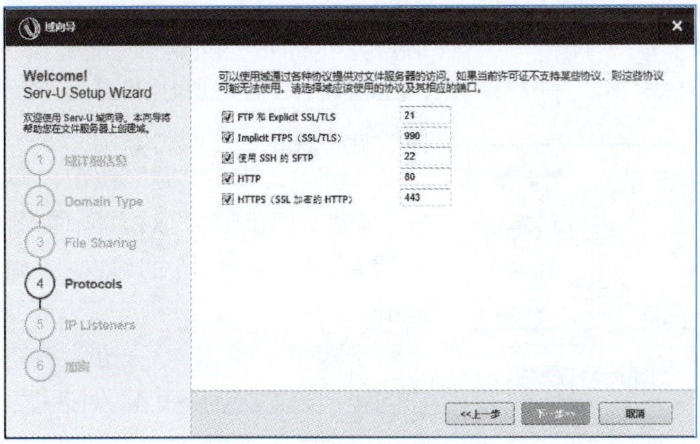

图 7-59 定义协议使用端口

步骤 6：单击"下一步"按钮，如图 7-60 所示。如果安装 Serv-U 的服务器仅有 IPv4 的 IP，则可以关闭 IPv6 的监听。默认情况下是监听所有 IP。

图 7-60　设置域监听的 IP

步骤 7：单击"下一步"按钮，如图 7-61 所示，可根据需要选择加密方式。

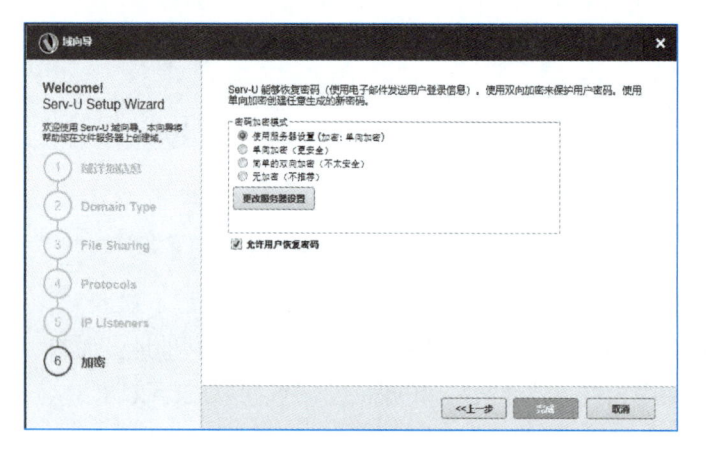

图 7-61　选择加密方式

步骤 8：单击"完成"按钮，完成域的创建。弹出如图 7-62 所示的创建用户提示框。

步骤 9：单击"是"按钮，弹出"用户向导-步骤 1 总步骤 2"对话框，如图 7-63 所示。设置用户 ID 和自助恢复密码时使用的 E-mail。

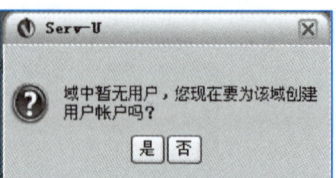

图 7-62　创建用户提示框

步骤 10：单击"下一步"按钮，打开"用户向导-步骤 2 总步骤 4"对话框，如图 7-64 所示。默认情况下系统会自动生成一个密码，用户可以选择使用该密码或者自定义设置。可根据个人要求决定是否选中"用户必须在下一次登录时更改密码"复选框，本例为不选中该复选框，即不允许用户在下一次登录时更改密码。

> 说明：如果选择第一次登录时修改密码，建议使用 Serv-U 配套的免费客户端 FTP Voyager 或者 Serv-U 内置 FTP Voyager JV 插件来修改。

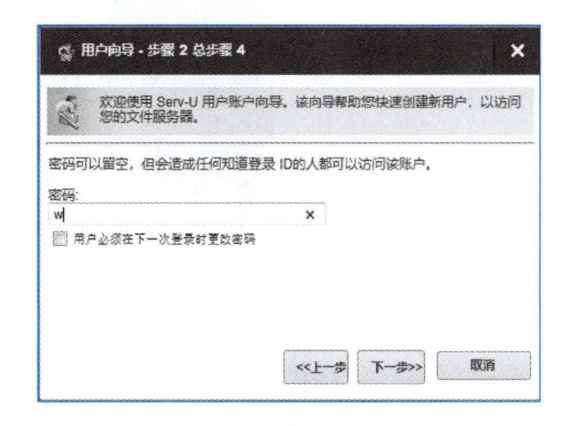

图 7-63　用户创建对话框　　　　图 7-64　打开"用户向导–步骤 2 总步骤 4"对话框

步骤 11：单击"下一步"按钮，打开如图 7-65 所示的"用户向导–步骤 3 总步骤 4"对话框，单击"根目录"文本框右侧的"浏览"按钮，在打开的对话框中选择服务器上可供账户访问的文件夹。当用户只有一个目录访问权限时，选择此项更为安全。

> 注意：对于喜欢使用中文目录的用户，建议根目录使用英文名称，二级或二级以上的目录再使用中文。

步骤 12：单击"下一步"按钮，给目录定义访问权限，如图 7-66 所示。

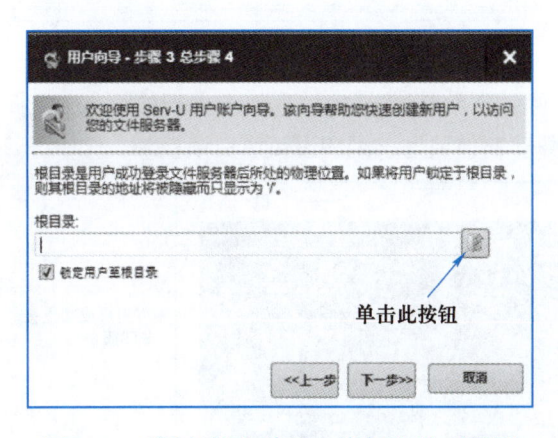

图 7-65　"用户向导–步骤 3 总步骤 4"对话框　　　　图 7-66　"用户向导–步骤 4 总步骤 4"对话框

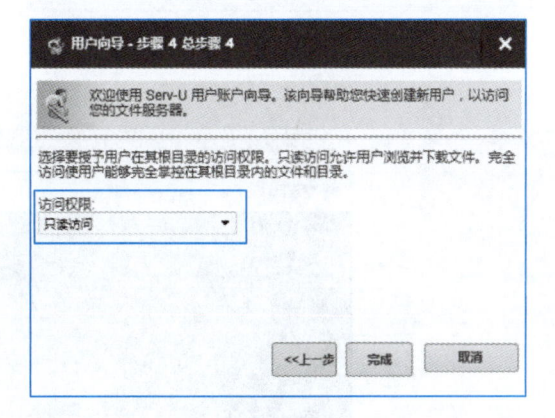

步骤 13：单击"完成"按钮，完成用户创建，显示"Serv-U 管理控制台 – 用户"界面，如图 7-67 所示。

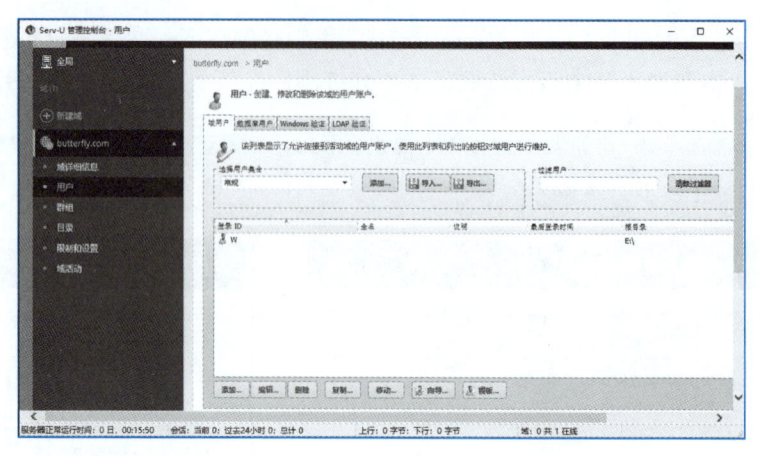

图 7-67 "Serv-U 管理控制台 – 用户"界面

步骤 14：测试。

① 打开浏览器，输入 ftp://192.168.0.20 并按 Enter 键，打开登录身份验证对话框，输入用户名和密码，如图 7-68 所示。

② 单击"登录"按钮，显示目录情况，如图 7-69 所示。

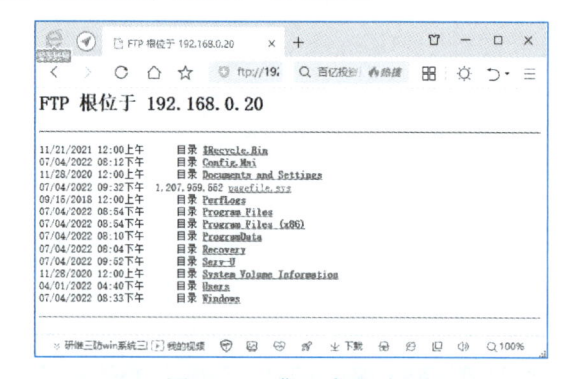

图 7-68　登录身份验证对话框

图 7-69　登录后显示目录图

③ 从该目录中可以下载文件，但不能上传文件，否则会出现如图 7-70 所示的错误提示，因为在设置服务器时，只为该用户设置了只读权限。

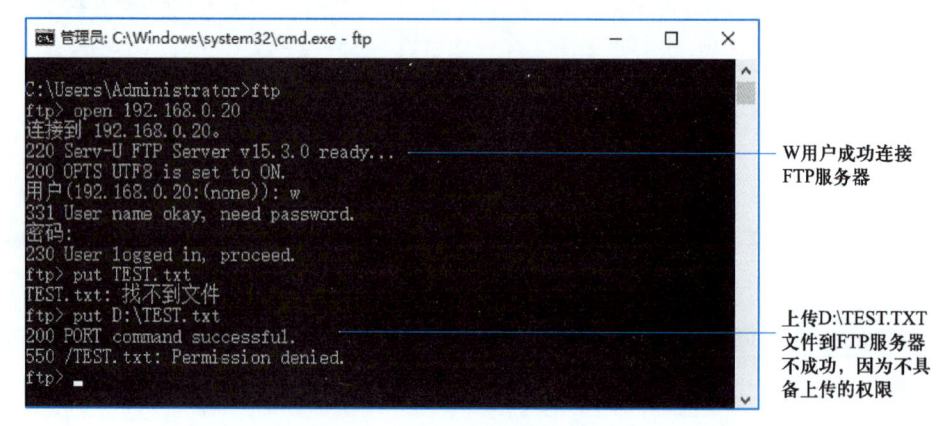

W用户成功连接FTP服务器

上传D:\TEST.TXT文件到FTP服务器不成功，因为不具备上传的权限

图 7-70　FTP 上传 – 错误提示信息

3. FTP 其他功能设置

以创建虚拟目录为例进行设置。

步骤 1：启动服务器，选择"目录"选项，打开如图 7-71 所示的"Serv-U 管理控制台 – 目录"界面。

图 7-71 "Serv-U 管理控制台 – 目录"界面

步骤 2：单击"添加"按钮，打开如图 7-72 所示的"虚拟路径"对话框。
步骤 3：单击"保存"按钮，成功添加该虚拟目录，效果如图 7-73 所示。

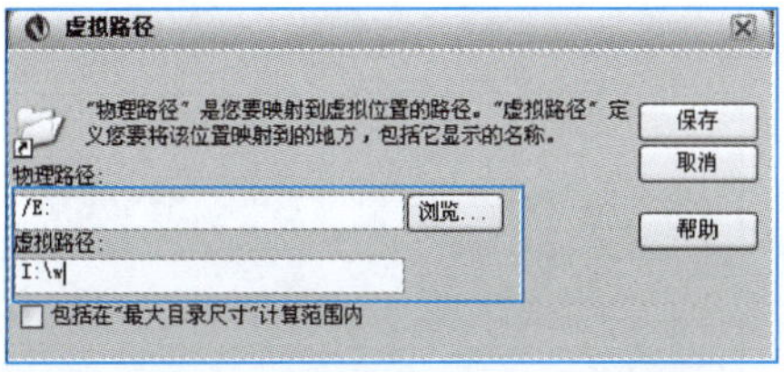

图 7-72 "虚拟路径"对话框 　　图 7-73 虚拟目录添加成功图

任务 7-3　配置 DNS 服务器

任务 7-3-1　准备安装 DNS 服务器

1. 配置静态 IP 地址

使用鼠标右击"网络"图标，在弹出的快捷菜单中选择"属性"菜单项，在弹出的窗口中单击"更改适配器设置"按钮，打开"网络连接"对话框，选

中需设置的网络并右击，在弹出的快捷菜单中选择"属性"命令，在弹出的"××属性"对话框中选择"Internet 协议版本（TCP/IPv4）"选项，单击"属性"按钮，弹出"Internet 协议版本 4（TCP/IPv4）属性"对话框，选中"使用下面的 DNS 服务器地址"单选按钮，将"首选 DNS 服务器"地址设置为 192.168.1.30，单击"确定"按钮。

微课
配置 DNS 服务器

2. 设置 DNS

步骤 1：使用鼠标右键单击"此电脑"图标，在弹出的快捷菜单中选择"属性"命令，打开如图 7-74 所示的"控制面板\系统和安全\系统"界面。

图 7-74 "控制面板\系统和安全\系统"界面

步骤 2：单击"计算机名、域和工作组设置"右侧的"更改设置"超链接，打开如图 7-75 所示的"系统属性"对话框。

步骤 3：选择"计算机名"选项卡，单击"更改"按钮，打开如图 7-76 所示的"计算机名/域更改"对话框。

图 7-75 "系统属性"对话框　　　　图 7-76 "计算机名/域更改"对话框

步骤 4：单击"其他"按钮，打开"DNS 后缀和 NetBIOS 计算机名"对话框，如图 7-77 所示。在"此计算机的主 DNS 后缀"文本框中设置相应后缀，如"butterfly.com"，单击"确定"按钮。

步骤 5：连续单击"确定"按钮，直至弹出如图 7-78 所示的"计算机名/域更改"提示框，单击"确定"按钮。

图 7-77　"DNS 后缀和 NetBIOS 计算机名"对话框

图 7-78　"计算机名/域更改"提示框

任务 7-3-2　安装 DNS 服务器

本任务主要介绍在服务器上通过"服务器管理器"安装 DNS 服务器，具体操作步骤如下。

步骤 1：以管理员的身份登录服务器，选择"开始"→"管理工具"中的命令，打开"服务器管理器"窗口，选择左侧窗格中的"角色"节点，然后单击右侧窗格中的"添加角色"超链接，打开"添加角色和功能向导-选择服务器角色"界面，选中"角色"栏中的"DNS 服务器"复选框，如图 7-79 所示。

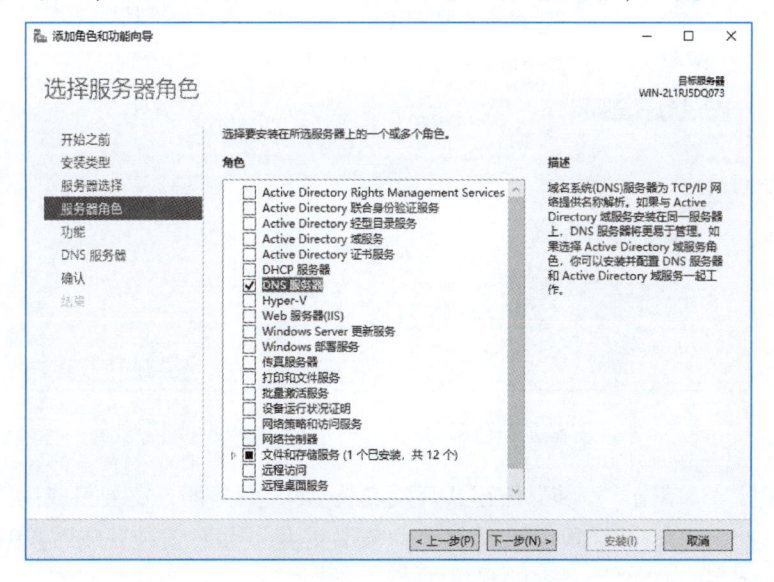

图 7-79　"添加角色和功能向导-选择服务器角色"界面

步骤 2：单击"下一步"按钮，打开如图 7-80 所示的"添加角色和功能向导–DNS 服务器"界面，在右侧窗格中有对 DNS 服务器的简单介绍。

图 7-80 "添加角色和功能向导–DNS 服务器"界面

步骤 3：单击"下一步"按钮，打开如图 7-81 所示的"添加角色和功能向导–确认安装所选内容"界面。

图 7-81 "添加角色和功能向导–确认安装所选内容"界面

步骤 4：单击"安装"按钮，开始安装 DNS 服务器，安装完成后打开如图 7-82 所示的"添加角色和功能向导–安装进度"界面，安装完成后，单击"关闭"按钮完成 DNS 服务器的安装。

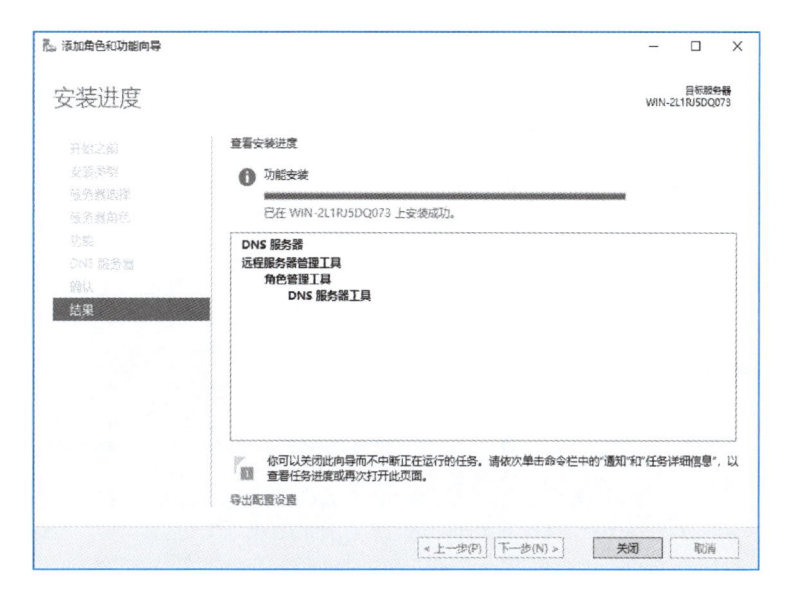

图 7-82 "添加角色和功能向导-安装进度"界面

任务 7-3-3 配置和管理 DNS 服务器

1. 启动或停止 DNS 服务

要启动或停止 DNS 服务，可以使用 net 命令、"DNS"控制台、"服务"控制台和服务器管理器 4 种常用方法。

本任务以管理员身份登录服务器，在命令提示符下，输入命令"net stop dns"可停止 DNS 服务，输入命令"net start dns"可启用 DNS 服务，如图 7-83 所示。

图 7-83 "net 命令"窗口

2. 创建正向查找区域（主机名解析为 IP 地址）

步骤 1：以管理员的身份登录服务器，选择"开始"→"管理工具"中的命令，打开"DNS"控制台，在控制台树中展开服务器节点，右键单击"正向查找区域"选项，在弹出的快捷菜单中选择"新建区域"命令，打开如图 7-84 所示的"新建区域向导-欢迎使用新建区域向导"界面。

步骤 2：单击"下一步"按钮，弹出如图 7-85 所示的"新建区域向导-区域类型"界面,在该对话框中可以选择的区域类型有主要区域、辅助区域和存根区域,这里选中"主要区域"单选按钮。取消选中"在 Active Directory 中存储区域(只有 DNS 服务器是可写域控制器才可用)"复选框,这样 DNS 就不与 Active Directory 域服务集成。

图 7-84 "新建区域向导-欢迎使用新建区域向导"界面 　　图 7-85 "新建区域向导-区域类型"界面

步骤 3:单击"下一步"按钮,打开如图 7-86 所示的"新建区域向导-区域名称"界面,在该对话框中输入正向主要区域的名称,区域名称一般以域名表示,指定 DNS 名称空间,这里输入"butterfly.com"。

> 注意:如果选择"标准辅助区域",则区域的名称须与标准主区域的名称相同,DNS 服务器对该区域的文件具有只读权限。

步骤 4:单击"下一步"按钮,打开如图 7-87 所示的"新建区域向导-区域文件"界面。

图 7-86 "新建区域向导-区域名称"界面 　　图 7-87 "新建区域向导-区域文件"界面

步骤 5：单击"下一步"按钮，打开如图 7-88 所示的"新建区域向导-动态更新"界面，选中"不允许动态更新"单选按钮。

步骤 6：单击"下一步"按钮，弹出"正在收集根提示"对话框，然后进入"新建区域向导-正在完成新建区域向导"界面，如图 7-89 所示。

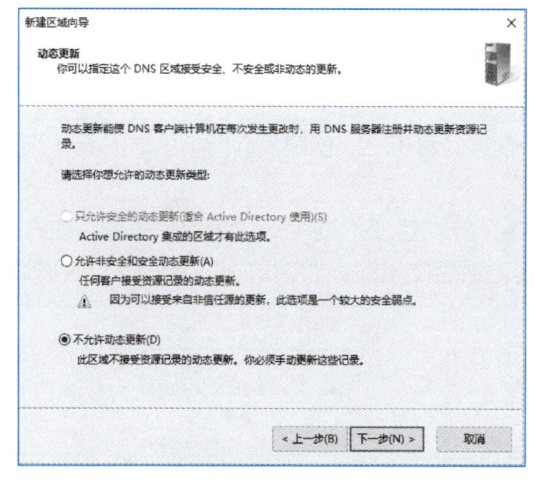

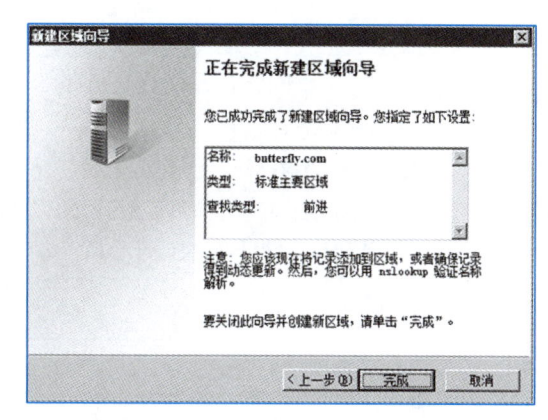

图 7-88 "新建区域向导-动态更新"对话框　　图 7-89 "新建区域向导-正在完成新建区域向导"界面

步骤 7：检查设置信息是否正确，如正确则单击"完成"按钮，实现了正向搜索区域的创建。

3. 建立主机

步骤 1：启动 DNS 服务器，弹出 DNS 服务器管理器窗口。

步骤 2：右键单击"正向查找区域"（butterfly.com），然后在弹出的快捷菜单中选择"新建主机"命令，如图 7-90 所示。

步骤 3：系统打开如图 7-91 所示的"新建主机"对话框，要求输入主机名称和主机 IP 地址（按照各参数表设置），输入主机名称 WWW1。用户还可以选中"创建相关的指针（PTR）记录"复选框。

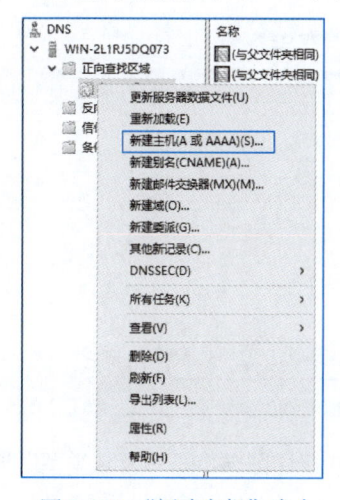

图 7-90 "新建主机"命令　　图 7-91 "新建主机"对话框

步骤 4：单击"添加主机"按钮，系统弹出"DNS"提示框，表示主机记录已经创建成功，如图 7-92 所示。

步骤 5：打开 IE 浏览器，在浏览器的地址栏中输入 http://www1.butterfly.com 并按 Enter 键，则可访问 Web 网站 1；输入 ftp://ftp1.butterfly.com 并按 Enter 键，则可查看 FTP 服务器上的资料。其余的站点访问方式相同。这样，就不需要再记忆 IP 地址了。

4. 创建反向查找区域（IP 地址解析为主机名）

反向解析是使用已知的 IP 地址搜索计算机名。创建反向解析区域的具体步骤如下：

步骤 1：选择"开始"→"程序"→"管理工具"→"DNS"命令，在打开的窗口中选择相应的 DNS 服务器，然后使用鼠标右键单击"反向查找区域"节点，如图 7-93 所示。

图 7-92　主机记录已经创建成功　　　图 7-93　"反向查找区域"节点

步骤 2：在弹出的快捷菜单中选择"新建区域"命令，启动新建区域向导，如图 7-94 所示。

图 7-94　启动新建区域向导

步骤 3：单击"下一步"按钮，打开"新建区域向导-区域类型"界面，本任务选择"主要区域"，与"正向查找区域"的"区域类型"相同。

步骤 4：单击"下一步"按钮，打开如图 7-95 所示的"新建区域向导-反向查找区域名称"界面，在此选中"IPv4 反向查找区域"单选按钮。

步骤 5：单击"下一步"按钮，打开如图 7-96 所示的"新建区域向导-反向查找区域名称"界面，输入网络 ID，如"www1.butterfly.com"的 IP 地址为 192.168.1.30，即在网络 ID 中输入 192.168.1。

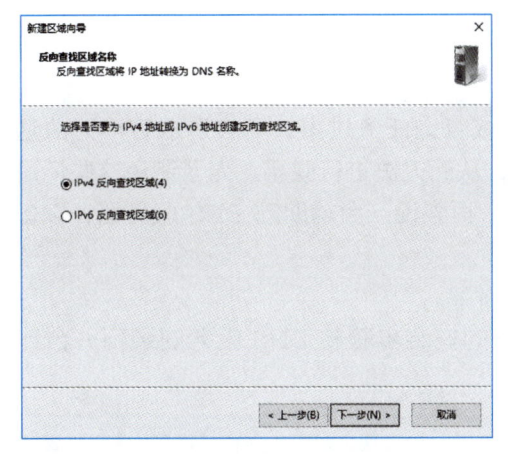

图 7-95 "新建区域向导-反向查找区域名称"界面

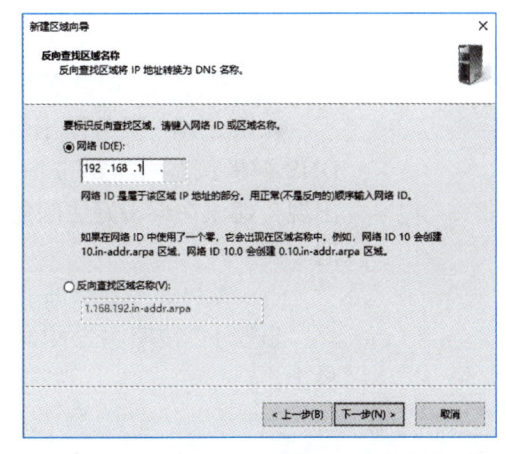

图 7-96 在"新建区域向导-反向查找区域名称"界面中输入"网络 ID"

步骤 6：单击"下一步"按钮，由于是反向解析，区域文件的命名默认与网络 ID 的顺序相反，以 dns 为扩展名，如"1.168.192.in-addr.arpa.dns"，如果选中"使用此现存文件"单选按钮，必须先把文件复制到运行 DNS 服务的服务器的 SystemRoot\System32\dns 目录中。"新建区域向导-区域文件"界面如图 7-97 所示。

步骤 7：单击"下一步"按钮，打开"新建区域向导-动态更新"界面，如图 7-98 所示，在其中选中"不允许动态更新"单选按钮。

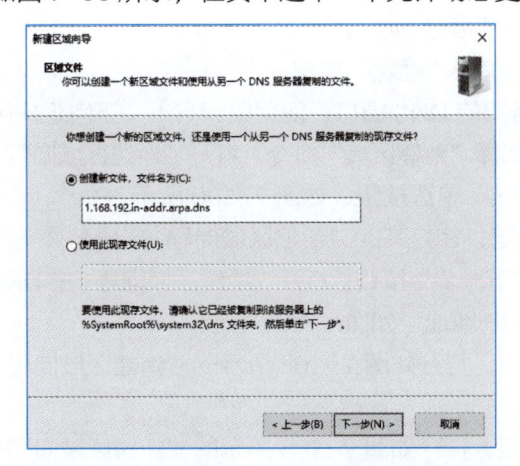

图 7-97 "新建区域向导-区域文件"界面

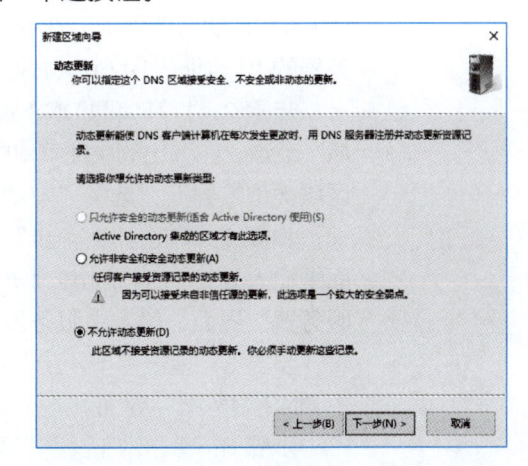

图 7-98 "新建区域向导-动态更新"界面

步骤 8：单击"下一步"按钮，打开"正在完成新建区域向导"对话框。

单击"完成"按钮,即可完成反向查找区域的创建,如图 7-99 所示。

DNS	名称	类型	状态	DNSSEC 状态
WIN-2L1RJ5DQ073	1.168.192.in-addr.arpa	标准主要区域	正在运行	未签名
正向查找区域				
butterfly.com				
反向查找区域				
1.168.192.in-addr.a				

图 7-99 成功创建反向搜索区域图

5. 创建辅助 DNS 服务器

如果 DNS 服务器出现故障或查询任务过重,则会造成客户无法通过 DNS 解析获得所需要的 IP 地址,从而无法进行联系。为了避免这些情况的出现,建议在架设好主服务器后,再架设一台辅助的 DNS 服务器,以备不时之需。

(1)架设和配置辅助 DNS 服务器

步骤 1:按照主 DNS 服务器的安装步骤将 DNS 服务安装到一台计算机上。

> 注意:大部分的 DNS 搜索一般都执行正向解析。在已知 IP 地址搜索域名时,反向解析并不是必须设置的,因为通过正向解析就能完成。但如果要使用 NSLOOKUP 等故障排除工具,以及在 IIS 日志文件中记录的是名称而不是 IP 地址时,就必须使用反向解析。

步骤 2:使用鼠标右击"网络"图标,在弹出的快捷菜单中选择"属性"命令,在弹出的窗口中单击"更改适配器设置",打开"网络连接"对话框,选中需要设置的网络右击,在弹出的快捷菜单中选择"属性"菜单项,在弹出的"××属性"对话框中选择"Internet 协议版本(TCP/IPv4)"选项,单击"属性"按钮,弹出"Internet 协议版本 4(TCP/IPv4)属性"对话框,在"使用下面的 IP 地址"选项组的"IP 地址"文本框中输入 192.168.1.30,在"使用下面的 DNS 服务器地址"选项组的"首选 DNS 服务器"文本框中输入 DNS 服务器的 IP 地址(192.168.1.30),单击"确定"按钮。

步骤 3:打开辅助 DNS 服务器的 DNS 窗口,使用鼠标右击"正向查找区域"节点,在弹出的快捷菜单中选择"新建区域"命令,打开"新建区域向导-区域类型"界面,选中"辅助区域"单选按钮,如图 7-100 所示。

步骤 4:单击"下一步"按钮,在打开的"新建区域向导-区域名称"界面中输入 butterfly.com,单击"下一步"按钮。打开"新建区域向导-主 DNS 服务器"界面,输入主服务器的 IP 地址,如图 7-101 所示。

步骤 5:单击"下一步"按钮,打开如图 7-102 所示的"新建区域向导-主 DNS 服务器"界面。

步骤 6:单击"下一步"按钮,打开如图 7-103 所示的"新建区域向导-正在完成新建区域向导"界面,单击"完成"按钮,则在正向查找区域中添加了 butterfly.com 区域。

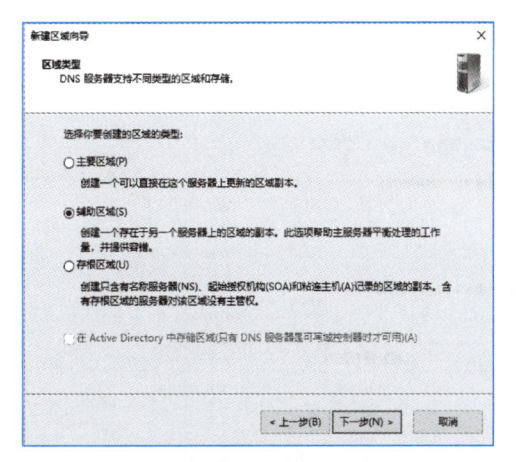

图 7-100 "新建区域向导-区域类型"界面　　图 7-101 "新建区域向导-主 DNS 服务器"界面 1

图 7-102 "新建区域向导-主 DNS 服务器"界面 2　　图 7-103 "新建区域向导-正在完成新建区域向导"界面

步骤 7：测试。按 WIN+R 组合键，打开"运行"窗口，输入命令"cmd"，单击"确定"按钮，打开如图 7-104 所示的 DOS 提示符窗口，输入"nslookup www1.butterfly.com"命令后按 Enter 键。

图 7-104 测试窗口

步骤 8：在辅助 DNS 服务器所在的另一台主机的 DNS 窗口，鼠标右击 butterfly.com，在弹出的快捷菜单中选择"从主服务器复制"命令。这样，辅助 DNS 服务器则安装、配置完成。

(2) 主 DNS 服务器上的配置

在主 DNS 服务器 hosta 主机的 DNS 窗口中，使用鼠标右击 butterfly.com，在弹出的快捷菜单中选择"属性"命令，打开如图 7-105 所示的"butterfly.com 属性"对话框，选择"区域传送"选项卡，选中"允许区域传送"复选框，选中"到所有服务器"单选按钮,单击"确定"按钮。

图 7-105 "butterfly.com 属性"对话框

实施评价

本项目的主要训练目标是让学习者学会 Web 服务器、FTP 服务器、DNS 服务器等服务器配置,设置 Web 站点、FTP 站点的安全性权限等,具体任务实施情况小结见表 7-8。

表 7-8 任务实施情况小结

序号	知 识	技 能	态 度	重要程度	自我评价	老师评价
1	● IIS ● Web 服务	○ 正确安装 Web 服务 ○ 正确配置 Web 服务	○ 条理清楚 ○ 细致有序 ○ 准备工作充分 ○ 积极思考并努力解决问题	★★★★		
2	● FTP 服务 ● Serv-U 功能	○ 正确安装、配置 FTP 服务 ○ 使用 Serv-U 成功架设 FTP 服务器				
3	● DNS 含义与作用	○ 正确安装、配置 DNS 服务				
任务实施过程中已经解决的问题及其解决方法与过程							
问题描述			解决方法与过程			
1.					
2.					
任务实施过程中未解决的主要问题							

任务拓展

拓展任务　FTP 文件安全性设置

1. 任务拓展卡

任务拓展卡见表 7-9。

表 7-9　任务拓展的任务卡

任务编号	007-4	任务名称	FTP 文件安全性设置	计划工时	65 min
任务描述					
前面的设置基本能使员工通过 FTP 服务器实现文件的下载和上传,但为了保证软件和宣传资料不被非法人员窃取,需要保证这些资料的安全性,还需要进行哪些设置					
任务分析					
为了保证文件等资源通过 FTP 上传和下载时的安全性,可从限制同时连接数、限制访问的 IP 地址、禁止匿名访问等方面考虑安全性能,提高安全保障					

2. 任务拓展完成过程提示

（1）限制访问的 IP 地址

① 除 IP 地址为 192.168.1.230 外的所有计算机均能访问存放软件的主目录。

步骤 1：在"Internet Information Services（IIS）管理器"中选择"存放软件"站点,在中间窗格中"存放软件 主页"中双击"FTP IP 地址和域限制"选项,如图 7-106 所示。

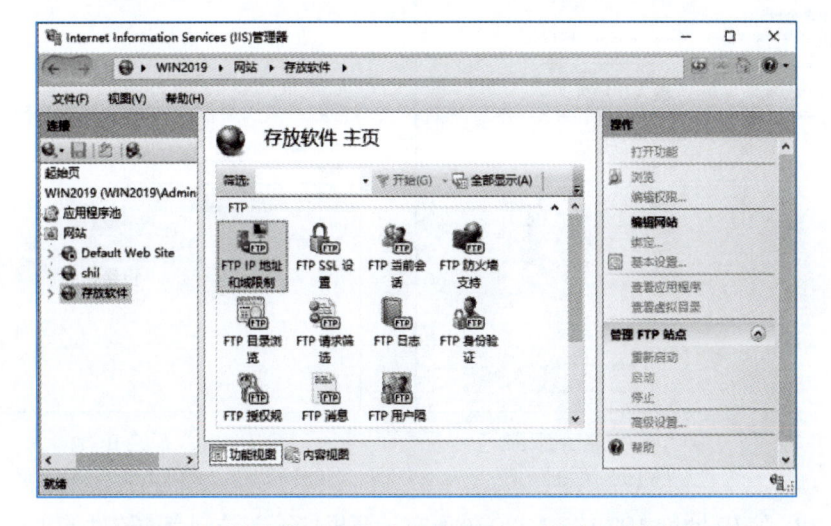

图 7-106　"存放软件 主页"中的"FTP IP 地址和域限制"图标

步骤 2：在"Internet Information Services（IIS）管理器"界面右侧窗格"操作"区域中单击"编辑功能设置"超链接,打开如图 7-107 所示的"编辑 IP 地址和域限制设置"对话框,在"未指定的客户端的访问权"下拉列表中选择"允许"。

图 7-107 "编辑 IP 地址和域限制设置"对话框 1

步骤 3：单击"确定"按钮，在右侧窗格中"操作"区域中单击"添加拒绝条目"超链接，打开如图 7-108 所示的"添加拒绝限制规则"对话框，选中"特定 IP 地址"单选按钮，在其下方的文本框中输入 IP 地址，如"192.168.1.230"。

步骤 4：单击"确定"按钮，打开如图 7-109 所示的"FTP IP 地址和域限制"对话框，则设置 IP 地址为 192.168.1.230 的计算机不能访问 FTP 站点成功。

图 7-108 "添加拒绝限制规则"对话框

图 7-109 拒绝 IP 地址为 192.168.1.230 的计算机访问

② 除 IP 地址 192.168.1.230 外所有计算机均不能访问存放软件的主目录。

步骤 1：在"Internet Information Services（IIS）管理器"中选择"存放软件"站点，在中间窗格中双击"FTP IP 地址和域限制"选项，打开如图 7-110 所示的"编辑 IP 地址和域限制设置"对话框，在"未指定的客户端的访问权"下拉列表中选择"拒绝"。

步骤 2：单击"确定"按钮，在右侧"操作"区域中单击"添加拒绝条目"超链接，打开如图 7-108 所示的"添加拒绝限制规则"对话框，选中"特定 IP 地址"单选按钮，输入"192.168.1.230"。

步骤 3：单击"确定"按钮，如图 7-111 所示，则只有 IP 地址为 192.168.1.230 这台计算机才能访问存放软件的主目录，其余所有计算机的访问均被拒绝。

图 7-110 "编辑 IP 地址和域限制设置"对话框 2

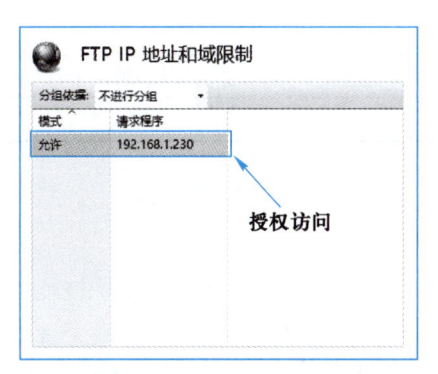

图 7-111 授权访问计算机

（2）禁止匿名访问

对于一些安全性要求高的站点，不能让用户不经过身份验证就读取 FTP 站点中的内容，因此应当禁止匿名访问。

步骤 1：在"Internet Information Services（IIS）管理器"中选择"存放软件"站点，在"存放软件 主页"中双击"FTP 身份验证"选项，如图 7-112 所示。

步骤 2：打开如图 7-113 所示的"FTP 身份验证"界面，选择"匿名身份验证"选项，使用鼠标右键单击，在弹出的快捷菜单中选择"禁用"命令，则禁用了使用匿名身份访问 FTP 站点。

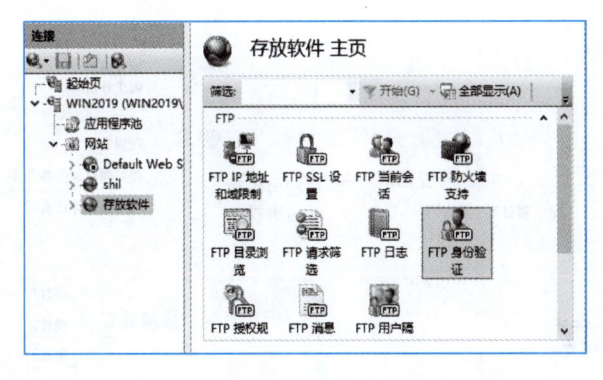

图 7-112 "FTP 身份验证"选项

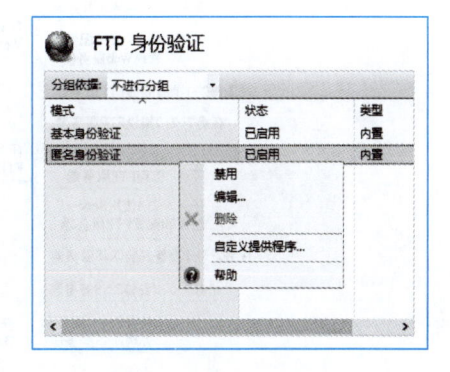

图 7-113 禁用"匿名身份验证"

3. 任务拓展评价

任务拓展评价内容见表 7-10。

表 7-10　任务拓展评价表

任务编号	007-2	任务名称	FTP 文件安全性设置
任务完成方式	【　】小组协作完成	【　】个人独立完成	
课任务拓展完成情况评价			
自我评价		小组评价		教师评价	
任务实施过程描述			
实施过程中遇到的问题及其解决办法、经验		没有解决的问题	

项目总结

本项目知识技能考核要点见表 7-11，思维导图如图 7-114 所示。

表 7-11　知识技能考核要点

任务	考核要点	考核目标	建议考核方式
7-1	● 了解 Web 服务器的作用，知道为什么要架设该服务器 ● 架设该服务器的方法与操作	○ 搭建、配置、管理 Web 服务器 ○ 使用 Web 服务器测试网站	测试网站
7-2	● 了解架设 FTP 服务器的方式方法 ● 架设该服务器	○ 搭建、配置、管理 Web 服务器 ○ 使用 FTP 服务器测试上传和下载文件	文件上传服务器与在服务器上下载文件
7-3	● 了解 DNS 服务的作用 ● 架设该服务器	○ 搭建、配置、管理 DNS 服务器 ○ 使用 DNS 服务解析域名	nslookup 检测结果

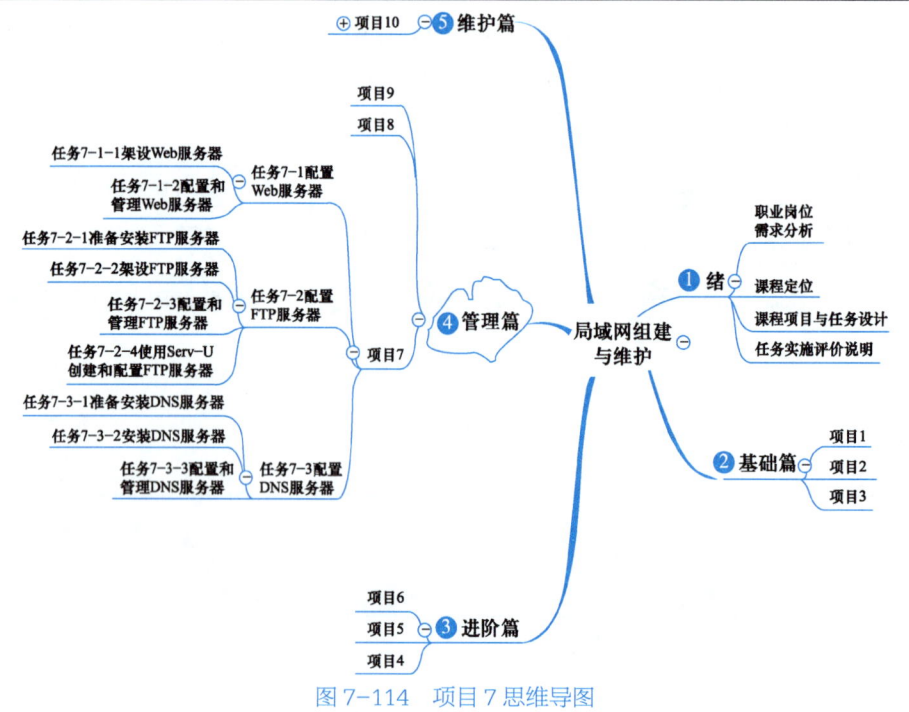

图 7-114　项目 7 思维导图

思考与练习

一、选择题

1. 某 Intenet 主页的 URL 地址为 http://www.abc.com.cn/product/index.html，该地址的域名是_____。

   A. index.html　　B. com.cn　　C. www.abc.com.cn　　D. http://www.abc.com.cn

2. 下列关于代理服务器功能的描述中，正确的是_____。

   A. 具有 MAC 地址解析功能　　　B. 具有域名转换功能

   C. 具有动态地址分配功能　　　　D. 具有网络地址转换功能

3. 下面关于 FTP 的描述中，不正确的选项是_____。

   A. FTP 使用多个端口号

   B. FTP 可以上传文件，也可以下载文件

   C. FTP 报文通过 UDP 报文传送

   D. FTP 是应用层协议

4. 在 Windows 操作系统的"Internet 信息服务"的默认网站的"属性"对话框中，不能进行的操作是_____。

   A. 修改默认文档　　　　　B. 设置 TCP 端口

   C. 删除 Cookies　　　　　D. 自定义 HTTP 头

5. Web 服务器http://www.abc.edu/的域名记录存储在 IP 地址为 213.210.112.34 的域名服务器中。某主机的 TCP/IP 属性配置如图 7-115 所示，该主机要访问http://www.abc.edu/站点，则首先查询 IP 地址为_____的域名服务器。

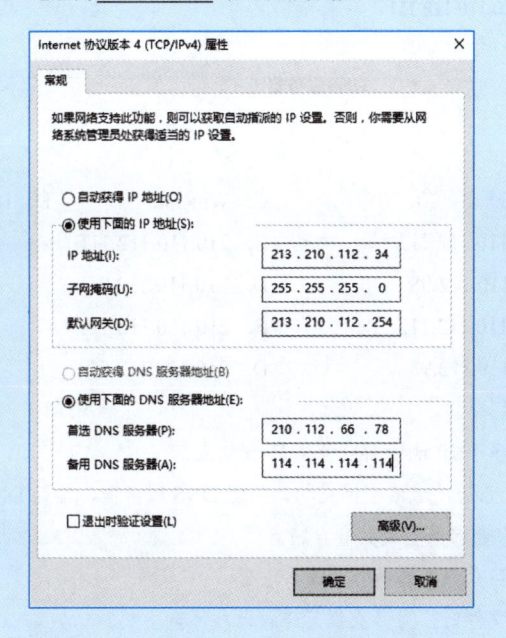

图 7-115　Internet 协议版本 4（TCP/IPv4）属性

A. 210.112.66.78
B. 210.112.66.88
C. 213.210.112.34
D. 200.210.153.15

6. 已知 FTP 服务器的 IP 地址为 210.67.101.3，登录的用户名为"KITE"，端口号为 23。通过 FTP 方式实现登录时，以下输入正确的是_____。

A. FTP://210.67.101.3
B. FTP://210.67.101.3:KITE
C. FTP://210.67.101.3/KITE:23
D. FTP://210.67.101.3:23

7. 某网络结构如图 7-116 所示。在 Windows 操作系统中配置 Web 服务器应安装的软件是 (1)。在配置网络属性时 PC1 的"默认网关"应该设置为 (2)，首选 DNS 服务器应设置为 (3)。

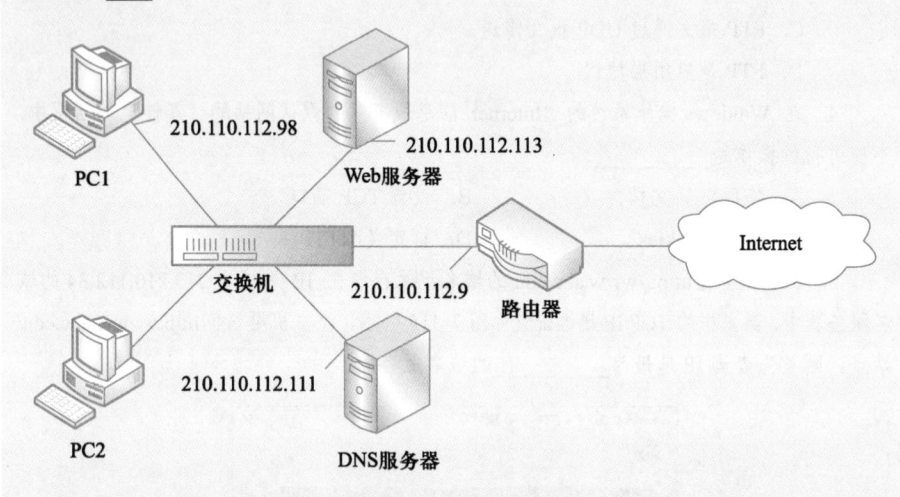

图 7-116　网络结构图

（1）A. iMail　　　B. IIS　　　C. WinGate　　　D. IE 6.0
（2）A. 210.110.112.113　　　B. 210.110.112.111
　　 C. 210.110.112.98　　　　D. 210.110.112.9
（3）A. 210.110.112.113　　　B. 210.110.112.111
　　 C. 210.110.112.98　　　　D. 210.110.112.9

二、思考题

1. 如何实现多个 IP 地址对应多个 Web 站点？
2. 简述 DNS 系统的域名空间结构，简述 DNS 服务器、辅助 DNS 服务器的作用。简述 DNS 服务器的查询类型及其各自特点。
3. 架构活动目录服务器的作用是什么？
4. 无法上传文件时，为什么提示连接时找不到主机？

三、操作题

1. 安装 FTP 服务器，添加 FTP 站点 teacher ftp，对应 "E:/教学资源文件夹"所应用的 IP 地址 192.168.0.1，设定该文件夹权限为能读写。添加 FTP 站点 student ftp，对应 "F:/学生文件夹"所应用的 IP 地址 192.168.0.2，要求只能写入，不能读取。

2. 安装 DNS 服务器，新建正向 DNS 主要区域 LAN.Com；新建反向 DNS 主要区域 192.168.0.x，并测试正向、反向解析。

3. 通过 Serv-U 构建 FTP 服务器，其对应 IP 地址为 192.168.0.1，要求设置 teacher 和 student 两个账号，用户 teacher 的可用磁盘空间为 1 GB，student 的可用磁盘空间为 500 MB，并设置磁盘满额提示符 "磁盘空间已满，请清理！"。

项目 8　管理办公网络

某公司的网络覆盖几个部门，各部门之间不时需要相互通信，但是有些信息并不能对所有部门公开，在物理位置不发生改变的情况下，将部门所在的网络从逻辑上划分到不同的虚拟局域网中，以实现不同部门的管理。

教学导航

知识目标	● 了解 VLAN 的作用、功能、标准 ● 熟悉 VLAN 的划分方法 ● 熟悉 VLAN 的操作命令
技能目标	● 熟练规划 VLAN 的 IP 地址 ● 熟练划分 VLAN ● 实现 VLAN 之间的通信
素养目标	● 认真分析任务目标，做好 VLAN 规划，培养安全意识 ● 根据实际情况进行问题分析与处理，选择必要、恰当的操作，培养效率意识
教学方法	理论实践一体化、问题式教学、启发式教学法
考核成绩 A 等标准	● 每个小组能正确配置 VLAN，实现部门隔离和通信 ● 工作时不大声喧哗，遵守纪律，与同组成员间协作愉快，配合完成了整个工作任务，保持工作环境清洁，任务完成后自动整理、归还工具、恢复到原始工作状态，关闭电源
评价方式	教师评价+个人评价
操作流程	IP 地址和 VLAN 规划→划分 VLAN→测试计算机间的连通性→配置 VLAN→测试 VLAN 间的连通性
准备工作	核心交换机、二层交换机、计算机、模拟软件
课时建议	6 课时（含课堂任务拓展）

项目描述

某公司有行政部、市场部、研发部、技术部、财务部等部门。其中市场部与技术部位于同一楼层，其余各部门位于不同的楼层，为了各部门信息的安全需要，需要相互隔离，只有在需要的时候，各部门之间才可以相互通信。

项目分解

任务 8-1 的任务卡见表 8-1。

表 8-1　任务 8-1 任务卡

任务编号	008-1	任务名称	划分和配置 VLAN	计划工时	360 min
工作情境描述					
某公司财务部门的资料非常重要，经理希望"部门成员能相互访问，在必要时可以访问其他部门的资源，但其他部门成员不能访问他们的资源"，即财务部内部成员之间能相互访问，也能访问其他部门资源，但其他部门不能访问财务部的资源					
操作任务描述					
该公司的各部门处于同一个物理局域网内，整个网络属于同一个广播域，容易产生广播风暴，而且信息交换也不安全，根据上面工作要求的描述信息，为了安全起见，要保护财务部的资料，但又不能完全从物理上隔离，在必要的时候还需要与外部通信，虚拟局域网 VLAN 技术恰好能满足该要求					
操作任务分析					
利用虚拟局域网 VLAN 技术，可将大的局域网划分成若干较小的虚拟局域网，则需要完成以下操作。 （1）划分 VLAN （2）配置 VLAN （3）实现 VLAN 通信					

知识准备

【知识】　VTP 简介

VTP（VLAN Trunking Protocol）处于 OSI 参考模型的第二层，是 VLAN 链路聚集协议，主要用于管理在同一个域的网络范围内 VLAN 的建立、删除和重命名。在一台 VTP Server 上配置一个新的 VLAN 时，该 VLAN 的配置信息将自动传播到本域内的其他所有交换机。这些交换机会自动地接收这些配置信息，使其 VLAN 的配置与 VTP Server 保持一致，从而减少在多台设备上配置同一个 VLAN 信息的工作量，而且保持了 VLAN 配置的统一性。

VTP 有 3 种工作模式，分别为 Server、Client、Transparent，各自的含义见表 8-2。

表 8-2　VTP 工作模式

序号	模式名称	含　义
1	Server	允许在该交换机上创建、修改、删除 VLAN 及其他一些对整个 VTP 域的配置参数，同步本 VTP 域中其他交换机传递来的最新的 VLAN 信息
2	Client	本交换机不能创建、删除、修改 VLAN 配置，也不能在 NVRAM 中存储 VLAN 配置，但可同步由本 VTP 域中其他交换机传递来的 VLAN 信息
3	Transparent	可以创建、修改和删除本地 VLAN 数据库中的 VLAN，但不传播 VLAN 配置的变化信息给其他的交换机，即对 VLAN 的配置改变，只对处于透明模式的交换机自身有效

任务实施

任务实施流程见表 8-3。

表 8-3　任务实施流程

工具准备		
工具/材料/设备名称	数量与单位	说　　明
VLAN 与 IP 地址规划		同一个 VLAN 内的 IP 地址处于同一网段
交换机	1~2 台/组	VLAN 间通信需要能启用 IP 路由

参考资料
1. IPv4 地址类型、表示方法、子网掩码 2. VLAN 划分方法、VLAN 标准 3. VLAN 配置模式说明 4. 交换机配置说明和配置方式

实施流程
1. 阅读【知识准备】，如果信息不够，则可利用网络查找参考资料学习相关知识 2. 认真阅读任务卡，明确任务 3. 填写材料和设备清单，准备和领取实验工具与材料 4. 根据【任务实施】任务先后顺序与步骤，完成具体安装或配置任务，在完成每个小任务后测试任务完成情况，保证任务 100% 完成 5. 检测 VLAN 的配置情况 （1）VLAN 之间的隔离 （2）VLAN 内部成员的相互访问 （3）VLAN 之间的通信

任务 8　办公网络安全隔离与通信

任务 8-1　划分 VLAN

某公司包括行政部、市场部、研发部、技术部、财务部等部门，其中，技术部和市场部处于同一楼层，其余各部门处于不同的楼层，为了满足各部门的信息安全需要，需划分为 5 个 VLAN，分别为行政部 VLAN10、技术部 VLAN20、市场部 VLAN30、研发部 VLAN40、财务部 VLAN50，在需要的时候，各部门之间可以相互通信。以技术部和市场部为例说明 VLAN 的配置与通信。

1. 配置本地 VLAN

技术部与市场部处于同一楼层，而且成员不是很多，连接在同一台交换机上，其拓扑结构如图 8-1 所示。

（1）配置步骤

① 按照图 8-1 设计的网络拓扑结构准备并连接好硬件设备。

② 规划 IP 地址与 VLAN。

将网络划分为两个 VLAN，PC1 和 PC2 处于技术部，划分到 VLAN2 中，PC3 是市场部的成员，划分到 VLAN3 中。

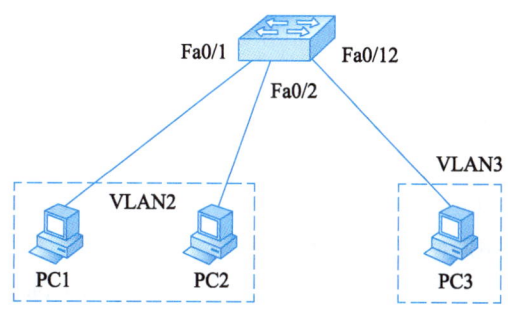

图 8-1　本地 VLAN 拓扑结构图

③ 配置 IP 地址和网关。
- S3550 交换机设置 VLAN2（172.16.2.1/24）、VLAN3（172.16.3.1/24）两个 VLAN。
- 将 PC1（172.16.2.12/24）、PC2（172.16.2.13/24）加入 VLAN2，PC1 与 PC2 网关均为 172.16.2.1；PC3（172.16.3.12/24）加入 VLAN3，PC4 网关为 172.16.3.1。

④ 测试计算机的连通性。
- 在 PC1 上 ping PC3，测试结果不通。
- 在 PC1 上 ping PC2，测试结果为通畅。

⑤ 配置交换机。

要配置交换机，应首先了解交换机的 3 种命令模式，分别为用户模式、特权模式、配置模式。

- 用户模式（User EXEC）是交换机启动时的默认模式，仅允许执行一些非破坏性的操作，如查看交换机的配置参数，测试交换机的连通性等，不能对交换机配置做任何改动。该模式下的提示符（Prompt）为 ">"。
- 特权模式（Privileged EXEC）也称为使能（Enable）模式，提示符为 "#"。可对交换机进行更多的操作。
- 配置模式（Global Configuration）是交换机的最高操作模式，可以设置在交换机上运行的硬件和软件的相关参数；配置各接口、路由协议和广域网协议；设置用户和访问密码等。在特权模式 "#" 提示符下输入 config 命令，进入配置模式。

配置交换机的具体操作步骤如下。

```
Switch>en                              由用户模式进入特权模式
Switch# conf  t                        由特权模式进入配置模式
Switch(config)#hostname  C3550         在配置模式下修改主机名
C3550(config)#exit
C3550#vlan database                    进入 VLAN 配置模式
C3550(vlan)#vlan 2   name   student    创建一个编号为2名字为student
                                       的 VLAN
```

C3550(vlan)#vlan 3 name teacher		创建一个编号为 3 名字为 teacher 的 VLAN
C3550(vlan)#exit		
C3550#conf t		
C3550(config)#int fastethernet 0/1		进入快速以太口
C3550(config-if)#switchport access vlan 2		将快速以太口划入 VLAN2
C3550(config-if)#exit		
C3550(config)#int fastethernet0/2		
C3550(config-if)#switchport access vlan 2		
C3550(config-if)#exit		
C3550(config)#int fastethernet0/12		
C3550(config-if)#switchport access vlan 3		
C3550(config-if)#end		
C3550#write		保存配置信息
C3550#conf t		
C3550(config)# int vlan 2		给 VLAN2 的所有节点分配静态 IP 地址
C3550(config-if)# ip add 172.16.2.1 255.255.255.0		
C3550(config-if)#no shut		
C3550(config-if)#exit		
C3550(config)# int vlan 3		
C3550(config-if)# ip add 172.16.3.1 255.255.255.0		
C3550(config-if)#no shut		
C3550(config-if)#end		
C3550#conf t		
C3550(config)# ip routing		启用路由
C3550(config)#end		
C3550# write		

(2) 测试

在 PC1 上 ping   PC2，能 ping 通；在 PC1 上 ping   PC3，能 ping 通；在 PC2 上 ping   PC3，能 ping 通。从上述测试结果可知，VLAN 2 和 VLAN 3 间实现了通信。

2. 配置跨交换机 VLAN

财务部与市场部处于不同楼层，分别连接在 S1 和 S2 两台交换机上，财务部有一个员工临时到市场部帮忙，为了避免计算机搬动的麻烦和部门安全，建议将该员工的计算机从逻辑上划分到市场部，其拓扑结构如图 8-2 所示。

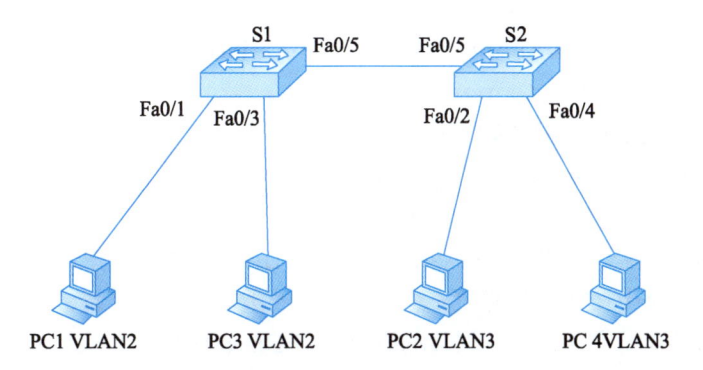

图 8-2 跨交换机 VLAN 拓扑结构图

（1）配置步骤

1）按照图 8-2 给出的网络拓扑结构连接好设备。

2）规划 IP 地址与 VLAN。

将网络划分为两个 VLAN，PC1 和 PC3 划分到 VLAN2，PC2 和 PC4 划分到 VLAN3 中。

3）配置 IP 地址和网关

① S1 交换机上设置 VLAN2（172.16.2.1/24），S2 交换机上设置 VLAN3（172.16.3.1/24）两个 VLAN。

② 将 PC1（172.16.2.12/24）、PC3（172.16.2.13/24）加入 VLAN2，PC1 与 PC3 网关均为 172.16.2.1。

将 PC2（172.16.3.12/24）、PC4（172.16.3.14/24）加入 VLAN3，PC2、PC4 网关均为 172.16.3.1。

4）测试计算机的连通性

● 在 PC1 上 ping PC3，测试结果通畅。

● 在 PC1 上 ping PC4，测试结果为不通。

5）配置交换机。

① 设置 VTP DOMAIN（管理域）。

VTP 用于在建立了汇聚链路的交换机之间同步和传递 VLAN 配置信息的协议，以在同一个 VTP 域中维持 VLAN 配置的一致性。

```
S1#vlan database          进入 VLAN 配置模式
S1(vlan)#vtp domain S1    设置 VTP 管理域名称为 S1
S1(vlan)#vtp server       设置交换机为服务器模式
S2#vlan database          进入 VLAN 配置模式
S2(vlan)#vtp domain S1    设置 VTP 管理域名称为 S1
S2(vlan)#vtp Client       设置交换机为客户端模式
```

② 配置中继（保证管理域能够覆盖所有的分支交换机）。

在核心交换机端配置如下：

S1(config)#interface FastEthernet 0/5

S1(config-if)#switchport trunk encapsulation dot1q 配置中继协议
S1(config-if)#switchport mode trunk

在分支交换机端配置如下：

S2(config)#interface FastEthernet 0/5
S2(config-if)#switchport mode trunk

Trunk 链路为汇聚链路，承载了所有 VLAN 的通信流量，为了标识数据帧属于哪一个 VLAN，需要对流经汇聚链路的数据帧进行封装，以附加 VLAN 信息。目前支持交换机打标封装的协议有 IEEE 802.1q 和 ISL。IEEE 802.1q 属于国际标准协议，适用于各种类型的交换机，通常写成 dot1q；ISL 是 Inter Switch Link 的缩写，只能用于 CISCO 网络设备的互连，也就是说只有当汇聚链路连接的都是 CISCO 交换机时才能使用 ISL 进行封装。

③ 创建 VLAN。

本例是在核心交换机上创建 VLAN。实际上，在管理域中的任何一台 VTP、属性为 Server 的交换机上都可创建 VLAN，它会通过 VTP 通告整个管理域中所有交换机。VTP 会通告 VLAN 的更改，但不会通告将具体的交换机端口划入某个 VLAN，必须在该端口所属的交换机上进行设置。

S1#vlan database

S1(vlan)#vlan 2 name vlan2 创建一个编号为 2、名字为 VLAN2 的 VLAN

S1(vlan)#vlan 3 name vlan3 创建一个编号为 3、名字为 VLAN3 的 VLAN

④ 将交换机端口划入 VLAN。

S1#conf t
S1(config)#interface fastEthernet 0/1 配置端口 1
S1(config-if)#switchport access vlan 2 归属 VLAN2
S1(config-if)#exit
S1(config)#interface fastEthernet 0/3 配置端口 2
S1(config-if)#switchport access vlan 3 归属 VLAN3
S1(config-if)#end
S1#write
S2#conf t
S2(config)#interface fastEthernet 0/2 配置端口 1
S2(config-if)#switchport access vlan 2 归属 VLAN2
S2(config-if)#exit
S2(config)#interface fastEthernet 0/4 配置端口 2
S2(config-if)#switchport access vlan 3 归属 VLAN3
S2(config-if)#end
S2#write

⑤ 配置三层交换，给 VLAN 所有的节点分配静态 IP 地址。

在核心交换机上分别设置各 VLAN 的接口 IP 地址：

S1(config)#interface vlan 2

S1(config-if)#ip address 172.16.2.1 255.255.255.0 VLAN2 接口 IP

S1(config)#interface vlan 3

S1(config-if)#ip address 172.16.3.1 255.255.255.0 VLAN3 接口 IP

（2）测试

在 PC1 上 ping PC3，能通，则表示同一 VLAN 内可以实现通信。

在 PC1 上 ping PC4，能通，则表示 VLAN2 与 VLAN3 可以通信，说明不同 VLAN 间实现了通信。

还可以在 PC2 上对 PC3、PC4 进行连通性测试，比较测试结果是否相同。

任务 8-2　配置 VLAN 间的路由

通过路由器的 VLAN 划分与通信配置拓扑结构如图 8-3 所示。

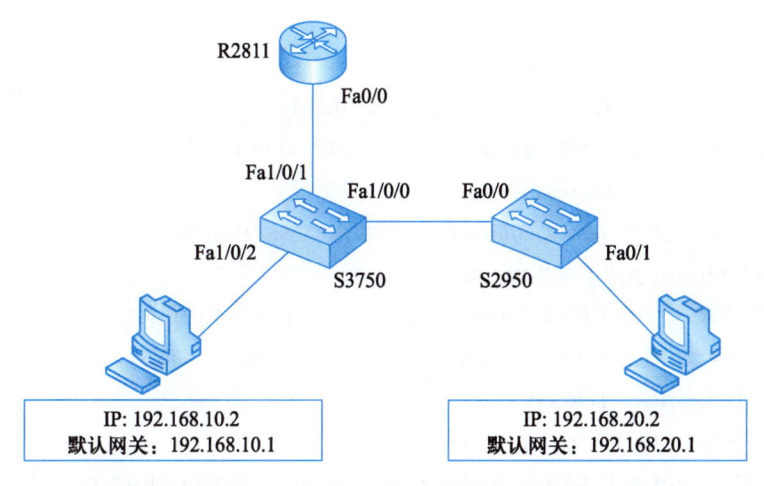

图 8-3　VLAN 间路由配置拓扑结构图

1. 配置要求

① S3750：0、1 口为 trunk 口，2、3、4 口配置到 VLAN10，5、6、7 口配置到 VLAN20。

② S2950：0 口为 trunk 口；2、3、4 口配置到 VLAN10；5、6、7 口配置到 VLAN20。

③ R2811：以太网口 0 通过直连线与 S3750 交换机相连。

2. 配置步骤

（1）R2811

Router#config terminal

Router(config) #interface fa0/0

Router(config-if) #no shutdown

Router(config-if)#int fa0/0.10
Router(config-subif)#encapsulation dot1q 10
Router(config-subif)#ip address 192.168.10.2 255.255.255.0
Router(config-subif)#no shutdown
Router(config-subif)# int fa0/0.20
Router(config-subif)#encapsulation dot1q 20
Router(config-subif)#ip address 192.168.20.2 255.255.255.0
Router(config-subif)#no shutdown
Router(config-subif)#exit

(2) S3750

s3750#vlan database
s3750(vlan)#vlan 10 name teacher
s3750(vlan)#vlan 20 name student
s3750(vlan)#vtp server
s3750(vlan)#exit
s3750#config terminal
s3750(config)#interface range fa1/0/2-4
s3750(config-if-range)#switchport access vlan 10
s3750(config)#interface range fa1/0/5-7
s3750(config-if-range)#switchport access vlan 20
s3750(config)#interface fa1/0/1
s3750(config-if)#switchport trunk encapsulation dot1q
s3750(config-if)#switchport　mode　trunk
s3750(config-if)#exit
s3750(config)#interface fa1/0/0
s3750(config-if)#switchport trunk encapsulation dot1q
s3750(config-if)#switchport　mode　trunk
s3750#show vlan brief

(3) S2950

S2950# vlan database
S2950(vlan)# vtp client
S2950(vlan)#exit
S2950#show vlan brief
S2950#config terminal
S2950(config)#int fa0/0
S2950(config-if)# witchport　mode　trunk
S2950(config)#interface range fa0/2-4
S2950 (config-if-range)#switchport access vlan 10

S2950 (config-if-range)# interface range fa0/5-7
S2950 (config-if-range)#switchport access vlan 20
S2950 (config-if-range)#exit

(4) 测试

将计算机分别接入 VLAN20 和 VLAN30；如图 8-3 所示设置计算机的 IP 地址、子网掩码、默认网关等信息；完成 ping 测试，检查 VLAN 间的连通性。

实施评价

本项目的主要训练目标是让学习者认识到 VLAN 的作用，学会划分 VLAN、实现 VLAN 间的通信，保证网络安全性。任务实施情况小结见表 8-4。

表 8-4　任务实施情况小结

知　识	技　能	态　度	重要程度	自我评价	老师评价
• VLAN • VTP • VTP 工作模式 • 应用标准 • 划分方法	○ 正确规划 VLAN 及 IP 地址 ○ VLAN 间通信 ○ 设置本地交换机 VLAN ○ 设置跨交换机的 VLAN	◎ 条理清楚 ◎ 细致有序 ◎ 准备工作充分 ◎ 积极思考并努力解决问题	★★ ★★		
任务实施过程中已经解决的问题及其解决方法与过程					
问题描述	解决方法与过程				
任务实施过程中未解决的主要问题					

任务拓展

拓展任务　不同网段计算机间的通信

1. 任务拓展卡

任务拓展卡见表 8-5。

微课
不同网段计算机间的通信

表 8-5　任务拓展的任务卡

任务编号	008-2	任务名称	不同网段计算机间的通信	计划工时	90 min
任务描述					
某软件公司两个办公室计算机 IP 地址设置在不同的网段上，一个为 192.168.1.0，另一个为 192.168.2.0。在没有路由器的情况下，在同一个 IP 子网内的主机能通信；主机不在同一网段内，即使通过同一个交换机连接（如在交换机划分不同的 VLAN）也无法相互通信，应该如何处理？					
任务分析					
（1）配置服务器 （2）配置客户端					

2. 任务拓展完成过程提示

不同网段的计算机在没有路由器的情况下要实现通信，可以采用 Windows Server 2019 自带的路由工具来解决，即在一台 Windows Server 2019 服务器上绑定两个 IP 地址：192.168.1.1 和 192.168.2.1，然后在 Windows Server 2019 上启动路由服务，将 Windows Server 2019 作为路由器，实现两个网段的互连互通。具体配置过程如下：

（1）配置服务器

步骤 1：打开"本地连接"的"属性"对话框，选择"Internet 协议版本 4（TCP/IPv4）属性"选项，单击"属性"按钮，为服务器绑定第 1 个 IP 地址 192.168.1.1，子网掩码设为 255.255.255.0，如图 8-4 所示。

步骤 2：单击"高级"按钮，在打开的"高级 TCP/IP 设置"对话框的"IP 地址"栏中单击"添加"按钮，打开"TCP/IP 地址"对话框，在"IP 地址"和"子网掩码"中分别输入绑定第 2 个 IP 地址的信息 192.168.2.1，子网掩码设为 255.255.255.0，如图 8-5 所示。

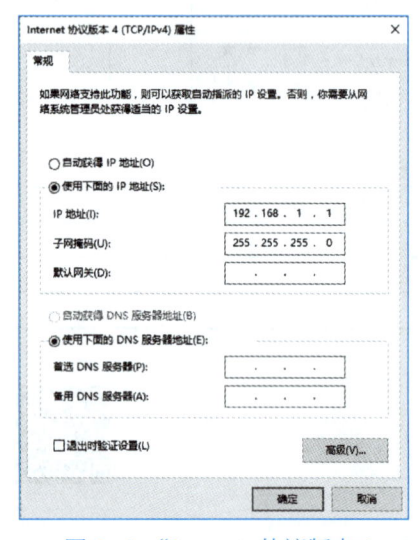

图 8-4 "Internet 协议版本 4 （TCP/IPv4）属性"对话框

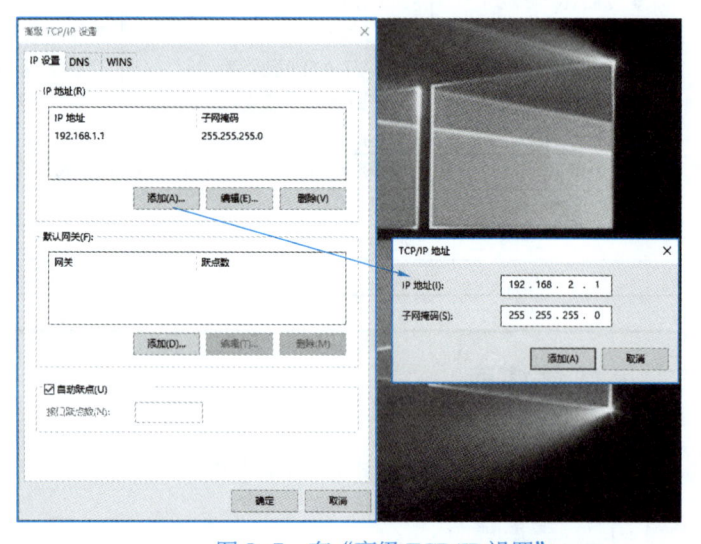

图 8-5 在"高级 TCP/IP 设置"对话框中添加 IP 地址

步骤 3：单击"添加"按钮，如图 8-6 所示，将两个地址都绑定到了服务器上，然后依次单击"确定"按钮，完成设置。

（2）配置客户端

在网卡的"Internet 协议（TCP/IP 属性）"中，处于 192.168.1.0 网段中的计算机 TCP/IP 属性设置：IP 地址设置为 192.168.1.88，默认网关设置为 192.168.1.1；处于 192.168.2.0 网段中的计算机 TCP/IP 属性设置：IP 地址设置为 192.168.2.88，默认网关设置为 192.168.2.1。

3. 任务拓展评价

任务拓展评价内容见表 8-6。

图 8-6　IP 地址绑定到服务器上

表 8-6　任务拓展评价表

任务编号	008-2	任务名称		不同网段计算机间的通信	
任务完成方式	【　】小组协作完成		【　】个人独立完成		
课任务拓展完成情况评价					
自我评价		小组评价		教师评价	
任务实施过程描述					
实施过程中遇到的问题及其解决办法、经验			没有解决的问题		

项目总结

本项目知识技能考核要点见表 8-7，思维导图如图 8-7 所示。

表 8-7　知识技能考核要点

任务	考核要点	考核目标	建议考核方式
8-1	● 认识 VLAN 的含义、作用、与 LAN 的区别、配置方式 ● 会配置 VLAN	○ 培养安全意识、操作规范 ○ 能根据实际任务需要独立完成 VLAN 的配置与管理 ○ 会排除配置过程中产生的故障与问题	形成操作文档，记录操作过程、遇到的问题和解决办法

图 8-7　项目 8 思维导图

思考与练习

一、选择题

1. VTP 是＿＿＿＿＿的缩写，代表 VLAN 链路聚集协议。
   A. Virtual Trunk Protocol　　　B. Virtual Local Area Network
   C. Virtual Trunking Protocol　　D. 以是都不是

2. VTP Server 模式＿＿＿＿＿VLAN 配置。
   A. 在交换机上修改、删除、创建
   B. 不能创建、修改、删除
   C. 可创建、修改和删除本地 VLAN 数据库中的
   D. 在 NVRAM 中存储

3. 创建编号为 10，名称为 Live 的 VLAN 的命令是＿＿＿＿＿。
   A. Switch(VLAN)#VLAN 10 name Live
   B. Switch(config)#VLAN 10 name Live
   C. Switch # VLAN 10 name Live
   D. 以上都不对

4. 在 VLAN 配置中，为了标识数据帧属于哪一个 VLAN，需要对流经汇聚链路的数据帧进行封装，支持交换机封装的协议有＿＿＿＿＿。（多选题）
   A. TCP　　　B. UDP　　　C. IEEE 802.1Q　　　D. ISL

5. 在交换机上对流经汇聚链路的数据帧进行封装时，其中＿＿＿＿＿协议只能用于思科网络设备的互连。
   A. TCP　　　B. UDP　　　C. IEEE 802.1Q　　　D. ISL

二、思考题

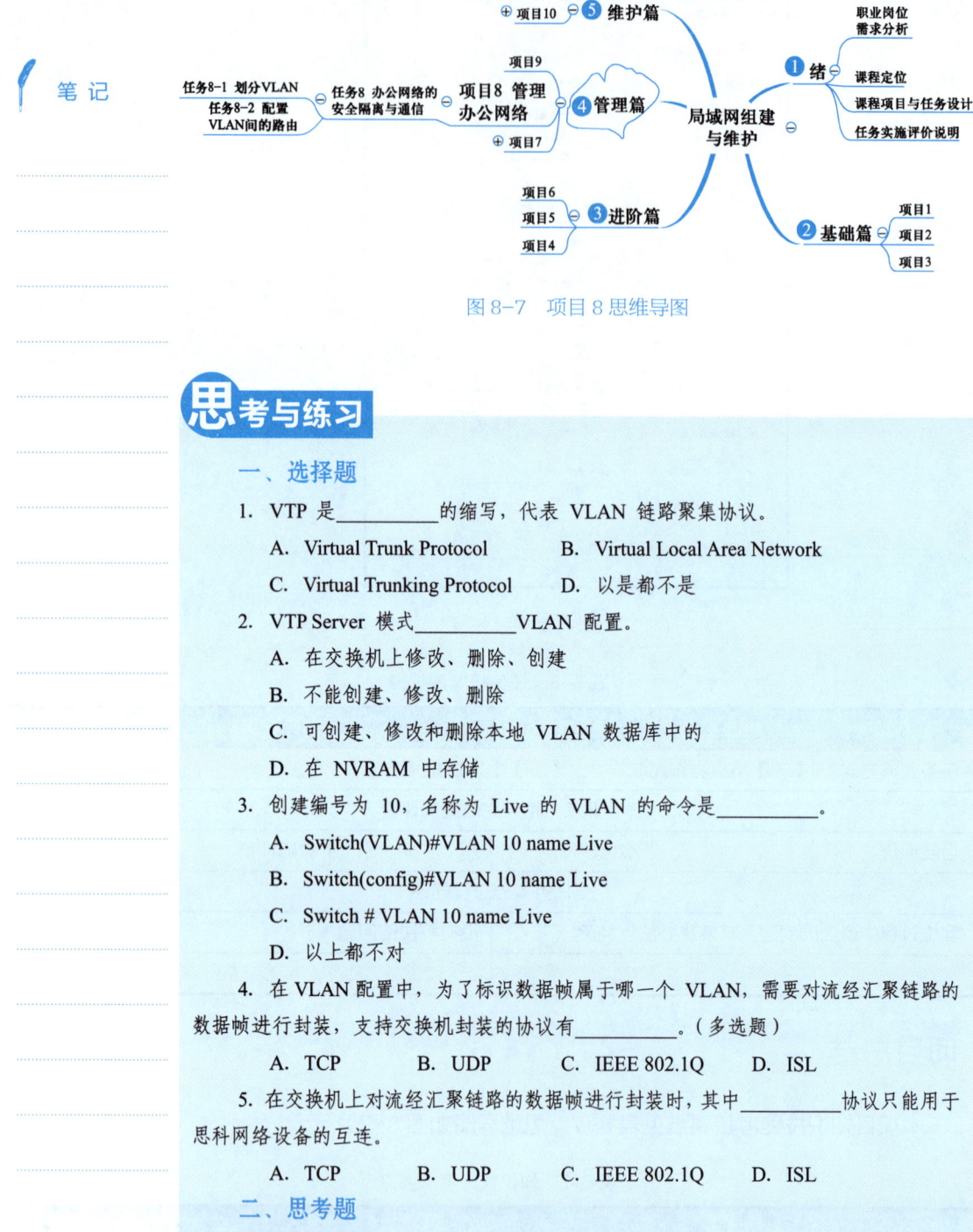

阅读以下说明，回答【问题1】和【问题2】。

某网络拓扑结构如图 8-8 所示，网络中心设在图书馆，均采用静态 IP 接入。

【问题1】由图 8-8 可见，图书馆与行政楼相距 350 米，图书馆与实训中心相距 650 米，均采用千兆光纤连接，那么①处应选择的通信介质是 (1) ，②处应选择的通信介质

是__(2)__,选择这两处介质的理由是__(3)__。

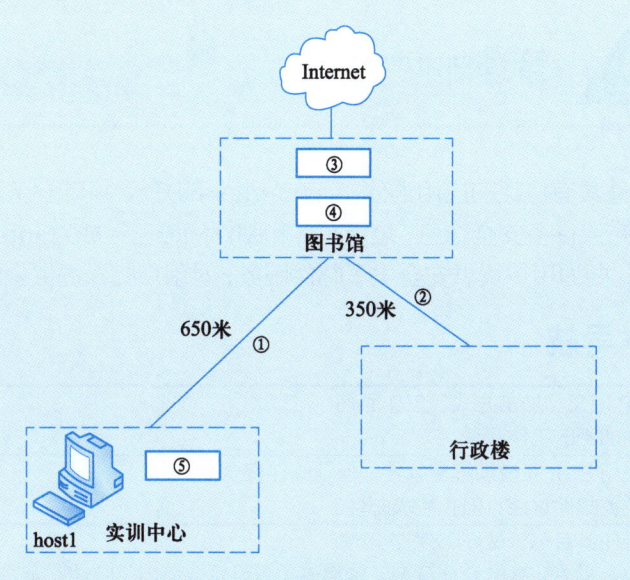

图 8-8　某网络拓扑结构

(1)(2)备选答案(每种介质限选 1 次)
　　A. 单模光纤　　　B. 多模光纤　　　C. 同轴电缆　　　D. 双绞线

【问题2】从表 8-8 中为图中③④⑤选择合适的设备,填写设备名称(每个设备限选 1 次)。

表 8-8　某网络使用设备

设备类型	设备名称	数量
路由器	Router1	1
三层交换机	Switch1	1
二层交换机	Switch2	1

项目 9　管理邮件

管理邮件

PPT

素养提升 9
技术成就梦想，树立共享发展理念

电子邮件具有广泛的应用群体，但 Internet 的开放性和匿名性给企业内部和电子邮件带来许多安全隐患，垃圾邮件和邮件病毒已经成为 Internet 的两大"杀手"，因此要为用户提供安全电子邮件服务，对用户邮件提供全方位的保护。

教学导航

知识目标	● 了解 PGP 定义、加密方式、工作原理 ● 知道邮件加密的工作原理
技能目标	● 能独立使用 PGP 完成加解密邮件，保证邮件安全 ● 会正确设置邮件过滤，阻止垃圾邮件
素养目标	● 认真分析任务目标，做好邮件安全 ● 耐心细致，具有较强的安全意识，能通过工具设置保障电子邮件安全
教学方法	讲练结合、问题式教学、启发式教学法
考核成绩 A 等标准	● 完全达到安全设置的要求，使用时间最短，操作熟练 ● 碰到问题时能冷静分析，并能使用搜索引擎快速准确地获取有用的信息 ● 口头解释清楚明晰，有理有据，完全正确，回答时声音洪亮、仪态端庄 ● 总结报告步骤清晰、书写工整、内容完整 ● 以小组为单位，每组 4 人，项目由组长负责（组长轮换），其余成员由组长安排具体的任务；组长分配的任务由个人单独完成，每个小组抽一个人来参加最后的结果检查；随机抽取某小组成员执行部分操作或口头解释操作的含义和设置的理由
评价方式	教师评价+小组评价
操作流程	下载和准备软件→安装软件→软件设置→加密邮件→邮件管理
准备工作	计算机（文件系统为 NTFS）、浏览器、Outlook 2016
课时建议	8 课时

项目描述

某公司业务部员工每天的大部分业务就是通过电子邮件与客户沟通，为了方便区分和安全，设置了个人和公司等电子邮件账户，每天都要登录各自的网站，打开电子邮箱收阅文件，即使如此，往往还会错过某些业务信息，这让人很烦恼。

另外，电子邮件通过 Internet 传输，一旦被竞争对手获得，则会为公司业务带来很大的损失，如果竞争对手无法获取自己的电子邮件，或者即使获取到了电子邮件也无法看懂，则能保证业务的安全。因此，既要方便使用，不影响开展业务的实时性，又要保证往来的电子邮件的安全，使业务不出现威胁。

项目分解

任务 9-1 的任务卡见表 9-1。

表 9-1　任务 9-1 任务卡

任务编号	009-1	任务名称	加密、解密电子邮件	计划工时	135 min
工作情境描述					
某公司为保护其知识产权，避免公司机密信息泄露，但又不能中断与外界的信息交流，因此公司决定所有通过电子邮件传送的信息都需要实施加密保护措施					
操作任务描述					
电子邮件是用户间通信常用的工具，非常便捷，但电子邮件的安全性是令人非常头疼的问题。信息在发送之前进行加密，对方收到电子邮件后再解密，这样就可避免泄密事件的发生，即使出现信息被截取的情况也没有关系，没有解密密钥是不能进行解密的，获取的仅仅是一堆乱码					
操作任务分析					
为保证电子邮件的安全性，可以采用加密的方式确保即使第三方获取了电子邮件也没有任何意义。PGP 软件是一款常用的免费加密软件，源代码完全公开，非常方便。针对电子邮件的主要操作任务如下： （1）下载和安装 PGP 加密软件 （2）创建和保存密钥对 （3）加密和解密电子邮件					

任务 9-2 的任务卡见表 9-2。

表 9-2　任务 9-2 任务卡

任务编号	009-2	任务名称	管理电子邮件	计划工时	135 min
工作情境描述					
某公司为确保信息是业务公司发来的或者是自己发出的，保证电子邮件没有被窃取或更换；另外，避免邮箱中收到许多广告信息的垃圾邮件，因此业务员不得不花费很大的精力来删除这些邮件					
操作任务描述					
使用数字签名确认信息是由哪儿发出来的，以保证信息来源的可靠性；拦截垃圾邮件，保证收到的电子邮件不干扰正常工作					
操作任务分析					
在使用电子邮件的过程中首先要保证邮件安全可靠，管理任务如下： （1）使用 Outlook 软件帮助管理电子邮件 （2）阻止垃圾邮件 （3）电子邮件加密 （4）备份电子邮件					

知识准备

【知识 1】　电子邮件加密

（1）电子邮件加密的作用

可以将电子邮件以加密的形式在网络中传输，以防止敏感或机密信息的泄露。

（2）电子邮件加密的工作原理。

电子邮件加密是利用 PKI 的公钥加密技术，以电子邮件证书作为公钥的载体，发件人使用电子邮件接收者的数字证书中的公钥对电子邮件的内容和附件进行加密。加密后的电子邮件只能用接收者持有的私钥才能解密，因此只有电子邮件接收者才能阅读。其他人截获该电子邮件时看到的只是加密后的乱码信息，即可确保电子邮件在传输过程中不被他人阅读，从根本上防止了敏感或机密信息的泄露。电子邮件加密的工作原理如图 9-1 所示。

图 9-1　电子邮件加密的工作原理

【知识 2】 电子邮件签名

（1）电子邮件签名的作用

电子邮件签名可以帮助用户识别发信人的身份，确认电子邮件信息是否被恶意篡改。

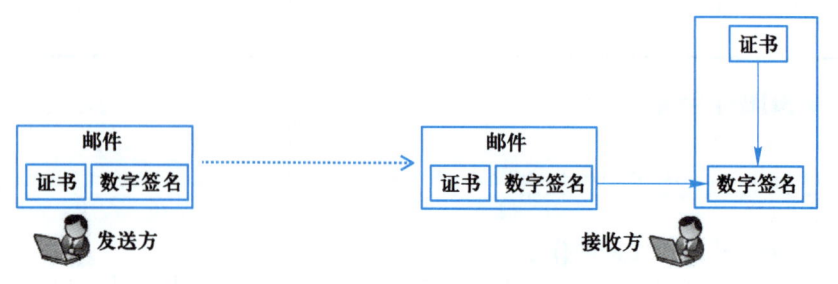

（2）电子邮件签名的工作原理

电子邮件签名是利用 PKI 的私钥签名技术，以电子邮件证书作为私钥的载体，电子邮件发送者使用自己数字证书的私钥对电子邮件进行数字签名，电子邮件接收者通过验证电子邮件的数字签名以及签名者的证书，来验证电子邮件是否被篡改，并判断发送者的真实身份，以确保电子邮件的真实性和完整性。电子邮件签名的工作原理如图 9-2 所示。

图 9-2　电子邮件签名的工作原理

任务实施

任务实施流程见表 9-3。

表 9-3 任务实施流程

工具准备		
工具/材料/设备名称	数量与单位	说　明
PGP 软件	1 个/组	加解密邮件
Outlook 2016	1 个/组	邮件管理
电子邮件账号	1 个/人	
参考资料		
1. PGP 软件下载网址，便于软件下载和 PGP 内容学习 2. 邮件加密、数字签名、垃圾邮件等概念和工作原理，学习其工作方式和工作过程 3. Outlook 2016 官网教程 4. PGP 官网教程		
实施流程		
1. 阅读【知识准备】，如果不够，则可利用网络查找参考资料学习相关知识 2. 认真阅读任务卡，明确任务 3. 准备实施任务的工具、软件 4. 填写使用工具清单，确认已经准备好工具和软件 5. 根据【任务实施】任务先后顺序与步骤，完成具体安装或配置任务，在完成每个小任务后测试任务完成情况，保证任务 100% 完成 6. 检测邮件加解密情况和邮件安全设置情况，进行反思和总结，反思在实施过程中遇到的问题和解决方法，总结实施中好的经验，从而有利于以后优化和良好工作习惯的养成 7. 按照指导教师布置的任务要求提交实施情况总结或实施效果等，交给指导教师进行当面或课后检查		

任务 9-1　使用 PGP 加解密电子邮件

PGP 软件是基于 RSA 公钥加密体系的电子邮件加密软件，可以用来对电子邮件加密以防止非授权者阅读。PGP 还能对用户的电子邮件添加数字签名，从而使收信人可以确认发信人的身份。

PGP 采用了非对称的公钥和私钥加密体系，公钥对外公开，私钥个人保留，不为外人所知。也就是说，用公钥加密的密文只可以用私钥解密，若不知道私钥，即使是发信本人也不能解密。为了使收件人能够确认发信人的身份，PGP 使用数字签名来确认发信人的身份。

任务 9-1-1　安装 PGP 加密软件

某公司从 PGP 软件官网下载该软件（本任务中选择 64 位），然后进行安装，安装过程具体如下。

步骤1：下载PGP软件后，鼠标左键双击软件安装文件进行安装，打开如图9-3所示的界面，选择安装语言。

步骤2：单击"OK"按钮，打开如图9-4所示的界面，选中"I accept the license agreement"单选按钮。

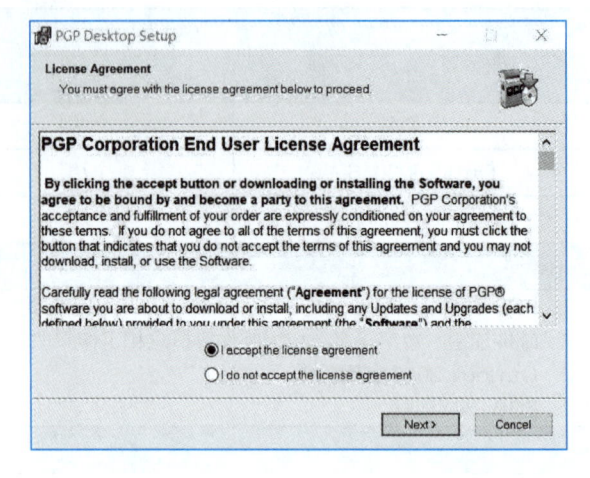

图9-3 "PGP Desktop"界面　　图9-4 "PGP Desktop Setup-License Agreement"界面

步骤3：单击"Next"按钮，弹出如图9-5所示的界面。建议选中"Do not display the Release Notes"单选按钮。

图9-5 "PGP Desktop Setup-Display Release Notes"界面

步骤4：单击"Next"按钮，弹出如图9-6所示的"用户账户控制"界面。

步骤5：单击"是"按钮，打开如图9-7所示的界面，等待安装完成。

项目 9　管理邮件 | 255

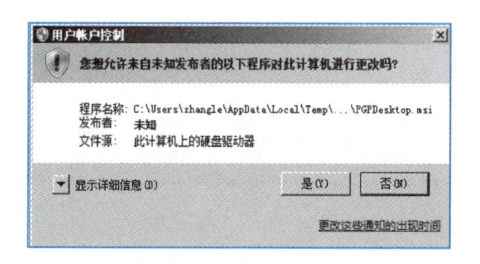

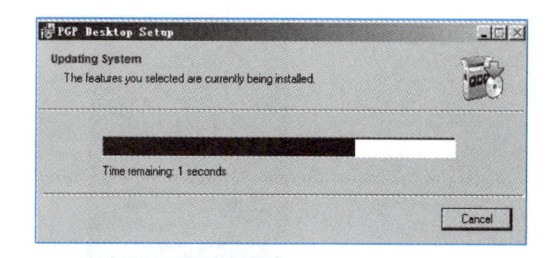

图 9-6 "用户账户控制"界面　　图 9-7 "PGP Desktop Setup-Updating System"界面

步骤 6：安装完成后弹出如图 9-8 所示的"Installer Information"界面，提示需要重新启动系统。

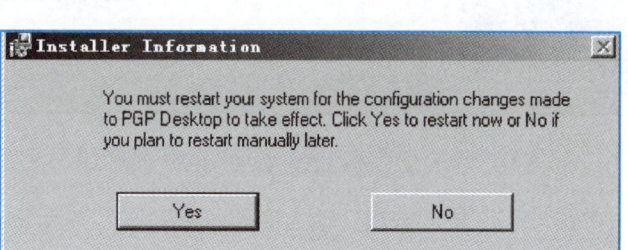

图 9-8 "Installer Information"界面

步骤 7：单击"Yes"按钮，系统重新启动，设置生效。系统重启后打开如图 9-9 所示的界面。如果需要在此账户上使用 PGP，则选中"Yes"单选按钮。

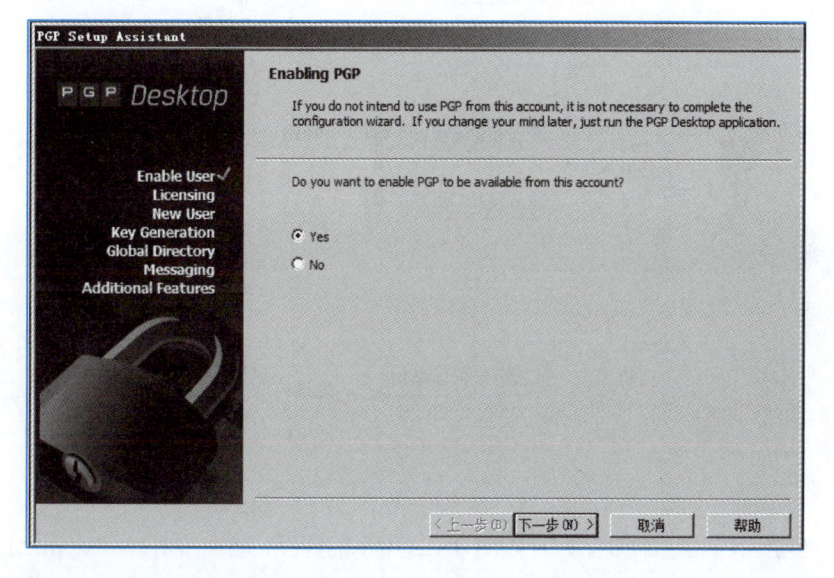

图 9-9 "PGP Setup Assistant-Enabling PGP"界面

步骤 8：单击"下一步"按钮，打开如图 9-10 所示的界面。在该界面上输入注册所需要的信息。

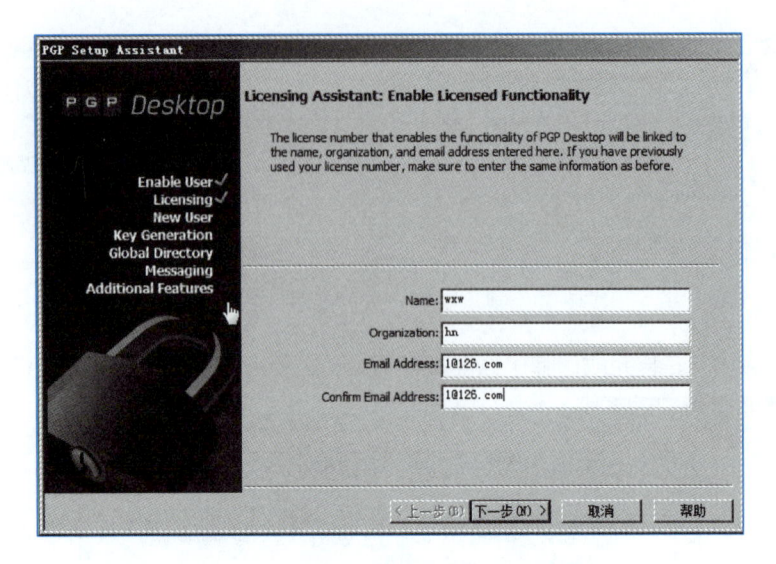

图 9-10 "PGP Setup Assistant" 界面

步骤 9：单击"下一步"按钮，输入序列号并确认，进入下一步操作。

> 注意：在使用 PGP 之前，需要生成 1 对密钥，PGP 使用这 1 对密钥来管理数据。其中一个用来加密，称为公钥（Public Key），只能用来加密需要安全传输的数据，不能解密加密后的数据；另一个用来解密，称为私钥（Private Key），只能用来解密，不能加密数据，如图 9-11 所示。

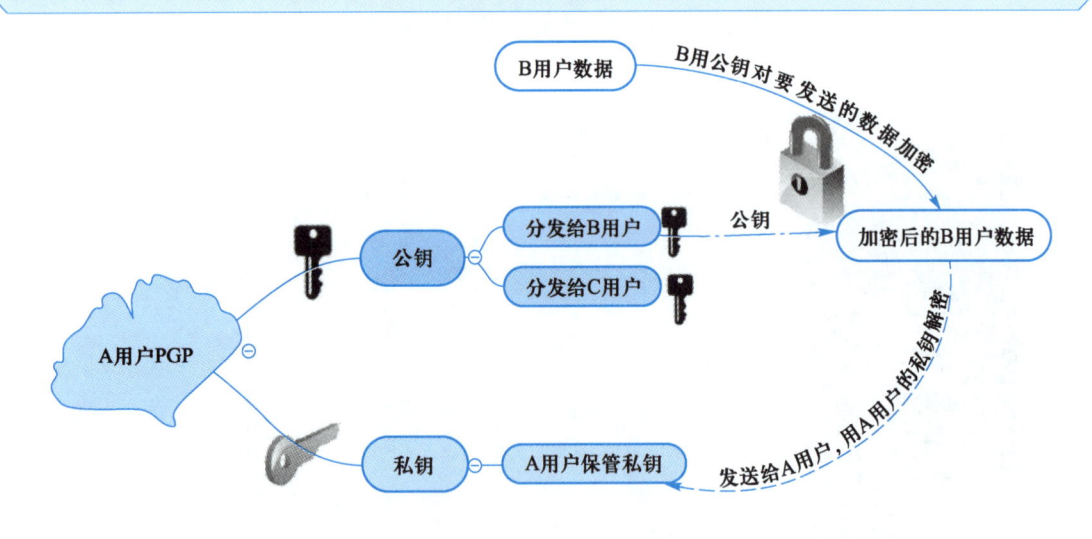

图 9-11　PGP 密钥对工作示意图

步骤 10：生成密钥。打开如图 9-12 所示的界面，选中"Show Keystrokes"复选框（避免两次输入的密码不一致），则会显示"Enter Passphrase"文本框中输入的字符串（不少于 8 位），这是为密钥对中的私钥配置保护密码。在"Re-enter Passphrase"文本框中重新输入刚才设置的密码。设置完成后，建议取消选中该复选框，避免别人看到密码。

图 9-12 "PGP Setup Assistant-Create Passphrase"界面

⚡ 在"Enter Passphrase"文本框中设置的密码非常重要,在使用密钥时将通过该密码来验证身份的合法性,因此密码设置不能太简单,也不能丢失或忘记。如果有人获取了该密码,就有可能获取密钥对中的私钥,这样就会轻易地将加密的文件解密。

步骤 11:单击"下一步"按钮,打开如图 9-13 所示的密钥生成进程界面,等待主密钥(Key)和次密钥(Subkey)生成完毕。

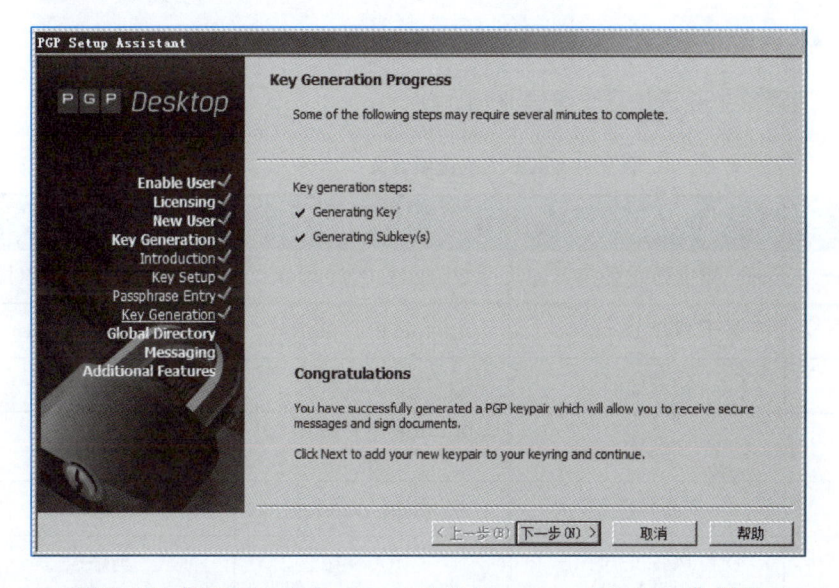

图 9-13 "PGP Setup Assistant-Key Generation Progress"界面

步骤 12:单击"下一步"按钮,直到出现如图 9-14 所示的界面,单击"完成"按钮,PGP 软件安装成功。

安装完成后会显示 [PGP Desktop] 项，桌面任务栏右下角会显示 🔒 图标。

⚠ 在安装 PGP 软件的过程中，如果没有序列号，则该软件只有最基本的功能，即使是试用版也需要序列号。

任务 9-1-2　PGP 软件基本配置

微课
PGP 软件基本配置

PGP 软件基本配置步骤如下。

步骤 1：单击"🔒"图标，弹出如图 9-15 所示菜单。

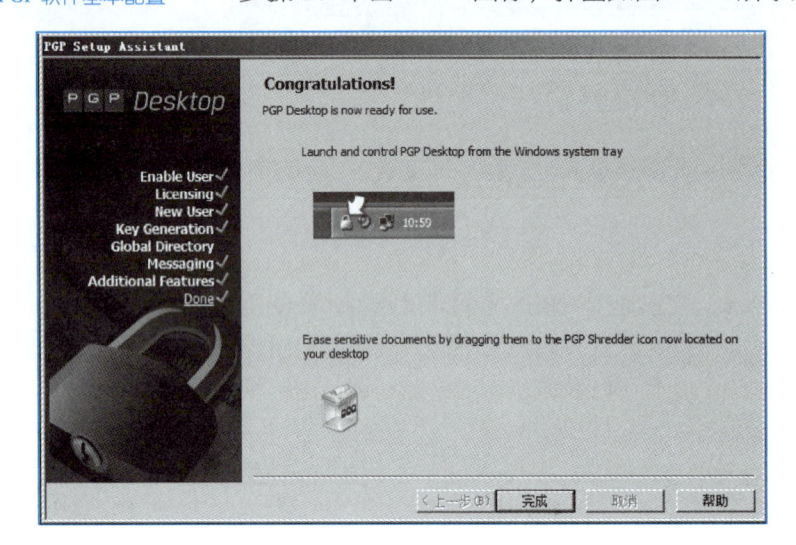

图 9-14　安装完成界面　　　　图 9-15　"PGP Desktop"菜单

该菜单主要选项含义见表 9-4。

表 9-4　菜单主要选项含义

选项名称	选项含义	选项名称	选项含义
Exit PGP Services	停止 PGP 服务	Open PGP Viewer	查看 PGP 加密文件
About PGP Desktop	关于 PGP Desktop	Open PGP Desktop	打开 PGP Desktop
Check for Updates	检查更新	Clear Caches	清除缓存
Options	选项	Unmount PGP Virtual Disks	卸载虚拟磁盘
View Notifier	查看提醒器	Current Window	当前窗口
View PGP Log	查看 PGP 记录日志	Clipboard	剪贴板

步骤 2：在菜单中选择"Options"命令，打开如图 9-16 所示"PGP Options"对话框，设置相应选项卡中的内容。

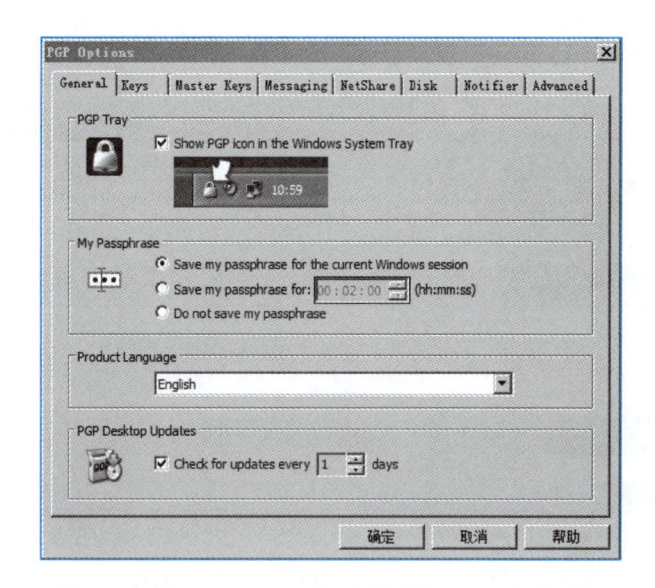

图 9-16 "PGP Options" 对话框 "General" 选项卡

步骤 3：如需设置"Disk"选项卡中的内容，则选择"Disk"选项卡，打开如图 9-17 所示的界面，根据实际情况需要设置相应的内容。

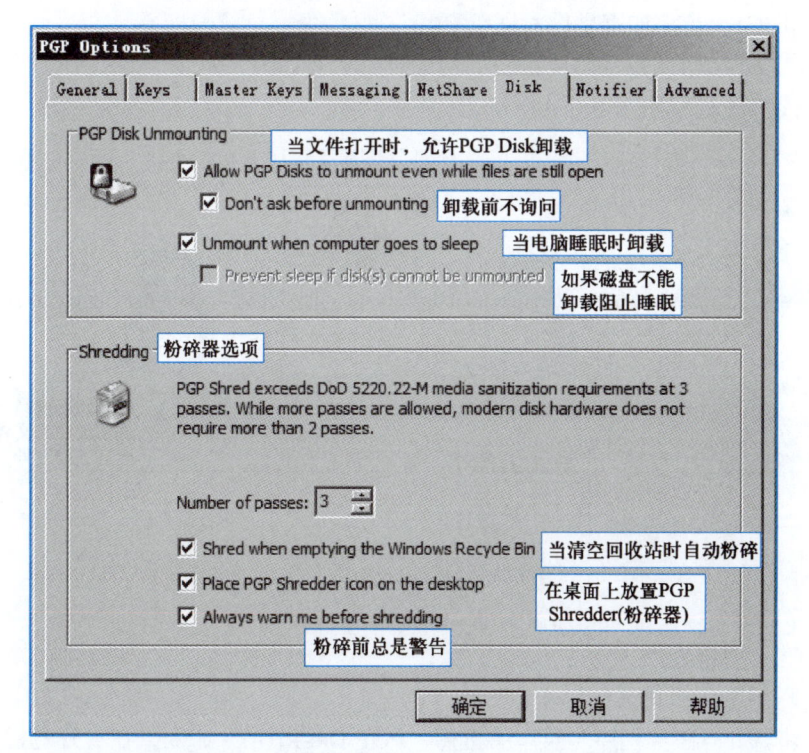

图 9-17 "PGP Options" 对话框 "Disk" 选项卡

步骤 4：单击 PGP Desktop 图标，在弹出的菜单中选择"View PGP Log"命令打开如图 9-18 所示的界面，可以根据菜单项设置各项内容。

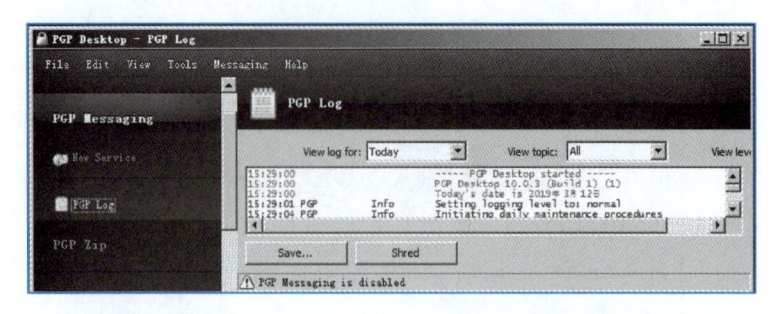

图 9-18 "PGP Desktop-PGP Log" 界面

任务 9-1-3　使用 PGP 加解密电子邮件

1. PGP 密钥发布

（1）工作流程

出于对传输文档安全的考虑，需要加密文档，如 Green 需要发送机密文件给 Star，其工作流程如下。

① Star 首先要把自己的公钥发布给 Green。
② Green 用 Star 发送过来的公钥对文档标书进行加密。
③ Green 将加密文件发送给 Star。
④ Star 用私钥将文件解密，读取文件内容。

该工作流程如图 9-19 所示。

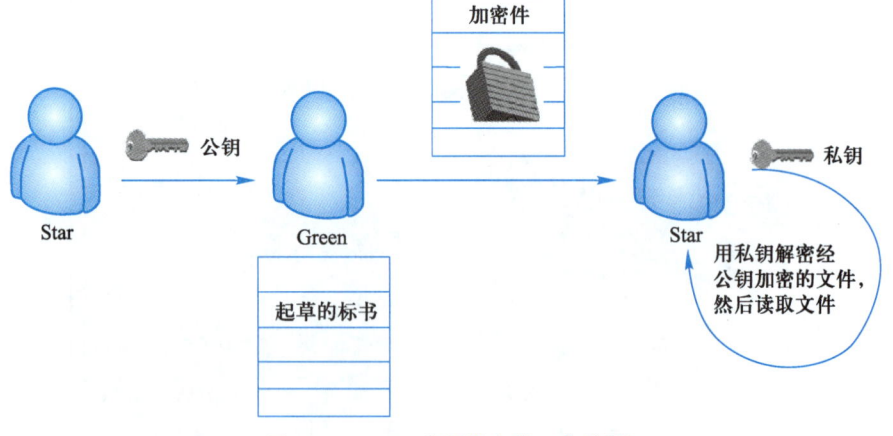

图 9-19　PGP 密钥发布的工作流程

（2）密钥发布

密钥发布过程具体如下。

步骤 1：在"程序"菜单中选择"PGP Desktop"命令，在打开的程序窗口中选中左侧窗格中的"My Private Keys"选项，打开如图 9-21 所示的"PGP Desktop-My Private Keys"界面。在用户 KEYS ID 处依次展开"Name"项，鼠标右击，弹出如图 9-20 所示的快捷菜单。

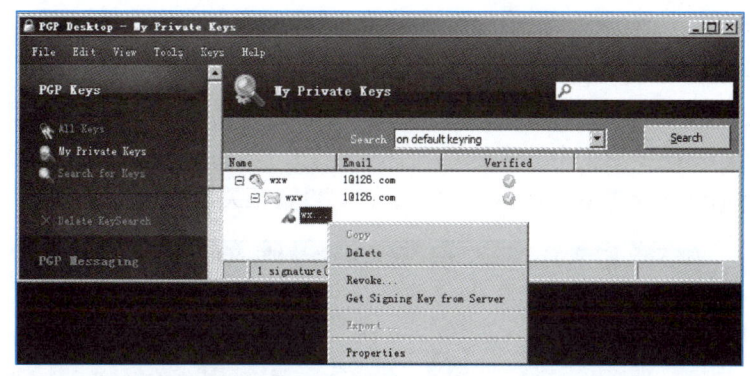

图 9-20 "PGP Desktop-My Private Keys"界面

步骤 2：在快捷菜单中选择"Get Signing Key from Server"命令，将公钥上传到 PGP 公司的密钥服务器上，会弹出"PGP Server Progress"界面，等待完成后，鼠标右击，弹出如图 9-21 所示的快捷菜单。

图 9-21 "PGP Desktop-All Keys"界面

步骤 3：在快捷菜单选择"Export"命令，打开如图 9-22 所示的"Export Key to File"对话框，设置文件名，单击"保存"按钮，则将 test.asc 文件保存在桌面上，完成导出公钥。导出公钥后，就可以将此公钥放在自己的网站上或者将公钥直接发给对方，告诉对方以后发邮件或者重要文件的时，通过 PGP 使用此公钥加密后再发给自己，即可更安全地保护自己的隐私或公司的秘密。

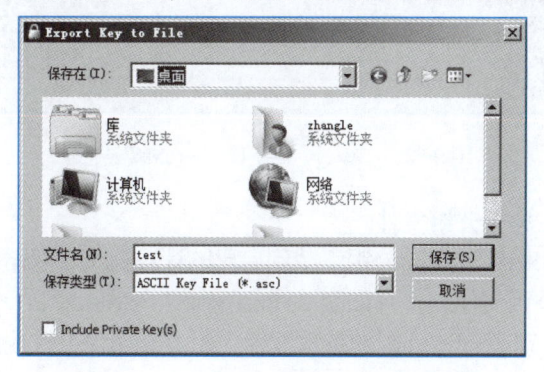

图 9-22 "Export Key to File"对话框

步骤 4："密钥对"中包含了一个公钥（公用密钥，可分发送给任何人，别人可以用这个密钥对要发给自己的文件或邮件进行加密）和一个私钥（私人密钥，只有自己所有，不可公开分发，此密钥用来解密别人用公钥加密的文件或邮件）。

步骤 5：在步骤 1 中的快捷菜单中选择"Properties"命令，打开如图 9-23 所示"Signature Properties"对话框，可查看相关信息。

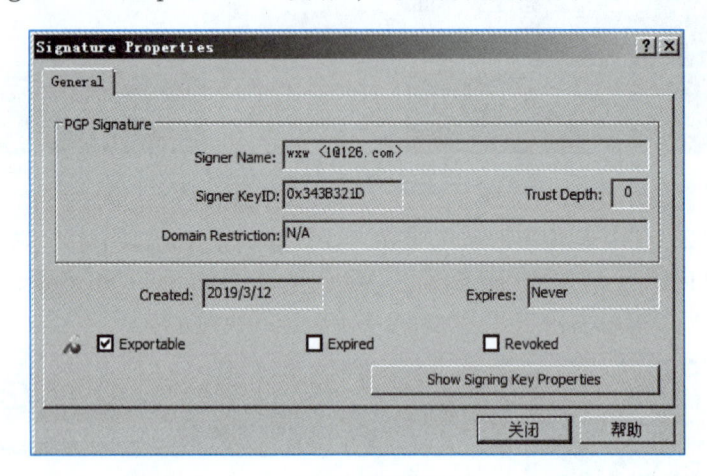

图 9-23 "Signature Properties"对话框

步骤 6：单击"Show Signing Key Properties"按钮，打开如图 9-24 所示"wxw-Key Properties"界面，可查看或修改当前用户 KEYS ID 加密信息。

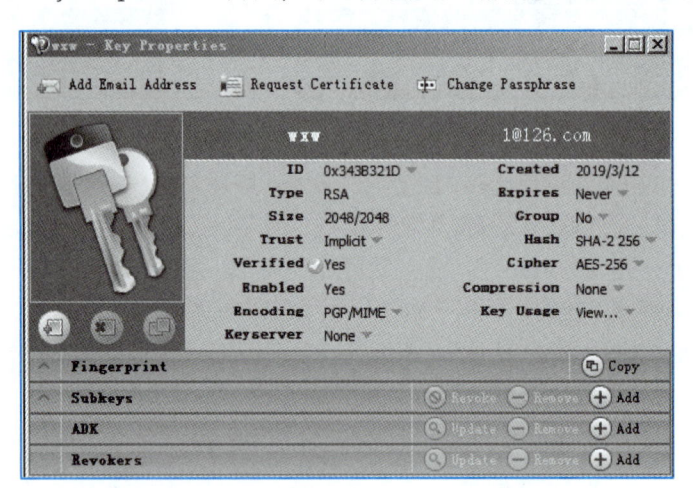

图 9-24 "wxw-Key Properties"界面

（3）Green 导入公钥文件

步骤 1：将来自 Star 的公钥下载到自己的计算机上，双击对方发过来的扩展名为 asc 的公钥文件，打开如图 9-25 所示的"Select key(s)"界面，选中公钥名并右击，可看到该公钥的基本属性，如 Validity（有效性，PGP 系统检查是否符合要求，如符合，则显示为绿色）、Trust（信任度）、Size（大小）、

Description（描述）、Key ID（密钥 ID）、Creation（创建时间）、Expiration（到期时间）等，以便从中了解是否该导入此公钥。如果当前显示的属性中没有这么多信息，则可以使用菜单组里的 VIEW 菜单，并选中里面的全部选项。

步骤 2：选中需要导入的公钥（即 PGP 中显示出的对方的 E-mail 地址），单击"Import"按钮，即可导入该公钥。如不能导入或不符合要求时，则需要签名激活，可按步骤 3 和步骤 4 操作。

步骤 3：选中导入的公钥，鼠标右键单击，在弹出的快捷菜单中选择"PGP Desktop"→"Sign as"命令，如图 9-26 所示。

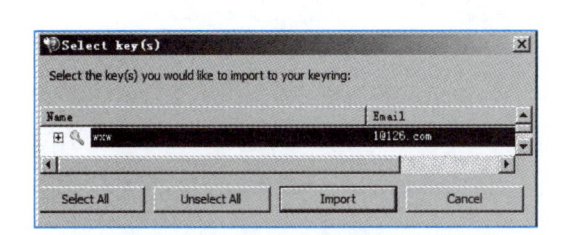

图 9-25 "Select key(s)"界面

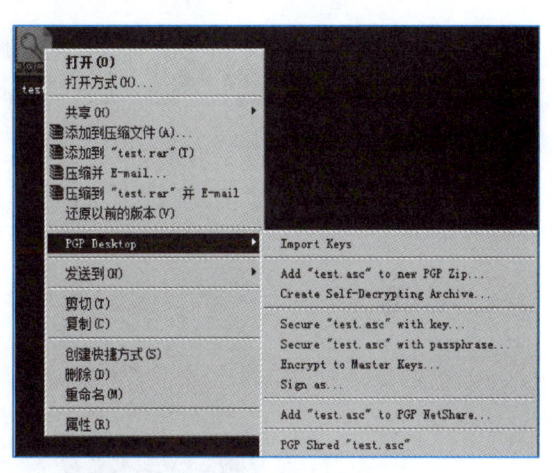

图 9-26 "Sign as"命令

步骤 4：打开"PGP Zip Assistant-Sign and Save"界面，如图 9-27 所示。

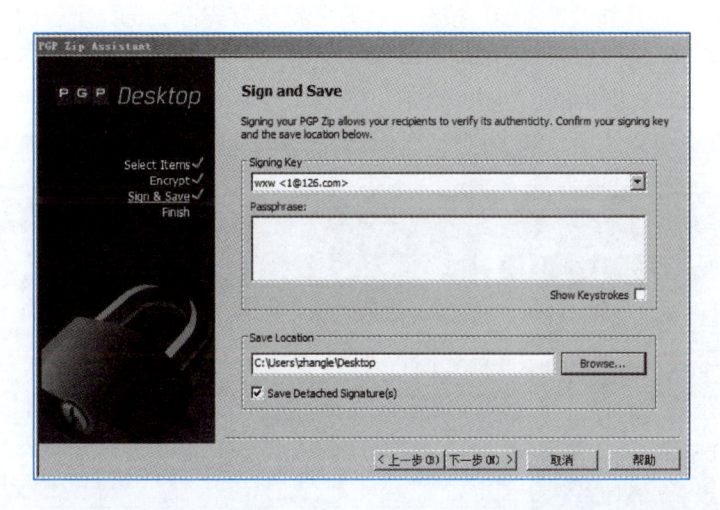

图 9-27 "PGP Zip Assistant-Sign and Save"界面

步骤 5：在如图 9-27 所示的 Passphrase 文本框中输入设置用户时的密码，如签名设置的 pgp_123，然后单击"下一步"按钮，即完成签名操作。查看密码列表里该公钥的属性，Trust 由灰色转变为 Trust Implicit 的属性，说明该公钥被 PGP 加密系统正式接受并可以投入使用。

2. 加密电子邮件

步骤 1：选中要加密的文件 pgp_e.txt，鼠标右键单击，弹出如图 9-26 所示的菜单。

步骤 2：选择"PGP Desktop"→"Secure 'test.asc' with key"命令，打开如图 9-28 所示的"PGP Zip Assistant-Add User Keys"界面，输入用户名或 E-mail 地址。

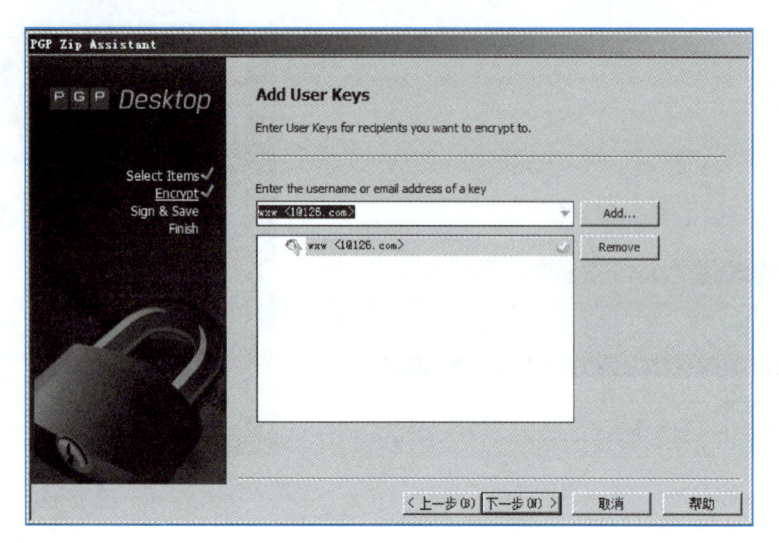

图 9-28 "PGP Zip Assistant-Add User Keys"界面

步骤 3：单击"下一步"按钮，打开密钥选择界面，选择上部窗格中用于加密文件的公钥，然后双击该公钥将其添加到下部窗格中，单击"下一步"按钮，开始用对方提供的公钥进行加密，加密完成后生成一个新的加密文件，当对方接收到该文件后，双击打开，显示如图 9-29 所示的内容，不能识别。

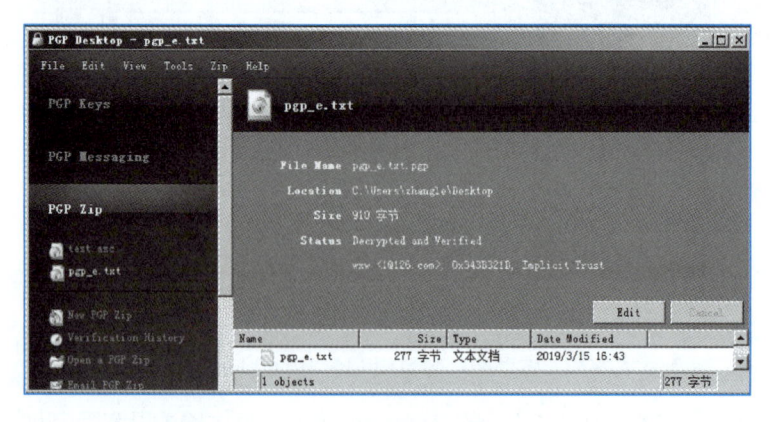

图 9-29 文档内容

步骤 4：如果使用记事本程序打开，则显示如图 9-30 所示的一堆乱码，依然不能识别。

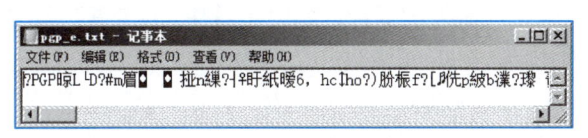

图 9-30 "pgp_e.txt-记事本"界面

3. 解密电子邮件

选择需解密的文件 pgp_e.txt，鼠标右击，在弹出的菜单中选择 Decrypt & Verify "pgp_e.txt.pgp" 命令。打开如图 9-31 所示的 "Enter output filename"界面，单击"保存"按钮，则可在保存的位置找到解密的文件。

图 9-31 "Enter output filename"界面

4. 测试

步骤 1：发送加密的邮件。重新启动 Outlook，给发送邮件加密，过程可查看任务 9-2-2 的邮件加密部分。

步骤 2：接收邮件。邮件接收者在接到刚才发送的测试邮件时，看到的是一堆乱码，说明加密成功。

步骤 3：解密邮件。收到邮件后，双击加密的信件，此时正常看到信件的原文，说明已解密。

步骤 4：卸载（可选）。如果不需要再使用该软件，可将其卸载。

任务 9-2 电子邮件安全设置

Outlook 2016 是微软公司开发的一款免费电子邮件服务软件，让用户在使用 Microsoft Office 软件时可以给公司同事发送文件，并管理日常的邮件发送接收情况，让共享文件更加方便。

任务 9-2-1 阻止垃圾邮件

Outlook 2016 可通过限制恶意用户获取电子邮件地址的方式来防范垃圾

邮件。垃圾邮件经常包含图片，并且在图片显示时会转发一封邮件，让发送者知道电子邮件地址有效，从而发送更多的垃圾邮件。Outlook 2016 在未被授权的情况下默认阻止加载外部图片。如果知道并信任来源，可选择加载外部图片，否则，应阻止接收到的任何图片。具体操作步骤如下：

步骤 1：打开 Outlook 2016，然后在"开始"选项卡单击"垃圾邮件"下拉按钮，弹出下拉列表，如图 9-32 所示。

步骤 2：选择"垃圾邮件选项"命令，打开如图 9-33 所示的"垃圾邮件选项"对话框。可根据实际情况，选中符合要求的单选按钮。

图 9-32 "垃圾邮件"下拉列表　　　　图 9-33 阻止图片的情况

任务 9-2-2　邮件加密

在 Outlook 2016 中，可使用数字签名来加密邮件以保护个人隐私。要发送加密邮件，通信簿则必须包含收件人的数字签名，这样就可以使用对方的公用密钥来加密邮件，当收件人收到加密邮件后，只有用其私钥来对邮件进行解密才能阅读，而且阅读时同样需获得数字签名。

步骤 1：在 Outlook 2016 窗口中选择"文件"→"选项"命令，如图 9-34 所示。

步骤 2：打开"Outlook 选项"对话框，选择"信任中心"选项卡，如图 9-35 所示。

步骤 3：在右侧窗格中单击"信任中心设置"按钮，在打开的对话框中选择"电子邮件安全性"选项卡，如图 9-36 所示。

项目 9　管理邮件　| 267

图 9-34　"选项"命令

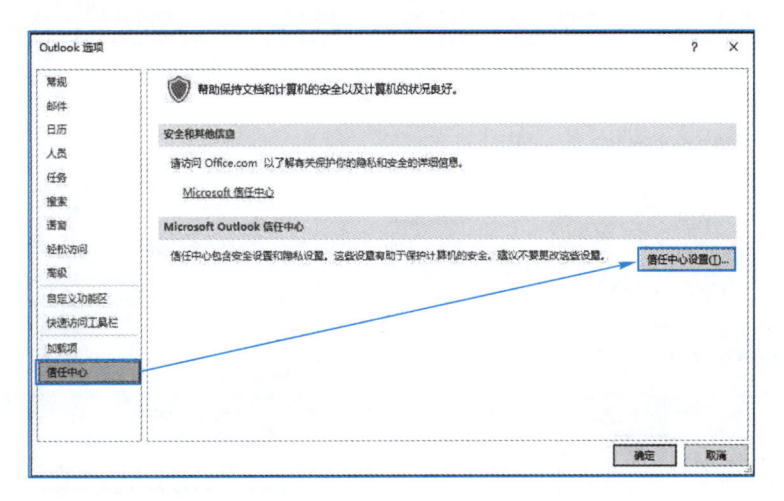

图 9-35　"Outlook 选项"对话框

图 9-36　"信任中心"对话框

步骤 4：在右侧窗格"加密电子邮件"栏，可对邮件内容和附件进行加密处理，并添加数字签名，还可以进行隐私设置等。

> 注意：数字签名不同于邮件签名。邮件签名是可自定义的称呼，数字签名是将唯一代码添加到仅来自真正发送者持有的数字标识的邮件。

步骤 5：获取数字证书。"数字标识（证书）"可证实身份，防止篡改邮件以保护电子邮件的真实性，还可以加密邮件，提高隐私性。单击"数字标识（证书）"栏中的"导入/导出"按钮，打开如图 9-37 所示的对话框。选中"将数字标识导出到某文件"单选按钮，单击"数字标识"框右侧的"选择"按钮，选择合适的数字标识。

单击图 9-36 中的"设置"按钮，打开如图 9-38 所示的"电子邮件安全性"对话框，单击"获取数字标识"按钮，即可从外部证书颁发机构获取标识。

图 9-37 "导入/导出数字标识"对话框　　　图 9-38 "电子邮件安全性"对话框

任务 9-2-3　备份邮件

计算机在使用过程中可能会遇到各种不可预测的情况，因此要随时做好邮件备份，其操作步骤如下。

步骤 1：打开 Outlook 2016，选择"文件"→"打开和导出"命令，如图 9-39 所示。

步骤 2：单击"导入/导出"按钮，打开如图 9-40 所示的"导入和导出向导"对话框，选择"导出到文件"选项。

步骤 3：单击"下一步"按钮，打开如图 9-41 所示的"导出到文件"对话框,选择"Outlook 数据文件(.pst)"类型。

图 9-39 "打开和导出"菜单项

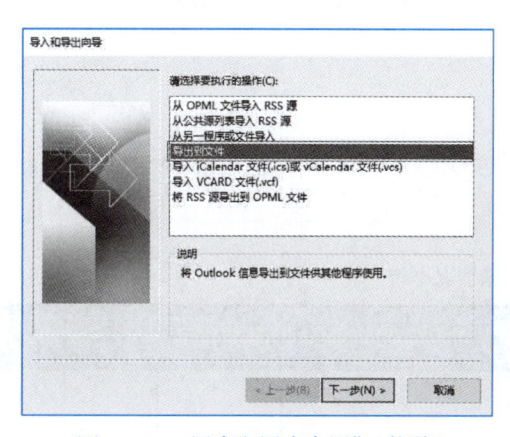

图 9-40 "导入和导出向导"对话框   图 9-41 "导出到文件"对话框

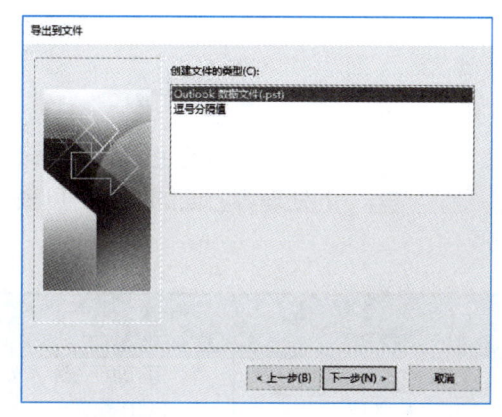

步骤 4:单击"下一步"按钮,打开如图 9-42 所示的"导出 Outlook 数据文件"对话框,选择合适的邮件备份文件夹。

步骤 5:单击"下一步"按钮,打开如图 9-43 所示的对话框,检查备份文件夹和文件名,根据实际情况选择合适的单选项。

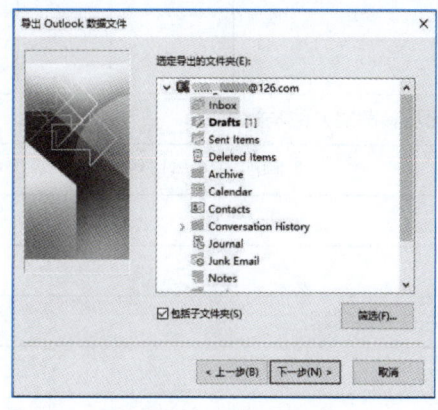

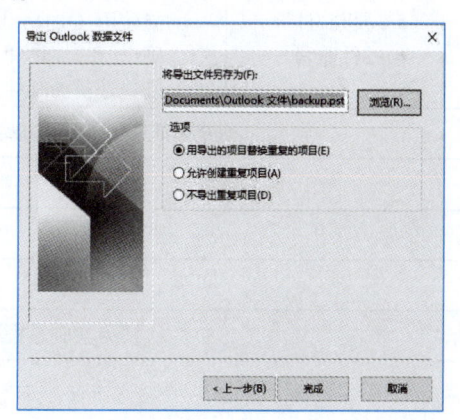

图 9-42 "导出 Outlook 数据文件"对话框 1   图 9-43 "导出 Outlook 数据文件"对话框 2

步骤6：单击"完成"按钮，打开如图9-44所示的"创建Outlook数据文件"对话框。

步骤7：输入密码，单击"确定"按钮。打开如图9-45所示的"Outlook数据文件密码"对话框，输入backup的密码，单击"确定"按钮，完成备份。

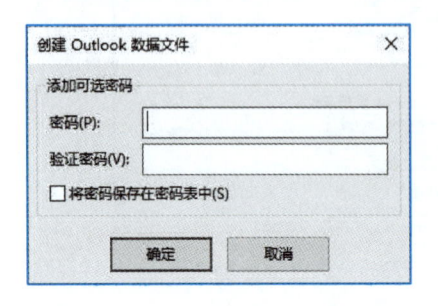

图9-44 "创建Outlook数据文件"对话框　　图9-45 "Outlook数据文件密码"对话框

实施评价

本项目的主要训练目标是让学习者学会邮件加解密、数字签名和垃圾邮件的处理等方面的技能，见表9-5。

表9-5　任务实施情况小结

序号	知识	技能	态度	重要程度	自我评价	老师评价
1	● PGP ● 密钥 ● 加密 ● 数字签名	○ 正确下载、安装PGP软件 ○ 正确创建和保存密钥对 ○ 利用PGP加、解密电子邮件	◎ 条理清楚 ◎ 细致有序 ◎ 准备工作充分 ◎ 积极思考并努力解决问题	★★★★		
2	● Outlook软件 ● 垃圾邮件 ● 邮件账号	○ 能正确安装、配置Outlook ○ 能使用Outlook正确进行邮件管理 ○ 能快速备份邮件				
任务实施过程中已经解决的问题及其解决方法与过程						
问题描述		解决方法与过程				
1.					
2.					
任务实施过程中未解决的主要问题						

任务拓展

拓展任务 PGP 软件其他应用

1. 任务拓展卡

任务拓展卡见表 9-6。

表 9-6 任务拓展的任务卡

任务编号	009-3	任务名称	PGP 软件其他应用	计划工时	90 min
任务描述					
在使用 PGP 软件加密、解密电子邮件时，不管是加密还是解密都需要安装 PGP 软件，操作比较烦琐，有没有既能实现加密，又能解除 PGP 软件约束的方法？能否像某个硬盘空间一样存储数据呢？					
任务分析					
（1）安全删除文件 （2）创建自解密文档 （3）创建 PGPdisk					

2. 任务拓展完成过程提示

（1）安全删除文件

有时候不希望一些重要的数据留存在系统中，而简单删除又不能防止数据可能被恢复，此时可以采用 PGP 的粉碎功能来安全擦除数据。鼠标右键单击要删除的文件夹（或文件），在弹出的快捷菜单中选择"PGP Desktop"→"PGP Shred 'test.asc'"命令，然后在弹出的删除文件确认框中单击"删除"按钮，即可完全删除文件，且该文件不可恢复。

（2）创建自解密文档

上述所示的加密文件解密需要安装 PGP 软件，否则也不能解密，使用起来不是很方便，有没有既能实现加密，又能解除 PGP 软件的约束的方法？这就是自解密文档。

① 加密。本任务对 pgp_e.txt 文件创建自解密文档。鼠标右击 pgp_e.txt 文件，在弹出的快捷菜单中选择"PGP Desktop"→"Create Self-Decrypting Archive"命令，打开"Create a Passphrase"对话框，在该对话框中输入密码，单击"确定"按钮，出现保存对话框，选择相应的位置保存即可，即自解密文档创建成功。

② 解密。在任意一台没有安装 PGP 软件的计算机上，双击自解密文件，打开如图 9-46 所示的对话框，在下

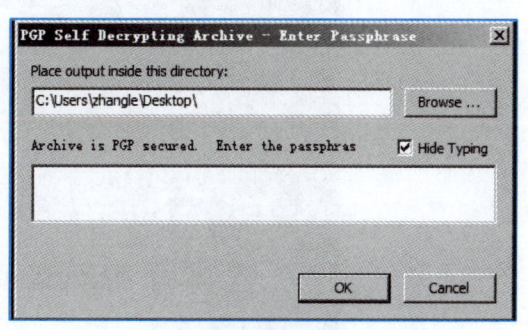

图 9-46 "PGP Self Decrypting Archive-Enter Passphrase"对话框

方文本框中输入正确的密码后,即可打开文件夹(或文件)。

(3)创建 PGP Disk

PGP Disk 可以划分出一部分的磁盘空间来存储敏感数据,该部分磁盘空间用于创建一个名为 PGP Disk 的卷。虽然 PGP Disk 卷是一个单独的文件,但是 PGP Disk 卷却非常像一个硬盘分区,可提供存储文件和应用程序。

步骤 1:在"开始"菜单中选择"程序"→"PGP Desktop"命令,打开程序窗口,在左侧窗格栏中单击"PGP Disk"项,打开如图 9-47 所示的"PGP Desktop-PGP Disk"界面。

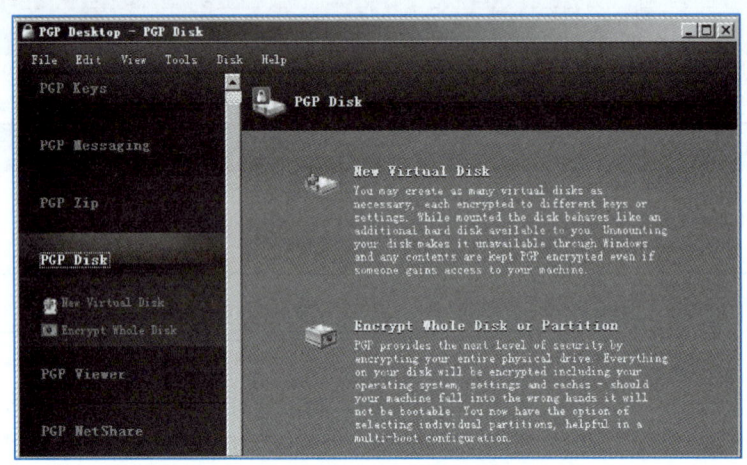

图 9-47 "PGP Desktop-PGP Disk"界面

步骤 2:单击"New Virtual Disk"按钮,打开如图 9-48 所示的对话框,在其中指定要存储的 pgd 文件(该 pgd 文件在以后被装配为一个卷,也可理解为一个分区,在需要时可以随时装配使用)的位置和容量大小。加密算法有 AES(256 bits)、CAST5(128 bits)和 Twofish(256 bits)3 种。文件系统格式可以是 NTFS 或 FAT。可以根据需要选中"Mount at Startup"复选框。

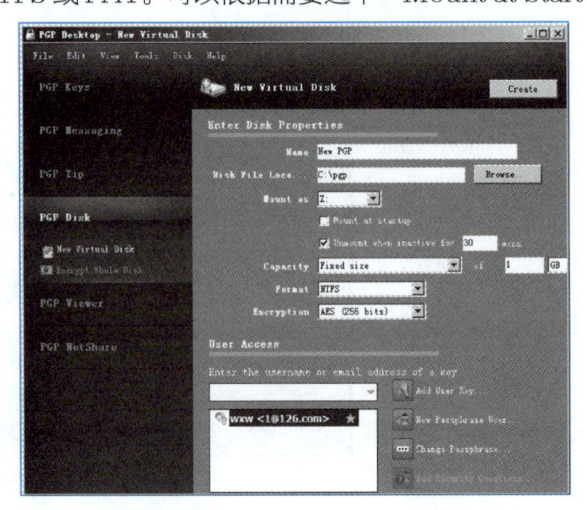

图 9-48 "New Virtual Disk"对话框

步骤3：单击"Add User Key"超链接，打开如图9-49所示的"Add Key Users"对话框，增加公钥访问用户。

步骤4：单击"OK"按钮，返回上一个界面（图9-48），单击右上角的"Create"按钮，打开如图9-50所示的"PGP Enter Passphrase for Key"对话框。

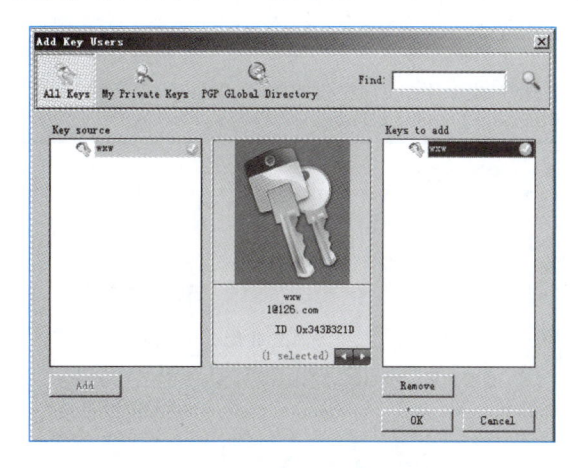

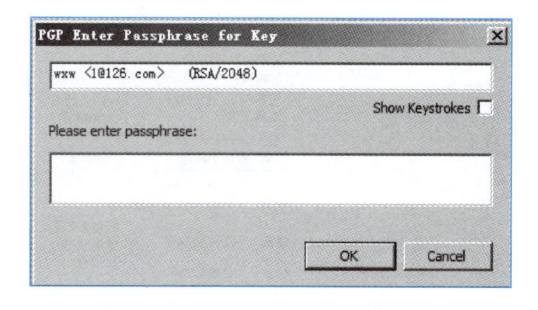

图9-49 "Add Key Users"对话框　　　　图9-50 "PGP Enter Passphrase for Key"对话框

步骤5：在"Please enter passphrase："文本框中输入密码，单击"OK"按钮。打开如图9-51所示的对话框，等待进程完成后，会在计算机中创建一个虚拟磁盘。

图9-51 "New PGP.pgd"对话框

项目总结

本项目知识技能考核要点见表9-7，思维导图如图9-52所示。

表 9-7 知识技能考核要点

任务	考核要点	考核目标	建议考核方式
1	• 认识加密电子邮件重要性 • 会应用 PGP 工具加密和解密电子邮件	○ 安全意识、操作规范 ○ 快速获取免费工具，准确安装和配置 PGP 软件完成加密和解密操作	在操作过程中观察并记录操作情况、结果，然后分组测评
2	• 邮件管理 • 备份邮件及其账号	○ 使用合适的工具提高效率 ○ 解决垃圾邮件困扰的问题，避免因丢失或遗忘邮件及其账号带来的麻烦	录制操作视频或撰写操作文档，检查操作过程

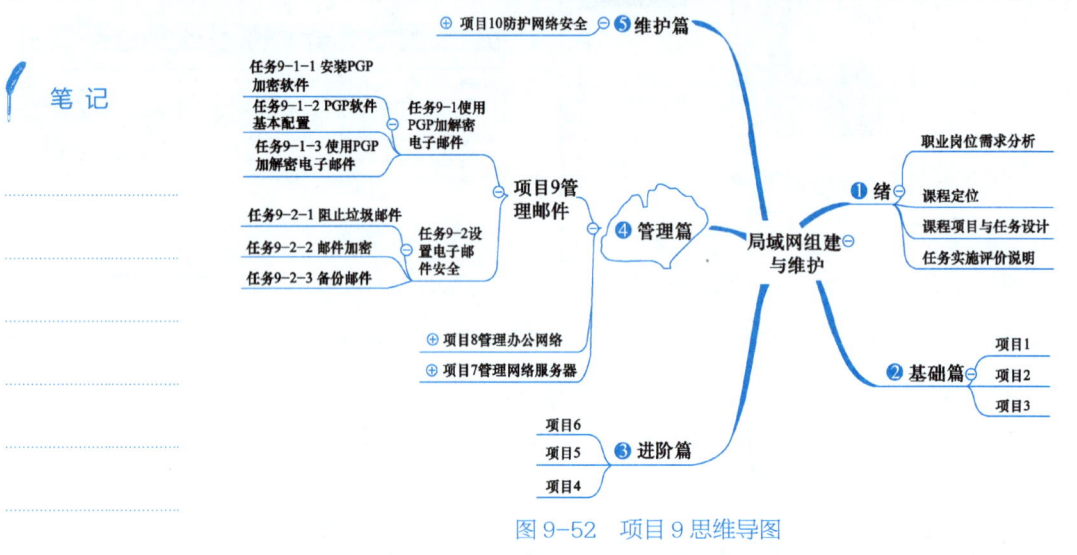

图 9-52 项目 9 思维导图

思考与练习

一、选择题

1. PGP 采用了非对称的"公钥"和"私钥"加密体系，_____对外公开，_____个人保留，不为外人所知。

　　A. 公钥　私钥　　　　　　　　　B. 私钥　公钥
　　C. 公钥　秘钥　　　　　　　　　D. 私钥　秘钥

2. 邮件签名是利用 PKI 的_____签名技术，以电子邮件证书作为私钥的载体，邮件发送者使用自己数字证书的私钥对电子邮件进行数字签名，邮件接收者通过验证邮件的数字签名以及签名者的证书，来验证邮件是否被篡改，并判断发送者的真实身份，以确保电子邮件的真实性和_____。

　　A. 私钥　完整性　　　　　　　　B. 公钥　完整性
　　C. 私钥　可靠性　　　　　　　　D. 公钥　可靠性

二、操作题

1. 下载、安装并使用 PGP 加密、解密电子邮件。
2. 利用 Outlook 2016 收发邮件，查看其默认设置，并截图进行说明。

第4篇 维护篇

【篇首语】

随着计算机网络技术地迅猛发展，信息化建设的普及，数据主要记载在计算机或相关设备上，以方便保存、查询和传输，还需要保证系统安全、数据安全、远程访问数据的安全、防止病毒传播等。因此，需要在保障网络基本安全的基础上，加强内网与外网通信的安全。

维护篇的主要任务及在本书组织中的位置如下图所示。

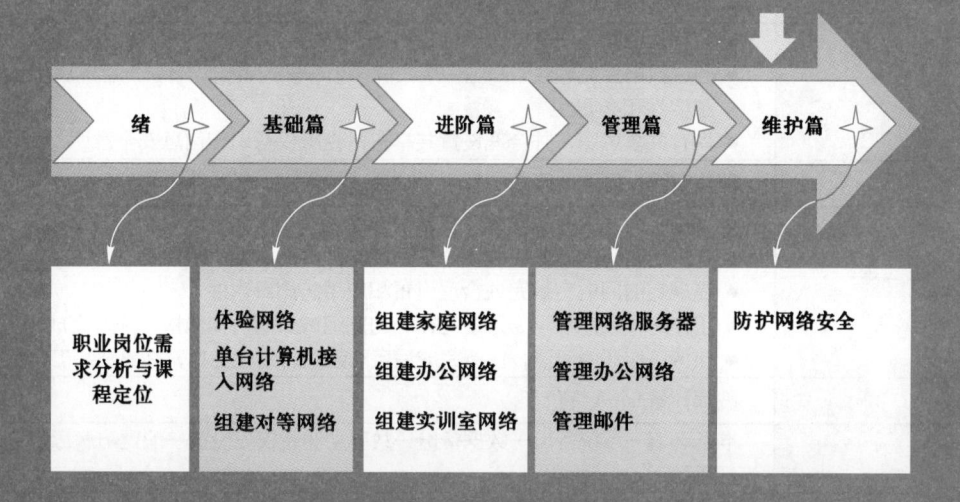

绪 → 基础篇 → 进阶篇 → 管理篇 → 维护篇

绪	基础篇	进阶篇	管理篇	维护篇
职业岗位需求分析与课程定位	体验网络 单台计算机接入网络 组建对等网络	组建家庭网络 组建办公网络 组建实训室网络	管理网络服务器 管理办公网络 管理邮件	防护网络安全

项目 10　防护网络安全

防护网络安全

PPT

素养提升 10
网络安全维护，人人
有责

全球信息化的结果不仅推动了企业对信息的严重依赖，同时也推动了政府电子政务的信息化建设。由于病毒感染或遭受黑客攻击等造成数据丢失、系统被破坏、文件被非法访问等都会造成不可估量的损失，因此数据备份和安全性已经成为社会各领域共同关注的热点。

教学导航

知识目标	● 了解备份与还原的作用和功能 ● 知道杀毒软件间的区别及选用原则 ● 熟悉共享文件或文件夹的访问权限 ● 熟悉数据备份与恢复的概念、类型和工作原理
技能目标	● 能正确、快速地完成系统备份与恢复操作，实现有效备份系统 ● 能熟练完成简单数据备份与恢复 ● 熟练、准确地设置共享文件或文件夹的访问权限 ● 合理选用和设置防病毒软件
素养目标	● 充分认识网络安全的重要性，具备安全防范意识 ● 通过数据丢失导致的严重后果案例，引导学习者树立有备无患的思想，认识到备份的重要性和必要性 ● 具有共享意识，并合理设置共享，树立版权意识和信息安全意识
教学方法	理论实践一体化、问题式教学、项目式教学法、对比分析法
考核成绩 A 等标准	● 在规定时间内有效完成系统备份与恢复 ● 在规定时间内有效完成共享文件或文件夹的访问权限设置 ● 在规定时间内有效完成合理设置和应用防病毒软件 ● 工作时不大声喧哗，遵守纪律，与同组成员间协作愉快，配合完成了整个工作任务 ● 保持工作环境清洁，任务完成后自动整理、归还工具，恢复原始工作状态，关闭电源
评价方式	教师评价+个人评价
操作流程	准备环境—系统备份—数据备份—共享文件夹权限设置—配置防病毒软件—恢复数据—恢复系统
准备工作	● 单机版杀毒软件和网络版杀毒软件 ● 系统、数据备份与还原工具准备
课时建议	4 课时（含课堂任务拓展）

项目描述

随着信息化建设不断深入和互联网的广泛应用，某公司信息存储安全问题尤为突出，诸如感染计算机病毒、误操作、人为故意破坏等，轻则引起系统失常、文件损坏等，重则造成系统崩溃，乃至所有系统信息和用户文件丢失等恶劣的后果。系统重装、维护，浪费了巨大的人力、物力、财力，更为严重的可使用户的重要数据丢失，会造成不可挽回和难以估量的损失。为了保障业务持续运行，不给公司造成损失，必须首先对网络进行基本的安全维护。

项目分解

任务 10 的任务卡见表 10-1 所示。

表 10-1　任务 10-1 的任务卡

任务编号	010-1	任务名称	基本网络安全维护	计划工时	90 min
工作情境描述					
某公司财务部门、业务部门的资料非常重要，而又不可避免地需要与外界和部门之间进行信息交流，为了避免造成不必要和不可恢复的损失，公司决定立体化设置网络安全					
操作任务描述					
信息安全是企业和政府部门的命脉，个人、部门应全力维护，以保证网络安全。首先应预防出现安全问题，需要设置文件和文件夹的安全性能，给系统设置安全防线，堵截病毒和黑客入侵；如果万一出现了问题，则需要尽全力恢复系统和数据，因此需要从系统和数据本身进行考虑					
操作任务分析					
网络基本安全维护是保证网络安全运行和部门信息机密的重要保障，最基本的要求如下。 （1）备份和还原系统 （2）数据备份与恢复 （3）设置共享文件和文件夹权限 （4）配置和应用杀毒软件 （5）配置和应用防火墙					

知识准备

【知识】　数据备份与恢复

（1）数据备份

数据备份是容灾的基础，是指为防止系统出现操作失误或系统故障导致数据丢失，而将全部或部分数据集合从应用主机的硬盘或阵列复制到其他的存储介质的过程。

（2）数据备份类型

数据备份类型见表 10-2。

表 10-2　数据备份类型

分类依据	分　　类
备份的数据量	完全备份、增量备份、按需备份、差异备份
备份状态	物理备份、逻辑备份
备份层次	硬件冗余、软件备份
备份地域	本地备份、异地备份

（3）数据恢复

数据恢复是指通过技术手段，对由于系统失效、数据丢失或遭到破坏导致将保存在硬盘、存储磁带库、U 盘、数码存储卡、MP3 等设备上丢失的电子数据进行抢救和恢复的技术。

任务实施

任务实施流程见表 10-3。

表 10-3　任务实施流程

工具准备		
工具/材料/设备名称	数量与单位	说　　明
杀毒软件	1 个/组	网络版和单机版
备份软件	1 个/组	系统备份与恢复

参考资料
1. 杀毒软件版本信息、功能、升级方式、安装说明书 2. NTFS 文件系统 3. CMOS 的作用与功能 4. 数据备份的必要性和重要性 5. 工具清单 6. 数据备份说明书或操作步骤

实施流程
1. 阅读【知识准备】，如果不够，则可利用网络查找参考资料学习相关知识 2. 认真阅读任务卡，明确任务 3. 了解目前网络状况、网络中计算机的配置情况 4. 设计网络基本安全维护方案，准备进行维护 5. 根据【任务实施】任务先后顺序与步骤，完成具体安装或配置任务，在完成每个子任务后测试任务完成情况，保证任务 100% 完成 6. 根据系统备份情况还原系统 7. 将丢失的数据恢复

任务 10　基本网络安全防护

不管是何种类型或用途的网络，其基本的组成部件却离不开计算机操作系统，因此首先要保证系统的安全使用，在需要的时候能快速恢复。

任务 10-1　备份与还原系统

通常情况下，系统管理员要恢复系统至少需要如下几个步骤。

步骤 1：恢复硬件。

步骤 2：重新安装操作系统。

步骤 3：设置操作系统（驱动程序、系统及用户设置）。

步骤 4：重新安装应用程序，进行系统设置。

步骤 5：使用最新的备份恢复系统数据。

完成这些步骤至少需要半天至 1 天的时间，但这对于企业和应用来说是无法容忍的，如果采用系统备份措施则比较简单和快捷。

1. 备份系统

计算机操作系统在使用一段时间后，可能会因为操作不当而使得系统无法开机或无法使用。如果要重装系统，则会费时费力。为了在意外情况出现后能迅速恢复系统，而不需要重新安装，建议在安装好操作系统和需要的工具软件后，做好系统备份。

本任务以 Windows 10 系统为例介绍整个备份过程，具体操作步骤如下：

（1）备份文件

步骤 1：启动系统，单击"开始"→"设置"按钮，在打开的"Windows 设置"窗口，在"查找设置"文本框中输入"备份"，按 Enter 键后打开如图 10-1 所示界面。

步骤 2：单击"添加驱动器"按钮，打开如图 10-2 所示的界面，将"自动备份我的文件"开关设置为"开"状态。

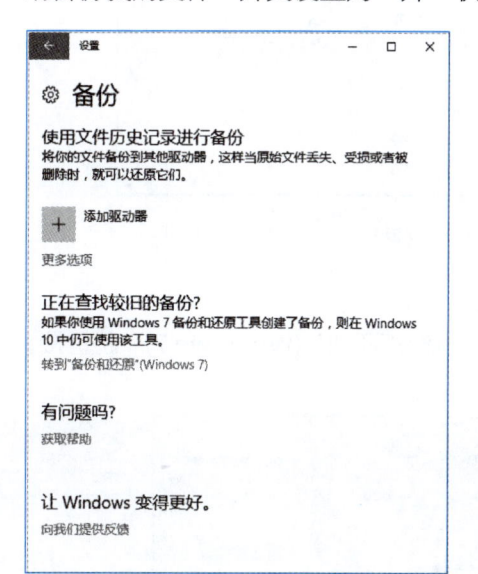

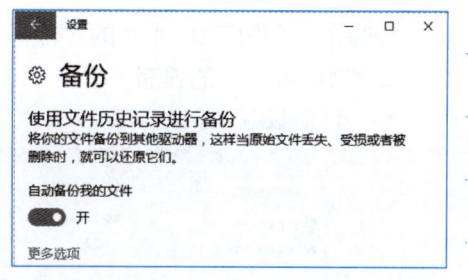

图 10-1 "设置"中"备份"界面　　图 10-2 "设置"中"自动备份我的文件"界面

步骤 3：单击"更多选项"超链接，打开如图 10-3 所示的界面，根据实际需求对"备份我的文件""保留我的备份""备份这些文件夹"等选项进行配置。

步骤 4：单击"立即备份"按钮，等待备份完成。如图 10-4 所示，会显示备份的大小、时间；在用来备份的驱动器中，可以查看到备份的文件，如图 10-5 所示。

图 10-3　"设置"中"备份选项"界面　　　　图 10-4　备份完成图

图 10-5　备份的文件夹

（2）备份系统

步骤 1：单击图 10-1 中的"转到'备份和还原'(Windows 7)"超链接，打开如图 10-6 所示的界面。

图 10-6　"控制面板\系统和安全\备份和还原（Windows 7）"界面

步骤 2：单击"创建系统映像"超链接，打开如图 10-7 所示的对话框。根据实际情况选择适合的备份方式，如选中"在网络位置上"单选按钮，单击"选择"按钮，在打开的对话框中输入设定好的共享的网络位置、用户名和密码，单击"确定"按钮，则在"在网络位置上"单选按钮下方的文本框中会显示对应的共享地址，如图 10-8 所示。

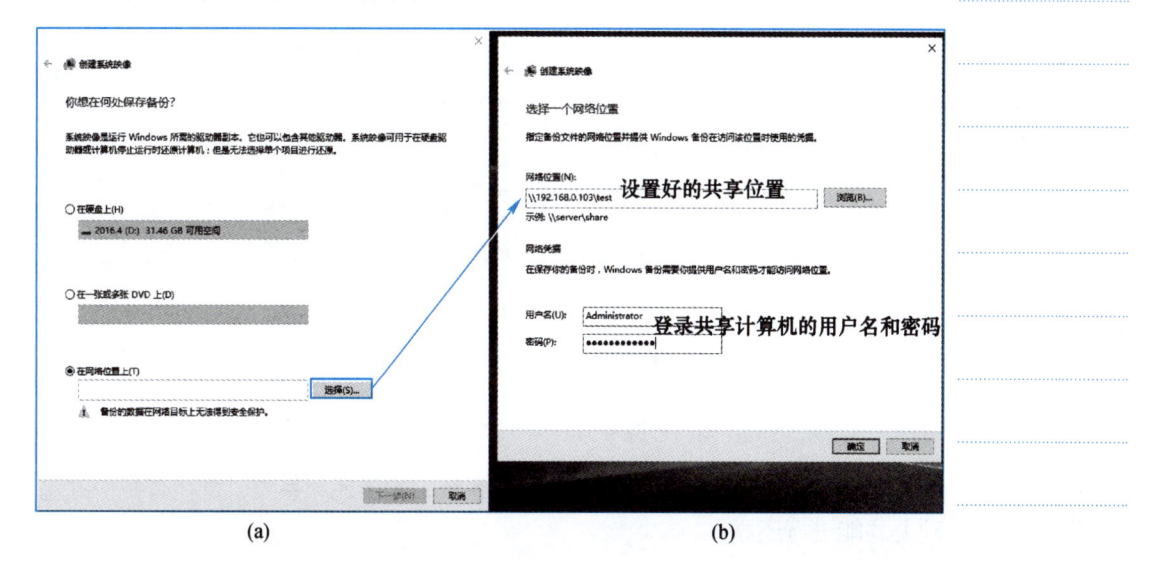

图 10-7 "创建系统映像"对话框

图 10-8 网络位置确定成功

步骤 3：单击"下一步"按钮，打开如图 10-9 所示的对话框，选择需要备份的驱动器即可。

步骤 4：单击"下一步"按钮，打开如图 10-10 所示的界面。检查备份的对象和位置，确认没有问题后，则单击"开始备份"按钮进行备份。

图 10-9 "创建系统映像-你要在备份中包括哪些驱动器"界面

图 10-10 "创建系统映像-确认你的备份设置"界面

> **笔记** 可根据备份的情况选择需要还原的系统，逐步还原系统，是在有备份的基础上才能进行还原。

任务 10-2 备份与恢复数据

根据相关研究机构的研究数据，如果企业业务系统出现灾难后两个星期内无法恢复，75%的公司业务会完全停顿，43%的公司将破产，因数据丢失等原因在两年内倒闭的有 29%，生存下来的仅占 16%。因此企业非常关注数据备份技术。

备份技术有很多种，本任务重点以双机互备和双机热备为例说明，其余技术不一一例举。

1. 双机互备

（1）双机互备的含义

双机互备是两台主机均为工作机，正常情况下两台工作机均为信息系统提供支持，并互相监视对方的运行情况。当一台主机出现异常时，不能支持信息系统正常运营，另一台主机则主动接管异常机的工作，从而保证系统正常运行，避免了系统故障的情况。但正常运行主机的负载会有所增加。其工作原理如图 10-11 所示。

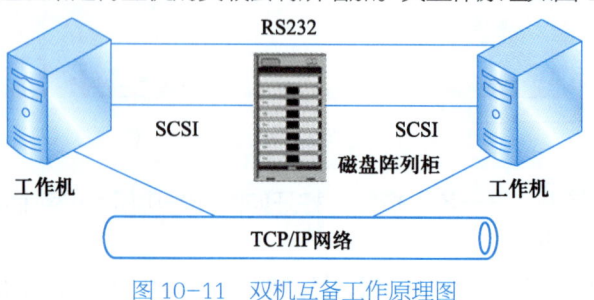

图 10-11 双机互备工作原理图

（2）切换启用另一台工作机的情况
当出现如下情况之一就需要切换启用另一台工作机。
① 系统软件或应用软件造成服务器死机。
② 服务器没有死机，但系统软件或应用软件不能正常工作。
③ SCSI 卡损坏，造成服务器与磁盘阵列无法存取数据。
④ 服务器内硬件损坏，造成服务器死机。
⑤ 服务器不正常关机。

2. 双机热备

（1）双机热备的含义
双机热备是一台主机为工作机，另一台主机为备份机，在系统正常运行情况下，工作机为系统提供支持，备份机监视工作机的运行情况。当工作机出现异常时，备份机主动接管工作机工作。工作机修复后，系统管理员通过管理命令或以人工/自动的方式将备份机的工作切换回工作机。或者通过激活监视程序，将两者的角色互换，即原来的备份机作为工作机，原来的工作机转换为备份机。其工作原理如图 10-12 所示。

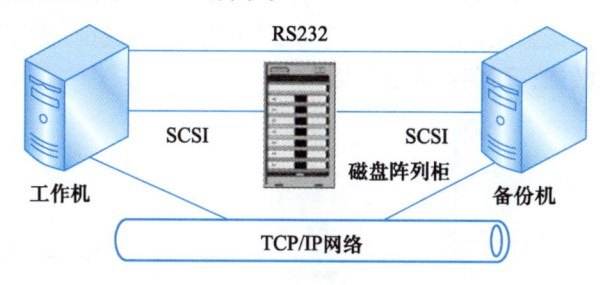

图 10-12　双机热备工作原理图

（2）切换启用备份机的情况
双机热备启用备份机的情况与双机互备的情况相同，在此不再赘述。

任务 10-3　设置共享文件夹访问权限

在公司的公用服务器上存放着一些可共享的资源，针对不同的员工可以设置不同的权限，即对于不同的用户可使用不同的资源，对于同一种资源也可以设置不同的访问权限。例如，将需要共享的文件都存放在 share 文件夹下，Everyone 组的用户对 share 文件夹下的文件可以完全控制，而其他的用户只能读取。

不同用户对于同一种资源拥有不同的访问权限，有的只能读取，不能修改，有的则可以完全控制资源。因此，在设置资源共享时，需要指派许可用户及其访问权限。设置"读取"权限的具体操作步骤如下。

步骤 1：如果要给用户设定权限，则可选定需要共享的文件夹，鼠标右击，在弹出的快捷菜单中选择"共享"命令，打开"文件共享"（如 share 文件夹）对话框，在其中选择相应参数，如图 10-13 和图 10-14 所示。

图 10-13　share 文件夹的"文件共享"对话框　　　　图 10-14　"文件共享–你的文件夹已共享"界面

步骤 2：单击"完成"按钮，选择共享文件夹，鼠标右击，在弹出的快捷菜单中选择"属性"命令，打开如图 10-15 所示的"share 属性"对话框。

步骤 3：单击"高级共享"按钮，打开如图 10-16 所示的"高级共享"对话框。为了增强安全性，需要对"将同时共享的用户数量限制为"的数量减少为实际需要的数量，避免被非法利用。

图 10-15　"share 属性"对话框　　　　图 10-16　"高级共享"对话框

步骤 4：单击"权限"按钮，打开如图 10-17 所示的"share 的权限"对话框，选择需要设置权限的用户对其设置相应的权限。图 10-17 中设置 Everyone 组的成员对 share 文件夹内容都具有"完全控制"权限，则该组的

成员可以对 share 文件夹下的文件进行各种操作，就像操作自己计算机上的文件夹一样。

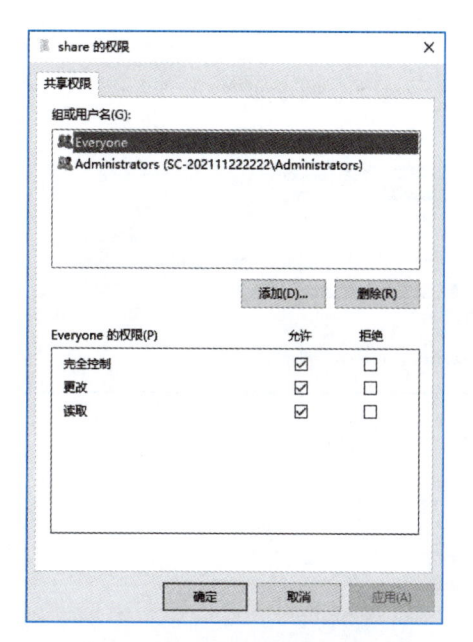

图 10-17 "share 的权限"对话框

如果不允许 Everyone 组访问 share 文件夹，则可在"组或用户名"列表框中选择"Everyone"组，单击"删除"按钮，可将该组删除，这样就实现了不允许 Everyone 组访问 share 文件夹的目的。

任务 10-4　配置和应用杀毒软件

杀毒软件是对计算机病毒进行预防和查杀的工具，常用的杀毒软件有金山毒霸、卡巴斯基、火绒等。本任务以火绒软件为例，说明杀毒软件的基本配置与防御措施设置。

（1）下载并安装杀毒软件

在火绒软件官网上下载该软件的安装程序后，双击运行安装程序，打开如图 10-18 所示的"火绒安全"软件界面。单击"安装目录"按钮，显示系统默认的安装位置，可在文本框中输入安装目录或单击"浏览"按钮，在打开的对话框中选择合适的安装目录路径。

单击"极速安装"按钮，等待程序安装完成。安装完成后，会在桌面上显示其快捷方式图标，及在 Windows 窗口列表中显示该程序，则说明安装成功。

（2）杀毒软件基本配置

步骤 1：双击火绒软件快捷方式图标，打开如图 10-19 所示的"火绒安全"界面。

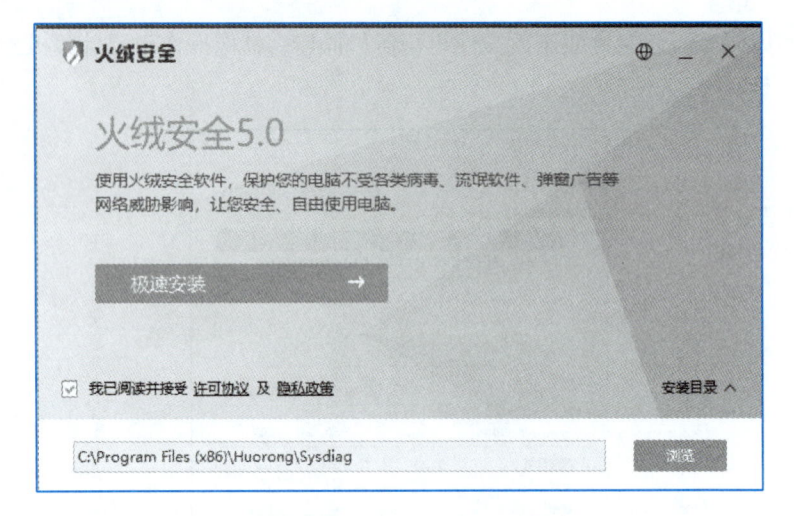

图 10-18　安装目录选择界面

图 10-19　"火绒安全"界面

步骤 2：单击右上角 ≡ 图标，弹出如图 10-20 所示的菜单列表。

图 10-20　设置菜单界面

步骤 3：在下拉菜单列表中选择"安全设置"命令，打开如图 10-21 所示的"设置"界面，对常规设置的各项根据实际要求进行设置。

图 10-21　火绒安全"设置"界面

步骤 4：如需设置密码保护，则选中"开启密码保护"复选框，自动打开如图 10-22 所示的"密码设置"对话框，设置相应的密码和保护范围，单击"保存"按钮，则"开启密码保护"复选框被选中。

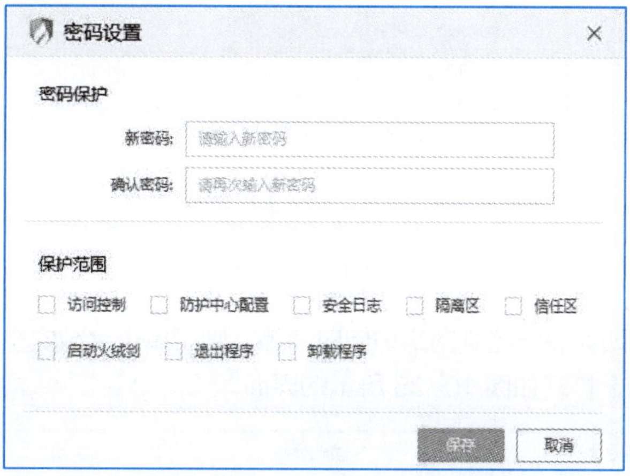

图 10-22　"密码设置"对话框

步骤 5：当需要进行"高级防护"设置时，可在左侧窗格中选择"高级防护"选项，显示设置项，单击具体设置项，本例以"IP 协议控制"为例说明，如图 10-23 所示。

步骤 6：单击右下角的"添加规则"按钮，打开如图 10-24 所示的"IP 协议控制"对话框，显示设置项，根据具体要求设置各项内容，设置完成后单击"保存"按钮即可。

图 10-23 "设置"界面"高级防护"选项

图 10-24 "IP 协议控制"对话框

步骤 7：如果需要控制网络访问时间等，则可单击火绒安全主界面的"访问控制"按钮，打开如图 10-25 所示的界面。

图 10-25 "访问控制"界面

步骤 8：单击"上网时段控制"开关按钮，打开如图 10-26 所示的对话框。本例中设置星期一至周五的 8:00—12:00、14:00—17:00 及周三、周四的 14:00—18:00 是不允许上网的，设置完成后，则原来灰色的区域颜色变为橘色，表示已经设置生效。

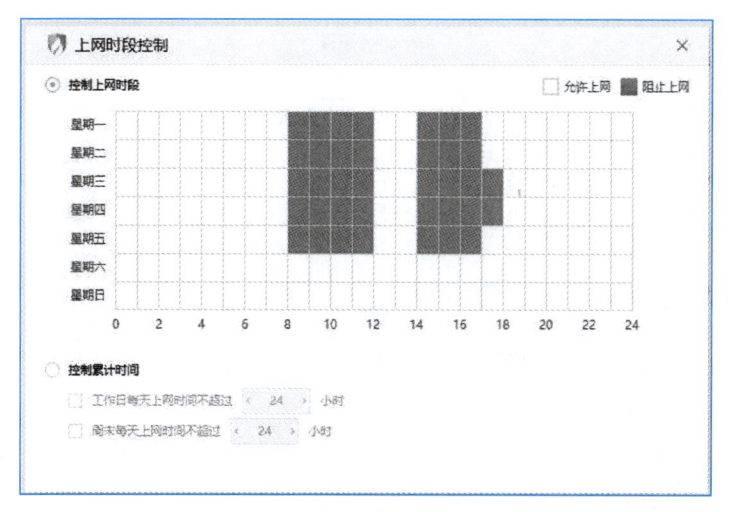

图 10-26　"上网时段控制"对话框

其余各项设置可逐步进行尝试，在此不一一说明。

步骤 9：如果由于某些特殊操作不需要火绒安全软件起作用，则可鼠标右击"火绒安全软件"图标，打开如图 10-27 所示的界面，单击下方的"退出火绒"按钮，则火绒安全软件不再起作用，但不建议这样操作，会给计算机和网络带来风险。

图 10-27　"火绒安全-退出火绒"界面

任务 10-5　配置和应用防火墙

防火墙是内部网和外部网之间、专用网与公共网之间的保护屏障，包括软件防火墙和硬件防火墙，本任务中以 Windows 10 系统为例说明。

1. 启用或关闭防火墙

步骤 1：单击 Windows 图标⊞，单击"设置"按钮，打开如图 10-28 所示的"Windows 设置"界面。

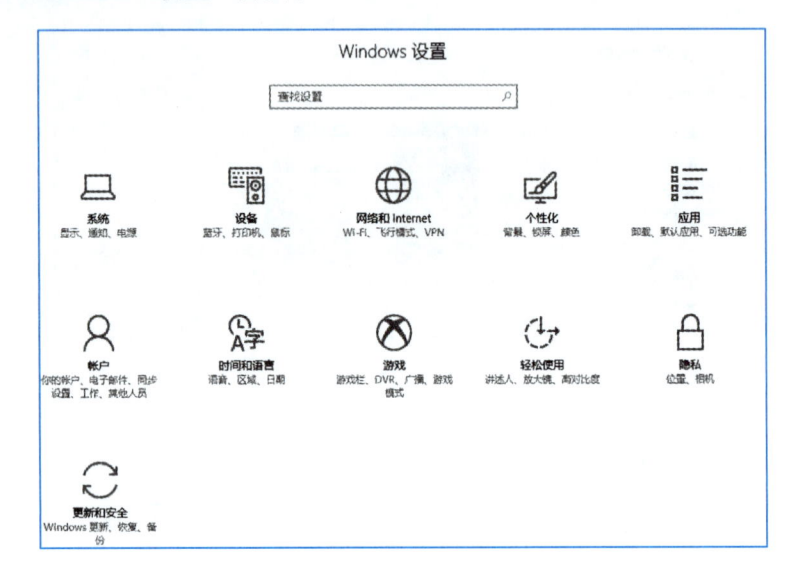

图 10-28 "Windows 设置"界面

步骤 2：单击"网络和 Internet"选项，打开如图 10-29 所示的"设置"界面。

图 10-29 "设置"界面

步骤 3：单击"Windows 防火墙"超链接，打开如图 10-30 所示的"Windows 防火墙"界面。

图 10-30 "Windows 防火墙"界面

步骤 4：在左侧单击"启用或关闭 Windows 防火墙"超链接，打开如图 10-31 所示的"自定义设置"界面，选中对应的选项后单击"确定"按钮，则可启用或关闭防火墙，本任务中设置为启用防火墙，没特殊要求的情况下不建议关闭防火墙。

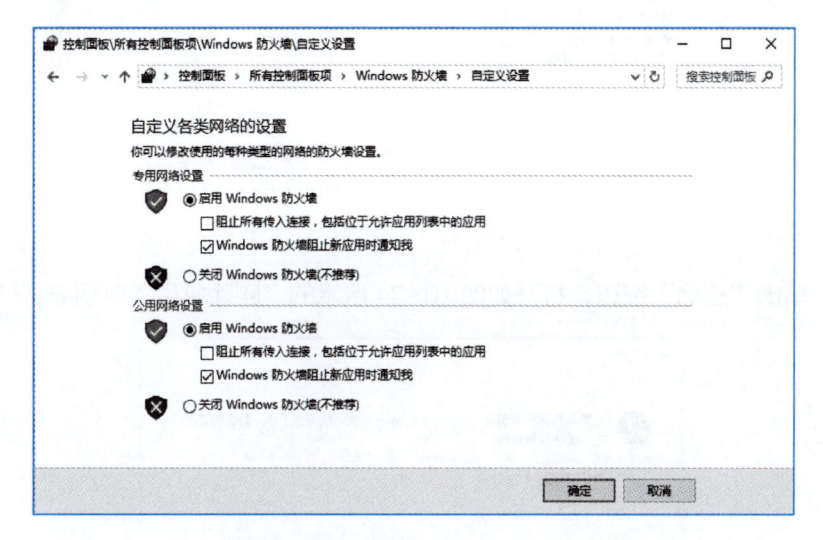

图 10-31 "自定义设置"界面

2. 设置防火墙允许程序通信

单击图 10-30 中的"允许应用或功能通过 Windows 防火墙"，打开如图 10-32 所示的"允许的应用"界面。

图 10-32 "允许的应用"界面

如果需要删除某个应用，则应找到该应用，如图 10-33 所示。

图 10-33 选中需删除应用界面

单击"删除"按钮，打开如图 10-34 所示的"删除应用"对话框。

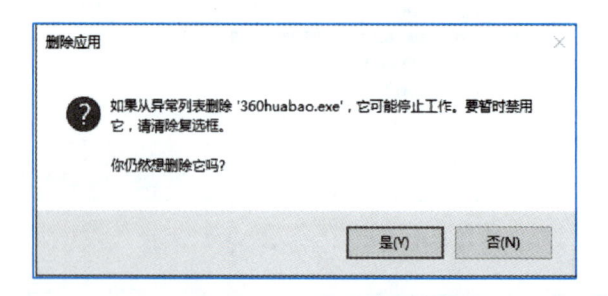

图 10-34 "删除应用"对话框

单击"是"按钮，可将选中的应用删除。

如需添加应用，则可单击图 10-33 下方的"允许其他应用"按钮，打开如

图 10-35 所示的"添加应用"对话框。单击"浏览"按钮，找到所需要添加的应用，确定添加的网络类型。

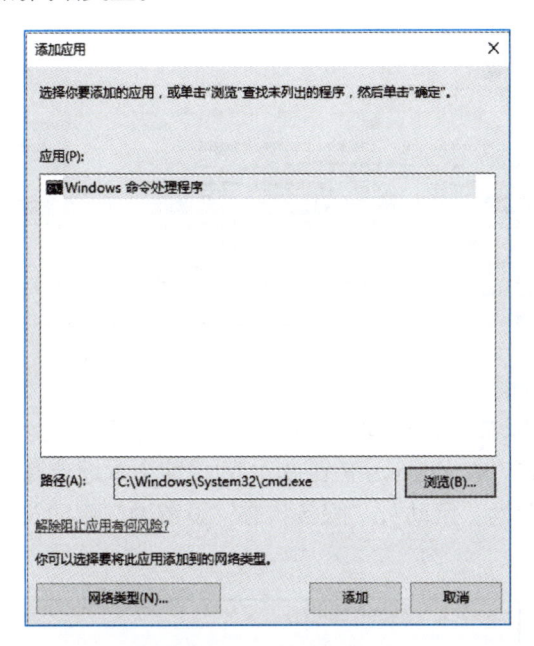

图 10-35 "添加应用"对话框

单击"添加"按钮，打开如图 10-36 所示的"允许的应用"界面，选中图中的"Windows 命令处理程序"复选项并双击，打开"编辑应用"对话框，可查看验证刚才添加的应用和网络类型。

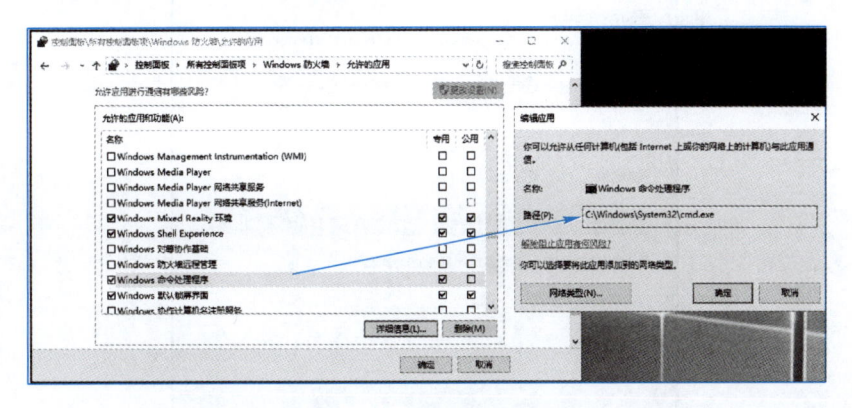

图 10-36 "允许的应用"界面

3. 常见问题处理

使用 Windows 10 防火墙时，如果发现无法更改某些设置，可参照下面的步骤进行处理。

步骤 1：按 WIN+R 组合键，打开"运行"窗口，输入"services.msc"命令后按 Enter 键。

步骤 2：打开如图 10-37 所示的"服务"界面，找到"Windows Firewall"服务。

图 10-37 "服务"界面

步骤 3：鼠标右击，在弹出的快捷菜单中选择"属性"命令，打开如图 10-38 所示的"Windows Firewall 的属性（本地计算机）"对话框，把"启动类型"修改为"自动"，"服务状态"设置为"启动"，单击"确定"按钮即可。

图 10-38 "Windows Firewall 的属性（本地计算机）"对话框

实施评价

本项目的主要训练目标是让学习者学会设置网络安全基本权限等，任务实施情况小结见表 10-4。

表 10-4　任务实施情况小结

序号	知识	技能	态度	重要程度	自我评价	老师评价
1	● 备份 ● 还原	○ 使用系统自带工具能顺利完成系统备份与还原	◎ 安全意识强 ◎ 细致有序 ◎ 准备工作充分 ◎ 积极思考并努力解决问题	★★★★★		
2	● 双机热备 ● 双机互备 ● 数据备份定义、类型 ● 数据恢复定义	○ 能看懂双机热备和双机互备的工作原理 ○ 认识双机热备和双机互备的作用				
3	● 文件夹权限	○ 给不同用户访问资源设置适当的权限				
4	● 杀毒软件选用原则 ● 防火墙设置原则	○ 正确安装、配置杀毒软件 ○ 应用杀毒软件有效查杀病毒 ○ 应用防火墙设置规则，有效预防安全威胁和隐患				

任务实施过程中已经解决的问题及其解决方法与过程

问题描述	解决方法与过程
1.	
2.	

任务实施过程中未解决的主要问题

任务拓展

拓展任务　修复 Microsoft Internet Explorer 浏览器拦截恶意网页

微课
修复 Microsoft Internet Explorer 浏览器拦截恶意网页

1. 任务拓展卡

任务拓展卡见表 10-5。

表 10-5　任务拓展的任务卡

任务编号	010-2	任务名称	修复 Microsoft Internet Explorer 浏览器拦截恶意网页
计划工时	45 min		
任务描述			
IE 主页，即每次打开 IE 时最先进入的页面，单击 IE 工具栏中的"主页"按钮也能进入起始主页，其一般是用户需要频繁查看的页面，而有些非法网站会更改 IE 主页，给用户造成困扰。			
任务分析			
修复恶意造成的网页浏览问题，可从两方面来解决： （1）更改主页 （2）修改注册表			

2. 任务拓展完成过程提示

（1）更改主页

在 IE 浏览器菜单中选择"工具"→"Internet 选项"命令，打开"Internet 选项"对话框，选择"常规"选项卡，在如图 10-39 所示的"主页"文本框中输入起始页网址，然后单击"确定"按钮，设置成功。

其他选项卡的设置在此不一一列举，请自行尝试。

（2）修改注册表

如果上述设置完成后不起作用，则可能在 Windows 的"启动"组中加载了恶意程序，使每次启动计算机时自动运行程序来对 IE 进行非法设置。此时可通过注册表编辑器，将此类程序从"启动"组中清除。

按 WIN+R 组键，在打开的"运行"对话框中输入 Regedit 命令后按 Enter 键，在打开的"注册表编辑器"窗口中依次展开"HKEY_LOCAL_MACHINE\SOFTWARE\Microsoft\Windows\CurrentVersion\Run"主键，右侧窗口中显示为所有启动时加载的程序项，如图 10-40 所示。查看这些启动项，如发现包含有可疑程序，则选中该可疑程序的名称，鼠标右击，在弹出的快捷菜单中选择"删除"命令，删除该键值名。

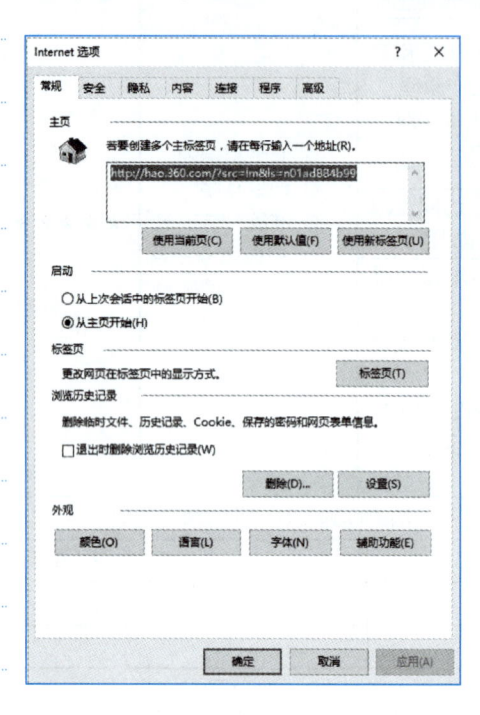

图 10-39 "Internet 选项"对话框

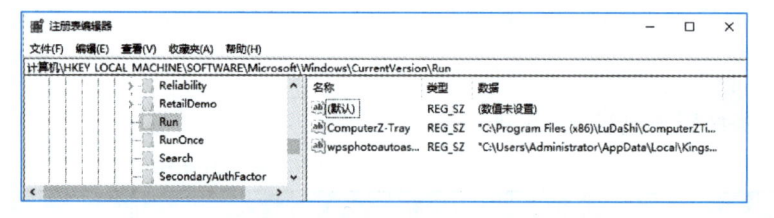

图 10-40 注册表启动项

> **注意**：如果遇到默认主页被修改的情况，也可通过注册表编辑器来修复。展开"HKEY_LOCAL_MACHINE\SOFTWARE\Microsoft\Internet Explorer\Main"主键，右侧窗口中的键值名"Default-Page-URL"决定 IE 的默认主页。双击该键值名，在"键值"文本框中输入网址，使该网址将成为新的 IE 默认主页。

3. 任务拓展评价

任务拓展评价内容见表 10-6。

表 10-6　任务拓展评价表

任务编号	010-2	任务名称	修复 Microsoft Internet Explorer 浏览器拦截恶意网页
任务完成方式	【　】小组协作完成		【　】个人独立完成
课任务拓展完成情况评价			
自我评价		小组评价		教师评价	
任务实施过程描述			
实施过程中遇到的问题及其解决办法、经验		没有解决的问题	

项目总结

本项目知识技能考核要点见表 10-7，思维导图如图 10-41 所示。

表 10-7　知识技能考核要点

任务	考核要点	考核目标	建议考核方式
10	● 操作系统备份与恢复 ● 备份与恢复工具的使用 ● 了解备份技术	○ 能快速、准确地备份与恢复操作系统 ○ 严谨、细致工作，操作规范，正确选择、使用备份与恢复工具 ○ 能在需要的时候选用合适的备份技术解决实际问题	在操作过程中观察并记录，检查实践结果
	● 共享文件夹的访问权限的设置掌握 ● 常用的安全手段并能正确配置，保证基本安全	○ 学会共享、乐于奉献，也需要具有安全意识、底线意识 ○ 遵循获取方便、实用的原则，根据实际情况选择合适的安全防御工具	分发实际任务，根据任务要求设计解决方案并实施

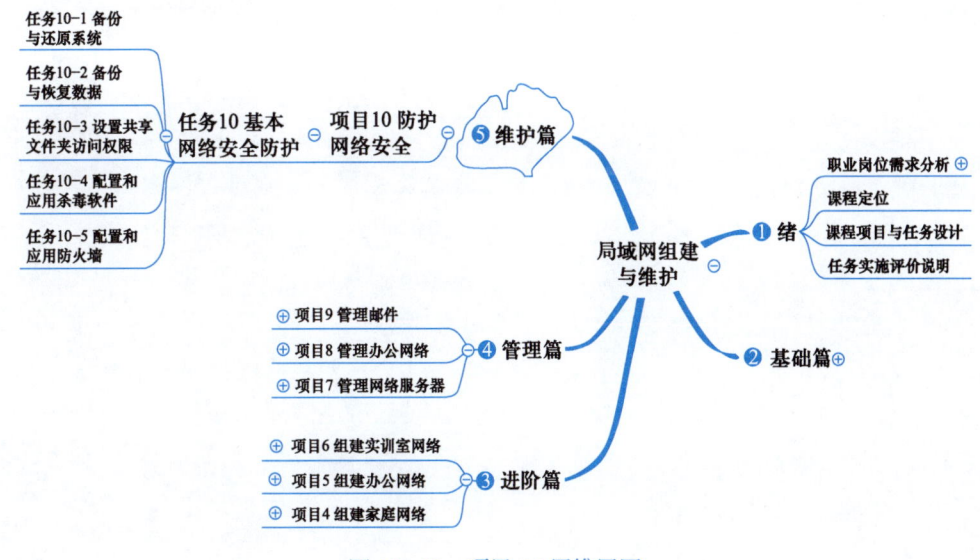

图 10-41　项目 10 思维导图

思考与练习

一、选择题

1. 某游戏公司将 15 台计算机组成一个局域网,为了能保证每台计算机都能正常进行游戏测试操作,该公司的负责人希望选择一款合适的杀毒软件,应该选择_____。
   A. 网络版杀毒软件　　　　　B. 单机版杀毒软件
   C. 不用杀毒软件　　　　　　D. 装款防火墙就行
2. _____不属于防火墙能够实现的功能。
   A. 网络地址转换　　　　　　B. 差错控制
   C. 数据包过滤　　　　　　　D. 数据转发
3. 下列选项中,防范网络监听最有效的方法是_____。
   A. 安装防火墙　　　　　　　B. 采用无线网络传输
   C. 数据加密　　　　　　　　D. 漏洞扫描

二、思考题

1. 简述数据备份与服务器容错的区别。
2. 简述系统备份与普通数据备份的区别。

参 考 文 献

[1] 吴献文. 局域网组建与维护[M]. 3 版. 北京：高等教育出版社，2018.

[2] 汪双顶，黄君羡，梁广民. 无线局域网技术与实践[M]. 北京：高等教育出版社，2018.

[3] 宋一兵. 局域网组建与维护项目式教程[M]. 3 版. 北京：人民邮电出版社，2019.

[4] 谢希仁. 计算机网络[M]. 7 版. 北京：电子工业出版社，2017.

[5] 吴献文，李文. 边做边学信息安全：基础知识 基本技能与职业导引[M]. 北京：人民邮电出版社，2017.

[6] 汪卫明. Windows Server 2016 网络操作系统项目化教程[M]. 北京：高等教育出版社，2019.

[7] 温晓军，王小磊. Windows Server 2012 网络服务器配置与管理[M]. 北京：人民邮电出版社，2020.

[8] 杨云，黄勇达，张蕾，等. Windows Server 2012 组网技术项目教程（微课版）[M]. 4 版. 北京：人民邮电出版社，2019.

[9] 阚宝朋. 计算机网络技术基础[M]. 3 版. 北京：高等教育出版社，2021.

[10] 吴献文. 局域网组建、配置与维护项目教程[M]. 2 版. 北京：人民邮电出版社，2013.

[11] 吴献文，陈承欢. 局域网组建与维护案例教程[M]. 北京：高等教育出版社，2009.

郑重声明

高等教育出版社依法对本书享有专有出版权。任何未经许可的复制、销售行为均违反《中华人民共和国著作权法》，其行为人将承担相应的民事责任和行政责任；构成犯罪的，将被依法追究刑事责任。为了维护市场秩序，保护读者的合法权益，避免读者误用盗版书造成不良后果，我社将配合行政执法部门和司法机关对违法犯罪的单位和个人进行严厉打击。社会各界人士如发现上述侵权行为，希望及时举报，我社将奖励举报有功人员。

反盗版举报电话　（010）58581999　58582371
反盗版举报邮箱　dd@hep.com.cn
通信地址　北京市西城区德外大街4号　高等教育出版社法律事务部
邮政编码　100120

读者意见反馈

为收集对教材的意见建议，进一步完善教材编写并做好服务工作，读者可将对本教材的意见建议通过如下渠道反馈至我社。

咨询电话　400-810-0598
反馈邮箱　gjdzfwb@pub.hep.cn
通信地址　北京市朝阳区惠新东街4号富盛大厦1座　高等教育出版社总编辑办公室
邮政编码　100029